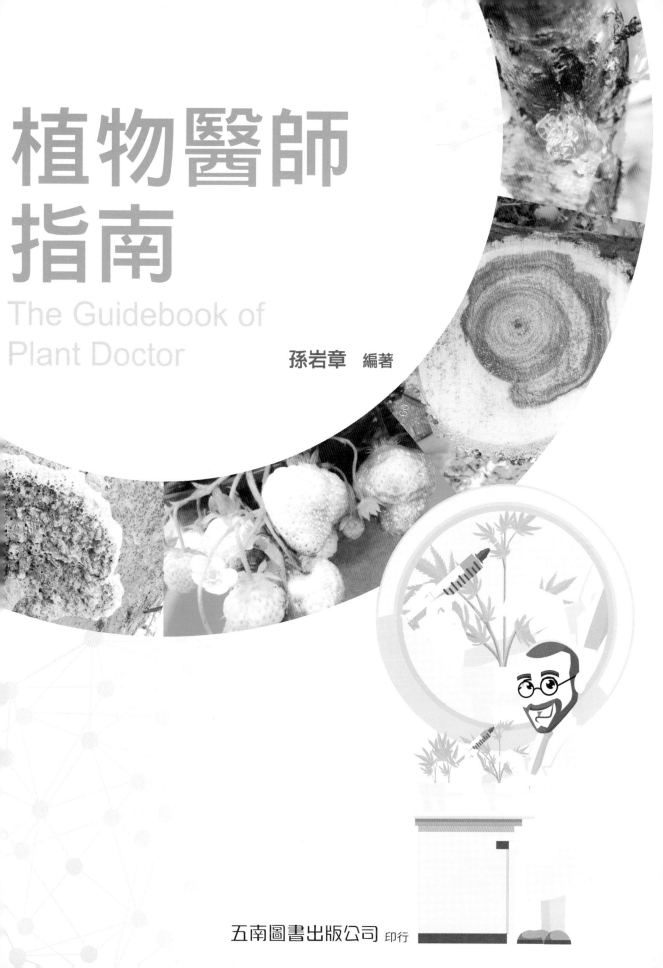

植物醫師指南

The Guidebook of Plant Doctor

孫岩章 編著

五南圖書出版公司 印行

院長序

在臺灣大學生物資源暨農學院中，真要特別感謝植物病理與微生物學系孫岩章教授多年的努力，尤其是整合了植病、昆蟲、農化、植物營養、園藝栽培、農藝生產、森林保護等專業，以農民農企需求至上，成立了全科性、全方位服務農民及農企業的「植物醫學」學科。記得在 2005 年孫教授接任系主任時，就在生農學院院務會議中提出成立「植物醫學研究中心」的提案，因為是臺灣前所未有，所以也遭到甚多的質疑，幸在孫教授的執著及多位其他系系主任的支持下，獲得蔣丙煌院長及陳保基院長的採納與支持，並於 2006 年獲得臺灣大學行政會議的順利通過，開創了我國第一個以「植物醫學」為名的學術單位。

其實孫教授為了植醫、樹醫學科的開展，是比此更早得多。因渠曾任職於行政院環保署多年，故回到臺大即一直推展環保與植保的結合，一面研究快速診斷新技術，也創新開授了「非傳染性病害」、「環境汙染與植物生長」、「植物健康管理及實習」等重要課程，奠定了臺大植醫學科的研究與教學基礎。而在對外服務方面，孫教授也是身先士卒，記得最早是在臺灣大學農業試驗場開辦、通過服務辦法、創設「病蟲害診斷服務窗口」，以收費方式對農民及農企業進行快速之病蟲診斷及防治服務。然後又率團在花蓮協助輔導創新性的「花蓮無毒農業」長達六年以上。更從無到有，在臺北市建國假日花市成立「花市植物診所」，每週六及週日對問診之市民及農民提供診療服務，直到現在。

基於孫教授多年來在「植物醫學」學科教學與研究之開展、技術之研發、服務之成功，才醞釀出生農學院「植物醫學碩士學位學程」這第十四個獨立系所。所以這系所的成立，也該歸功於孫教授多年之籌劃，整合許多相關系所的師資，最後方能獲得教育部之通過，自民國 100 年開始招生。有了這一系所，從此即可源源不斷地培養優秀的、亞洲第一的「植物醫生」及「樹木醫生」，未來將可永世奉獻於農林植物之醫療或保護。

據了解孫教授對於當下「植物醫師法」的立法鼓吹，自也努力不懈。而 104 年立法院通過的森林法修正案「樹木保護專章」的立法過程，孫教授也一直在力抗日本「樹木醫」的「入侵」以及美國「樹藝師」制度的混淆視聽，最終應該已經保護了科班「植醫」、

「樹醫」的正式地位。而這些正名的努力成果，相信是永世的價值，值得按讚。

孫教授年來也為臺灣的農業發聲，多次呼籲臺灣各鄉鎮市應該設立「植物醫師」，採納如以前獸醫一樣的「一鄉鎮一植醫」制度。恰好在新政府「食安五環」的政策引導之下，自 2017 年 11 月起，全國已初步設置 22 位實習植物醫師，等於開創了 22 個植醫職缺，增加了 22 個生農學院植醫畢業生的就業機會。值此國家一直喊著要給年輕人機會之時代，真要感謝孫教授帶來的果實。而這「實習植物醫師」制度首要任務便是透過植醫的正確診斷、最佳用藥處方，徹底化解聞之色變的「農藥殘留」惡象。如果普遍實施，相信可讓臺灣成為食品安全上的優秀國家。

個人和孫教授這麼多年來都一直是好夥伴的關係，值此孫教授要將三十年的心血付梓，出版《植物醫師指南》一書，實感萬分欣喜，相信此書必能帶給植醫、樹醫學界更多的新知及技術，特此祝福大家！

國立臺灣大學生物資源暨農學院院長　盧虎生

謹序於 2018 年 1 月

作者序

　　從 1994 年 7 月 12 日開始奔走，呼籲臺灣各鄉鎮市應該設立「植物醫師」，就如獸醫師一樣，好讓每一份農藥之使用，都經過植物醫師之診斷與處方。如果臺灣各鄉鎮市真能做到這樣，則全國之「農藥殘留」自能完全根除，同時也讓此起彼落之「農藥中毒」案件可以絕跡，讓農民日夜擔心、經常造成血本無歸之病蟲害可以獲得「最佳化」之控制，可以「有米樂」，也讓臺灣真正成為食品安全上的「已開發國家」。

　　然而，改革之路總是萬分崎嶇與孤單，在學府殿堂之內，就是有人認為「應該要一病理、一昆蟲」，就讓兩人綁成一個「連體植醫」也在所不惜。而另一方面，有更多人說：「植物營養」、「栽培技術」、「土壤環境」、「公害逆境」等也一樣重要！所以在推動之初，要如何整合、如何共同培養植醫，都變成萬分棘手。最後，在跌跌撞撞滿頭包之後，終於決定一定要「身先士卒」，否則可能十年、二十年還是沒有進展，跨不到對方的疆土。

　　於是就在二十年前，決定讓自己「潦」下去，先把自己訓練成真正的植醫，這樣才能拉拔培養後起之秀，讓他們也當植醫。所以個人先花好多年，努力把重要作物之「病、蟲、草、藥、營養、栽培、公害、逆境」等全部整合，配合田間實際之診斷、驗證、處方、經濟管理等，終於逐漸開始有「出師」之感覺，也開始到處「逢場執醫」。在校內，則開始開授「非傳染性病害」、「植物健康管理」、「臨床植物病理」等植醫課程，企圓「植醫滿國」之夢。

　　可又逢「校園民主」滿屋，常有百分之八十之投票者決定百分之二十改革者之方式。這一種「反改革」之潮流又讓「植醫」制度拖延許久，直到自己有幸成為「系主任」、「所長」，才告克服「校園民主」的障礙，讓植醫的春天逐漸來到寶島臺灣。

　　在過去的十年，國立臺灣大學的植醫培訓終於在 2007 年正式起跑，開辦了「植物醫學研究中心」，然後申請教育部通過設立「植物醫學碩士學位學程」，希望以每年十二位的速度培養植醫或樹醫。而在「動植物防疫檢疫局」的支持下，也曾經在三個農會試辦了「植醫駐診」。對此成果，個人謹再三感謝所有大力支持「植醫」的先進學者，也要特別感謝恩師蘇鴻基教授教誨、鼓勵與支持。而一生務農之家父奇國，事實上也提供

了一面明鏡，讓個人學用更為踏實。此行一路走來，其實也不斷獲取社會各界賢達之指教與支持，謹再表萬分誠摯之感念與謝意。

很欣慰的，終於在 2015 年立法院通過了「森林法」樹木保護專章，開啓了樹木保護專業人員或樹醫師、樹藝師之培訓及執業空間。然後於 2017 年，農委會也草擬、舉辦了「植物醫師法」草案公聽會，其立法之路並已廣泛獲得各界之支持。則有朝一日，當可樂見一鄉鎮一植醫，以及樹醫滿國、造福老樹名木之盛況。

身兼環保專業與植醫樹醫，蠟燭經常兩頭燒，最幸者當是身軀硬朗，讓個人可以隨時開著載卡多，一車師生，隨傳隨到到業主田園，貢獻植醫樹醫之所學。有謂：時間不在乎長短，為善不在於大小，但求盡心、盡力，多學、多做罷了。衷心期盼：臺灣的農業林業皆能更美好、更成功、更能行銷全球。

值此《植物醫師指南》彙集出版之際，心超有感，特為序，以茲共勉及感謝。

國立臺灣大學植微系教授及植醫研究中心首屆主任　孫岩章

謹立於 2018 年 1 月

CONTENTS · 目錄

PART 4　法規篇　305

PART　1

設備及植物醫師表格篇

植物醫師指南

01. 國立臺灣大學植物診所 標準設備列表

一	光學顯微鏡，100, 200, 500X
二	放大鏡、解剖工具、修枝剪、生長錐
三	殺菌鍋
四	無菌操作櫃
五	土壤酸鹼度測定儀
六	恆溫培養箱
七	植物栽培箱
八	藥品櫃
九	負壓藥櫃
十	負壓藥劑試驗箱
十一	正壓活性碳過濾器（診所空氣淨化系統）
十二	噴霧器、馬達、噴頭、電鑽
十三	電鋸、臺車、鋁梯
十四	一般玻璃器皿
十五	病歷櫃、樣品櫃、公文櫃
十六	冷氣機
十七	冷藏用冰箱
十八	電腦及網路

02. 臺大植物診所病歷紀錄單

每一病歷對一田地之一作物，請用藍筆詳記　　　總掛號：　　　電話（手機）：

姓名：	作物：	面積：	聯絡電話：

地點：

初診主訴：	植醫簽名：

（注意：每次應含日期、地點、樣品、病害、蟲害、嚴重度、處方、成效）

日期	診點	樣品	病害	嚴重度	蟲害	嚴重度	處方	成效

備註

03. 植物健康檢查服務說明書

一、目的	農會植物醫師在農民或農企業之同意下，可定期依需要進行農作物之健康檢查。此部分需請農民及農企業酌付工本費，其費用單價如申請表。
二、健康檢查項目	原則上包括會影響植物生長及收穫之項目皆納入，但每一作物會依植醫之判斷而取捨。 (A) 環境逆境類：(A1) 光度　(A2) 土壤 pH　(A3) 空氣汙染氟化物　(A4) 土壤鹽度　(A5) 鹽沫 (B) 營養類：(B1) 缺鐵　(B2) 缺鈣　(B3) 缺鎂　(B4) 缺鉀　(B5) 缺硼　(B6) 缺錳　(B7) 葉綠色素 (C) 水質類：(C1) 水中鹽度　(C2) 水體 pH 值 (D) 病蟲類：(D1) 重要病原細菌　(D2) 重要蟲害　(D3) 重要線蟲　(D4) 重要病原真菌　(D5) 重要病原病毒
三、健康檢查重要性	植物疫病蟲害具有 (1) 不可逆性 (2) 傳染性。不可逆性表示一旦感染即會造成去除不了之斑點或傷害。傳染性則表示會逐漸擴大規模。對此二特性，植物健檢有其絕對之必要性。
四、追蹤考核及預期效益	一般作物須在重要關鍵時期進行一至數次之健康檢查，一發現疫病蟲害即「火速」採取對策，以防造成難以復原之傷害，並防止傳染之擴大。在健檢關鍵時期，需持續進行追蹤檢查，確保預期之效益。每次健檢後，需由植醫撰寫健檢報告，交給申請者，憑此進行必要之防治。
五、合約式健康檢查服務	為強化植物健檢之功效，農會植物診所對有需要之農民及農企業可辦理「合約式健康檢查服務」，主要健檢項目依植醫之判斷而決定，但至少包括：(1) 葉綠色素 (2) 土壤酸鹼度 (3) 病蟲害；期間為生產或生長關鍵時期；健檢次數也因作物而異，又每次健檢之後，應即將檢查報告送交申請者，用以立即進行防治。
六、植物健檢申請程序	(一) 農民及農企業應填寫「植物健康檢查申請表」，向農會植醫申請，經雙方認可後，憑此繳費，並即開始健檢工作。 (二) 申請者對於當季使用過之藥劑應詳細報備並告訴植醫，否則植醫可拒絕受理。 (三) 健檢工作完成後，會有健檢報告送交申請人，憑此辦理後續病害之防治。
七、本次服務不得用以興訟之切結	申請者已了解本項農會及植物醫師之健康檢查為善意之服務，並不保證被檢查之作物事後完全健康，故不論被檢查之作物事後發生何種狀況，申請健檢者皆在此切結同意：放棄對健檢單位及植醫求償之權利。

04. 植物健康檢查申請表

總編號：

申請者姓名：				日期：	電話（手機）	
類別	編號	檢項	建議單價	建議週期	數量	
環境逆境類	A1	光照	100	依需要		
	A2	土壤酸鹼度	100	半年一次		
	A3	土壤鹽分	200	依需要		
	A4	空氣汙染氟化物	1000	依需要		
	A5	水汙染物	1000	依需要		
	A6	溫室二氧化碳		依需要		
營養類	B1	葉綠色素	500	半年一次		
	B2	總固體溶解量	200	半年一次		
	B3	缺乏症	200	半年一次		
水質類	C1	水質酸鹼度	100	依需要		
	C2	水質鹽分	200	依需要		
病蟲類	D1	重要病原真菌	200	每 7-14 日一次		
	D2	重要病原細菌	200	每 7-14 日一次		
	D3	重要病原線蟲	500	每半年一次		
	D4	重要病原病毒	200	每 7-14 日一次		
	D5	重要害蟲	200	每 7 日一次		
合約健檢（如說明書）	H1	整合病蟲健檢	600	每 7 日一次		
切結書	申請者已了解本項農會及植物醫師之健康檢查為善意之服務，並不保證被檢查之作物事後完全健康，故不論被檢查之作物事後發生何種狀況，申請健檢者皆在此切結同意：放棄對健檢單位及植醫求償之權利。 申請者簽名或蓋章：					
申請單位	作物別	地址		聯絡電話	面積	用藥歷史
植醫初檢	植醫認證	估價小計		工作分辦	報告日期	報告送出

05. 常用無毒有機防治資材及其來源表

資材	防治對象	使用方法	來源	備註
1. 窄域油（一路順）	蟎類、銹蜱、蚜蟲、薊馬、介殼蟲、粉蝨、木蝨、潛蠅、白粉病、煤煙病	單劑稀 300～500 倍；混合用 500~1000 倍	玉田地（深耕）公司 02-27685753	
2. 葵花油 + 泡舒（10：1）	似窄域油	單劑稀 200 倍	一般超市	
3. 亮光保健液	白粉病、根腐病、蟎類、蚜蟲、薊馬、介殼蟲	內含油劑及亞磷酸等，可每週直接噴施	臺灣植物及樹木醫學學會、室多綠科技公司	
4. 亞磷酸 + 氫氧化鉀（0.1%：0.1%）	疫病菌、腐黴菌	施葉單劑稀 500~1000 倍；施果 1000 倍	一般化工行	
5. 碳酸氫鈉（小蘇打）	白粉病、灰黴病、黑斑、黑星、白絹、煤煙病、貯藏性病害病原菌	單劑稀 500 倍	一般化工行	
6. 蘇力菌	鱗翅目（蛾類、蝶類）	單劑稀 1500 倍	一般農會	
7. 波爾多液	白粉病、煤煙病、細菌性葉斑病	硫酸銅 4 克＋石灰 4 克 / 溶於 1 升水	一般化工行、臺灣植物及樹木醫學學會	

06. 農會常用農藥表

普通名	商品名	規格	零售價	用途	廠牌
免賴得	億力	1000g（粉）	900	殺菌	杜邦
免賴得	菌清清	1000g（粉）	800	殺菌	嘉泰
菲克利	亞美樂	500cc（水）	500	殺菌	嘉泰
菲克利	惠放心	500cc（水）	300	殺菌	惠光
甲基多保淨	正豐	1000g（粉）	NA	殺菌	正豐
甲基多保淨	多福淨	1000g（粉）	350	殺菌	惠光
鋅錳乃浦	大生 M45	1000g（粉）	190	殺菌	道禮
鋅錳乃浦	大生 M45	25kg（粉）	4200	殺菌	惠光
鋅錳乃浦	利臺大生	25kg（粉）	3100	殺菌	印度廠
甲基鋅乃浦	安特生白特生	1000g（粉）	230	殺菌	耘農
比多農	拜可	120g（粉）	250	殺菌	惠大
待克利	新農治	500g（粉）	450	殺菌	先正達
待克利	炭剋	500cc（乳）	1450	殺菌	先正達
待克利	戰車	250cc（乳）	550	殺菌	先正達
賽福座	多富民	100g（粉）	350	殺菌	日本原裝
芬瑞莫	穩達達	100cc（乳）	300	殺菌	道禮
邁克尼	信生	100g（粉）	600	殺菌	惠光
克熱淨	雙頭鷹	350g（粉）	550	殺菌	三笙
依普同	福元精	1000cc（水）	800	殺菌	拜耳
亞托敏	稱無限	500cc（水）	1850	殺菌	嘉泰
撲滅寧	萬事寧	100g（粉）	120	殺菌	艾立
克收欣	巴斯丹精	250cc（水）	850	殺菌	獅馬
貝芬替	新巴斯丁	1000cc（水）	700	殺菌	獅馬
甲基砷酸鈣	紋速淨	250g（粉）	120	殺菌	惠光
展著劑	D-40	250cc	160	輔劑	惠光
丁基加保扶	新正豐丹	1000g（粉）	850	殺蟲	正豐
賽洛寧	功夫	1000g（粉）	450	殺蟲	嘉泰

普通名	商品名	規格	零售價	用途	廠牌
賽速安	淨夠力	120g（水溶粒）	300	殺蟲	先正達
陶斯松	毒斯本	1000g（粉）	450	殺蟲	惠光
陶斯松	毒斯本	940cc（乳）	450	殺蟲	惠光
陶斯松		940cc（乳）	350	殺蟲	嘉泰
陶滅蝨	新斯本 M	1000g（粉）	500	殺蟲	惠光
布芬淨	穩旺	200g（粉）	180	殺蟲	農福
布芬三亞蟎	三多芬	500cc（乳）	400	殺蟲	日農
第滅寧	臺喜精	1000cc（水）	750	殺蟲	雅飛
第滅寧	得喜	1000cc（乳）	800	殺蟲	獅馬
滅大松	舒霸	1000g（粉）	680	殺蟲	先正達
滅大松（原裝）	超霸	1000cc（乳）	600	殺蟲	先正達
大滅松	大減速	1000cc（乳）	450	殺蟲	獅馬
大滅松	大美速	1000cc（乳）	250	殺蟲	惠光
益達胺	太極	500cc（溶液）	500	殺蟲	瑪斯德
嘉磷塞	春多多	3000cc（溶液）	350	殺草	惠光

07. 實習植物醫師輔導記錄單 範例

總編號：

編號	地址 /	日期	年 月 日
農戶姓名	地點 / 產銷班	聯絡電話	
作物別	申請類別	（ ）診斷 （ ）處方 （ ）諮詢	
面積			

1. 作物現況：

2. 診斷結果或鑑定結果：

3. 問題及處方：

4. 成效：（請換算以公頃為計量單位）

   (1) 農藥用量比較：輔導前____年____月，共用____種農藥，總成本_____元。

   (2) 輔導後於_____年____月，共用____種農藥，總成本_____元。

   (3) 推薦使用防治方法：

     於_____年____月，推薦使用_____製劑，成本_____元

     於_____年____月，推薦使用_____製劑，成本_____元

     於_____年____月，推薦使用_____製劑，成本_____元

   (4) 防治成效比較：（原用____成效____%：新用____成效____%）

     _____年____月，原用____成效____%，

     _____年____月，新用____成效____%。

   (5) 產銷履歷表：□輔導／□簽署／□認證／□建構，於_____年____月；

               □輔導／□簽署／□認證／□建構，於_____年____月；

其他

實習植物醫師	主任	

08. 無毒農業示範戶成本效益記錄單範例

總編號：

編號	地址／		日期	年　月　日
示範戶姓名	地點		聯絡電話	
作物別	面積			
作物別	面積			

(1) 作物現況：

(2) 成本記錄：一種一表，應換算以每一甲地為準。

分項	每甲地需求量	面積	單價	總額
1. 肥料費				
2. 藥劑費				
3. 材料費				
4. 耕作費				
5. 其他工資				
6. 小計				

(3) 效益記錄：一種一表，應換算以每一甲地為準。

分項	單位面積產量	面積	單價	總額
1. 產品售價				
2. 與慣行產品增產倍數				
3. 與慣行產品價差倍數				
4. 小計				

(4) 成效實況：

植物醫師

09. 田間植物疫病蟲害檢查作業單

植物醫師 _____ 日期 _____

請對田間作物觀察並逐一填記

編號／作物	地點／環境	健康度 (-5~+5)	病害（病名）	蟲害	非傳染性病害	備註
01						
02						
03						
04						
05						
06						
07						
08						
09						
10						

10. 植物醫師診斷報告書範例

申請者		收件日期	年　月　日　掛號編號
植物別		申請類別	（　）診斷　（　）處方　（　）諮詢
主病因		建議事項	如下

（　）診斷或鑑定結果：

（　）問題答覆：

報告日期：　　　年　　月　　日　　　　　　　　植物醫師簽章：

臺灣植物及樹木醫學學會

11. 植物病理檢驗常用物品 及配方

一、常用物品	1. 無菌操作櫃
	2. 載玻片、蓋玻片
	3. 解剖刀、蓪草或鬆質保麗龍、刮鬍刀刀片
	4. 公用工具盒（含鑷子、挑針等）
	5. 酒精燈及酒精（95%）
	6. 消毒用酒精（75%）
	7. 1% NaClO、Sterile distilled water、Sterile Petri dish（置於無菌操作櫃）
二、自備工具	1. 20 倍放大鏡
	2. 彎嘴尖鑷
	3. 樣品保存盒、潮溼盒（供持續觀察或實驗之用）
	4. 相機或數位相機
三、染劑配方	1. Lactophenol: 20 g lactophenol + 20 mL H_2O，加熱溶解後 + 20 g lactic acid + 40 g glycerine
	2. Cotton blue in lactophenol: + 0.1% cotton blue in lactophenol
四、基本培養基配方	1. PDA: H_2O 1000 mL + Commercialized PDA powder 39 g。
	2. Acidified PDA: H_2O 1000 mL + Commercialized PDA powder 39 g + tartaric acid 18 mL (pH = 3.5)。
	3. V8 agar (Clarified): 100 mL V8 + 1g $CaCO_3$，攪拌離心 3000 rpm ×5 min，取上清液 + 20 g agar 殺菌，倒入無菌培養皿，製成平版即可。
	4. Nutrient agar：H_2O 1000 mL + Beef extract 3 g + peptone 5 g + agar 15 g。
	5. Corn meal sand medium：以玉米粉 10 g + Soil 18 g + Sand 72 g + H_2O 至潮溼（乾燥材料約加水 1/3 之體積），殺菌在 121℃、15 pound 下 2 小時。
五、重要選擇性培養基	1. 腐黴菌 (*Pythium*) 之 V8+3 選擇性培養基：100 mL V8 + 1 g $CaCO_3$，攪拌離心 3000 rpm 約 5 分鐘，取上清液 + 20 g agar+ H_2O 至 900 mL 殺菌。另以 100 mL 已冷卻無菌水 + ampicillin 200 ppm + PCNB 10 ppm + Mycostatin 50 ppm，在前者約 70℃ 時混合，倒入無菌培養皿，製成平版即可。

2. 疫病菌（*Phytophthora*）之 V8+6 選擇性培養基：100 mL V8 + 1 g $CaCO_3$，攪拌離心 3000 rpm 約 5 分鐘，取上清液 + 20 g agar+ H_2O 至 900 mL 殺菌。另以 100 mL 已冷卻無菌水 + ampicillin 500 ppm + PCNB 25 ppm + Mycostatin 25 ppm+ Rifampicin 10 ppm + Benomyl 10 ppm + Hymexazole（殺紋寧）50 ppm，在前者約 70℃ 時混合，倒入無菌培養皿，製成平版即可。

3. 青枯病菌（*Ralstonia*、*Burkholderia*）之 TTC 選擇性培養基：可殺菌部分取 1 g Casein hydrolysate + 10 g Peptone + 5 g Glucose + 17g Agar + H_2O 至 1000 mL 殺菌。另以 100 mL 已冷卻無菌水 + 1 g Tripheny tetrazolium chloride 配成 1% 貯存液，在前者殺菌後約 60℃ 時取該 1% 貯存液 5 mL 加入混合，倒入無菌培養皿，製成平版即可。

4. 鐮胞菌（*Fusarium*）之 K2 選擇性培養基：可殺菌部分取 1 g K_2HPO4 + 0.5 g KCl + 0.5 g $MgSO_4 \cdot 7H_2O$ + 0.01 g FeNaEDTA+ 2 g L-asparagine+ 1 g Galactose+ 16 g Agar + H_2O 至 900 mL 殺菌。另以 100 mL 已冷卻無菌水 + 0.9 g PCNB(75% WP) + 0.45 g oxgall + 0.5 g $Na_2B_4O_7 \cdot 10H_2O$ + 0.3 g Streptomycin sulfate，在前者殺菌後約 70℃ 時混合，即以 10% Phosphoric acid 調整 pH 至 3.8，倒入無菌培養皿，製成平版即可。

5. 樹木褐根病菌（*Phellinus noxius*）之 PN3 選擇性培養基：可殺菌部分取 20 g Malt extract + 20g Agar + H_2O 至 900 mL 殺菌。另以 100 mL 已冷卻無菌水 + Benomyl 20 ppm + Dicloran 10 ppm + Ampicillin 100 ppm + Gallic acid 500 ppm，在前者殺菌後約 70℃ 時混合，倒入無菌培養皿，製成平版即可。

參考文獻

1. Chang, T. T. (1995). A selective medium for *Phellinus noxius*. European Journal of Forest Pathology 25: 185-190.

2. Granada, G. A. and Sequeira, L. (1983). A new selective medium for *Pseudomonas solanacearum*. Plant Disease 67: 1084-1088.

3. Ho, H. H., Ann, P. J., and Chang, H. S. (1995). The Genus *Phytophthora* in Taiwan. Acad. Sin. Mo. Ser. 15. 86 PP.

4. Kelman, A. (1954). The relationship of pathogenicity in *Pseudomonas solanacearum* to colony appearance on a tetrazolium medium. Phytopathology 44: 693-695.

5. Massago, H., Yoshikawa, M., and Fukada, M. (1977). Selective inhibition of *Pythium* spp. on a medium for direct isolation of *Phytophthora* spp. from soils and plants. Phytopathology 67: 425-428.

6. Sun, E. J., Su, H. J., and Ko, W. H. (1978). Identification of *Fusarium oxysporum* f. sp. *cubense* race 4 from soil or host tissue by cultural characters. Phytopathology 68: 1672-1673.

7. Van der Plaats-Niterink, A. J. (1981). Monograph of the Genus *Pythium*. Studies in Mycology. 242 PP.

12. 大學課程「植物醫師實習二申請書及記錄表」

開課單位：植物醫學碩士學位學程

課程名稱：植物醫師實習二（Plant doctor internship II）　　課程編號：MSPM 5006

申請日期：　　　年　　月　　日

授課教師：　　　　　　　　　　　　　　核准日期：　　　年　　月　　日

申請者		系所			年級	
擬申請實習時間	年　　月　　日　至 年　　月　　日			擬實習地點	建國假日花市植物診所	
當地指導人員				指導教授簽名		
實習簽名及記錄						
實際進行日期 （及簽到）	（第一次）	（第二次）		（第三次）	（第四次）	備註
指導人員簽名						
實際進行日期 （及簽到）	（第五次）	（第六次）		（第七次）	（第八次）	
指導人員簽名						
備註	申請實習應先填寫本表，連同相關證明，送經指導教授核可始可進行。完成實習後應依規定繳交記錄及報告。					

課程說明：

　　本課程植物醫師實習二（1學分）係以生物資源暨農學院植物醫學碩士學位學生等，修習植物醫師實習者為授課對象，學生須填寫對「臺灣地區作物百大病害」、「臺灣地區百大蟲害」診斷率之相關經驗證明，連同本申請書，送交指導教授核可，再依所排時間前往經認可、設有植物診所之單位，接受植醫指導人員之指導，進行有關疫病蟲草害之臨床診斷、用藥處方、成效管理等之實習，以 8 次每次至少 3 小時為最低時數。完成時應提交實習報告，送交指導教授評定，給予實習成績，並得 1 學分。

　　修習本課程之學生得選於寒、暑假中進行上述之實習，但應事先報請指導教師之認可，且在該寒暑假實習完成後應立即於次一學期補辦選課手續，於學期末取得實習成績。

　　本課程之目的在藉由教授及實習單位植醫指導人員之指導下，讓修課學生有實際擔任植物醫師之經驗，其實習期間有關疫病蟲草害案例之診斷、用藥處方、成效管理等，皆應納為實習記錄及報告，俾增長學生擔任植物醫生之實務能力。

植物醫師實習二　補充說明

1. 自古凡人醫、獸醫、植醫、樹醫，都需要「師徒制」之學習及實習。
2. 臺大花市植物診所是自 2008 年 7 月開始設立，請多配合「植醫研究室」之規定。
3. 如遇有「農民」問診，可詳細記下其「真實姓名、地址、聯絡電話、種植種類、面積、主訴等」，或登錄於「病歷表」，以便送回「植醫研究室」進行案例登錄。
4. 植醫及樹醫之工作，不外乎「診斷、處方、管理」。但處方包括「慣行」及「無毒、有機」。診斷包括「病、蟲、草、藥、營養、逆境」。管理包括流行病學、成本及效益之分析、預測、風險評估等。
5. 每位實習植醫應自備一「放大鏡」，並宜現場操作「顯微鏡」，以利「快速鏡檢、快速診斷」。
6. 如遇有現場無法解答之問題，可以帶回學校問「植醫研究室」或指導的老師。如問診者要求介紹簡易處方，可於現場介紹市售之「亮光防蟲液」、「亞磷酸保健液」等。如問診者要求外診樹病，可抄回電話，送交「植醫研究室」、「植醫樹醫學會」或指導的老師。
7. 實習完成，每位應繳交一份心得報告，交給授課教師。形式不拘，約 2 頁 A4 大小即可。
8. 每位實習前應先填寫申請書，和授課教師談過一次獲得簽名才可開始排入班表進行實習。已排好之班表不可無故缺班，每次完成實習，才可請現場實習植醫簽名。其他請聽從現場「實習植醫」之指揮。

13. 植物醫師培訓管理檢查用表

姓名		級別			備註
科目	編號	基本級 A	進階級	教學級	
實驗室管理	01				
	02				
	03				
病菌分離培養	04				
	05				
	06				
	07				
快速診斷	08				
	09				
	10				
常用處方	11				
	12				
	13				
	14				
經濟分析	15				
	16				
公文管理	17				
	18				
溝通	19				
	20				
確定診斷病例	21				
	22				
	23				
	24				
雜草管理	25				
	26				
害蟲鑑定	27				
	28				
害蟲防治	29				
	30				
病蟲預測	31				
	32				
營養管理	33				
	34				
報告寫作	35				
	36				

註：學員在修習之植醫領域，在各項專業細領域之專業知識上須具有 80% 之「診治能力」及「教學能力」。

14. 談創新性植醫及樹醫診所的設立策略

一、前　言

　　由於植物及樹木醫學，是人醫與獸醫以外之第三類醫學，而其發展依據美國佛羅里達大學「植物醫學學程」主任麥高文教授到臺大演講時所說的：「在歷史上，獸醫的出現比人醫約晚了 100 年，而植物醫師又比動物醫師再晚了 100 年。」是以目前植醫及樹醫之教學、研究、服務皆仍有待精進。

　　而在服務、尤其在學生的就業上，人醫在臺灣估計有 26,000 個醫生，開業的比率相當高。在獸醫方面，近十年來也因寵物飼養量大增、需求增加，故到處皆可看到「動物醫院」之開業。唯獨在植醫及樹醫方面，臺灣仍缺乏健全的制度及機會。故我們自 1994 年首倡植物醫師制度之後，即念茲在茲，期望有朝一日，第三類醫生也能師法「人醫」及「獸醫」之模式，普設「植醫診所」或「樹醫診所」。

　　為此，我們首先於 2006 年在臺大生農學院下，成立植物醫學研究中心，同年也開始試辦「農會植物診所」、「鄉鎮植物診所」。基本上此些「農會植物診所」是以申請研究計畫之性質試辦，主要內容是廣招各校自認可當植醫之學生充當「實習植醫」，以免費之方式替轄區之農民及農企業進行診斷及處方之服務。依據試辦的成果，吾等認為應該是頗具功效及經濟利益的。唯原先希望農會編列預算永續經營的期待卻一直落空，其理由是各農會多認為這應該是由政府以「公費公辦」的方式進行較妥，故上述研究計畫也在試辦三年之後暫告一個段落。而吾等也需承認，在此階段學生的專業訓練及實務經驗，仍有良莠不齊、不甚充足之處，是以吾等才進一步規劃，並提請臺灣大學籌設「植醫碩士學位學程」，並自 2011 年正式招生。

　　因迄今陸續已有「植醫碩士學位學程」學生畢業了，所以吾等也在籌組「臺灣植物及樹木醫學學會」之後，開始提出「創新性植醫及樹醫診所」的理念，並正進

行規劃及準備。簡言之，就是希望第三類「醫學」的應用或服務，能夠盡快看到成果，也希望以後在臺灣重要地區，都可看到「創新性植醫及樹醫診所」的開業。

二、創新性的理念

依據「臺灣植物及樹木醫學學會」的理念，所謂「創新性植醫及樹醫診所」，是指第三類醫學學生，在經過大學四年及植醫碩士學位學程完整培訓之後，能將所學之植醫及樹醫專業科學及技術，用以開設診所，以提供業主專業之服務，兼能開立處方、販售友善或優良藥劑、協助增加農作物產量、提升產品品質、保護樹木健康、促進產業進步、提高產業收益者而言。

基於上述理念，「創新性植醫及樹醫診所」的特點，與目前社會現存的體制，其差別或謂創新性，可略述如下：

1. 包括「植醫」與「樹醫」兩大業務。

2. 結合「植醫樹醫」與「藥劑的販售」。

3. 只提供友善及優良用藥之處方及販售，拒絕劇毒農藥之推薦及使用。

4. 由大學植物醫學中心充當第二線後送或技術支援之單位，以協助解決第一線無法解決之各種問題。

5. 原則上完全是民營模式，以求永續之經營及發展。

三、創新性植醫及樹醫診所的營業項目

基於上述五大特點，我們規劃之「植醫及樹醫診所」所列之營業項目，可分述如下：

1. 植醫業務：即對轄區內之農民及農企業，提供經濟植物全程健康狀況之「診斷」、「處方」、「經營管理」等服務。

2. 樹醫業務：即對公家或私人業主之樹木，提供全程健康狀況之「診斷」、「處方」、「治療」、「經營管理」等服務。

3. 植醫與樹醫用藥之販售：係針對上述兩大項業務所開立之處方，直接販售該

等藥劑給予問診者或樹木業主,但不含「劇毒農藥」的推薦及使用。

4. 植醫與樹醫契約型顧問諮詢及服務:係針對大規模之農企業,以契約收費模式,進行重要疫病蟲害之流行病學調查,以求建立預測、預警等預防疾病之措施,共謀增加作物產量、提升產品品質、保護樹木健康、提高產業利潤者。

5. 其他屬於植醫與樹醫提供服務之業務:如提供大學植醫學生之實習場域、提供藥界有償之藥劑試驗、提供官方有償之服務等。

依據作者倡議之「全方位的樹木醫學」,在樹醫業務上,各「創新性植醫及樹醫診所」可服務的項目,應可包括:

1. 樹木安全評估或風險評估。
2. 樹木例行健康檢查。
3. 樹木移植及監督指導。
4. 樹病診斷及防治。
5. 珍貴老樹健檢及救治。
6. 樹木藥劑注射及噴施。
7. 樹幹修補及重建。
8. 樹木修剪。

四、植醫及樹醫診所設立之模式

依據上述營業項目,有關「創新性植醫及樹醫診所」的設立模式,概可略述如下:

1. 獨資成立之「臺大植醫及樹醫診所」:估計以籌資 200 萬元新臺幣,即可組成「股份有限公司」。其名稱建議爲「臺大植醫及樹醫診所股份有限公司」。該總公司應同時執行上述五大業務。

2. 分支成立之「臺大植醫及樹醫診所地區分所」:同樣以上述股份有限公司之分公司模式申請開業或在當地另行申設公司或行號。估計其資本額約 100 萬元新臺幣,可同時執行上述五大業務或其中部分業務,但至少應包括「植醫」、「樹醫」、「售藥」三大業務。估計每一「臺大植醫及樹醫診所地區分所」應至少聘用

2 位植醫或樹醫，皆宜擁有「農藥管理人員」資格。

在診所設備上，自可參考前人「農會植物診所」之經驗，另可參考本書前述之資料。

五、植醫及樹醫診所營運及行銷問題

有關「創新性植醫及樹醫診所」的營運及行銷，在策略上，應有妥善之營運計畫，基本上可參考人醫診所及獸醫診所之模式，其重要的策略略述如下：

1. 植醫及樹醫診所應以專業的服務作為基礎：即其執業之「植物醫師」、「樹木醫師」皆應充分擁有六大類「疫病蟲害」之診治能力，包括快速診斷、正確處方、最佳化之防治技術。如此才能真正增加作物產量、提升產品品質、保護樹木健康、提高產業利潤。

2. 以優質之服務帶動「藥劑之販售」：在發揮診治的功能下，兼辦「藥劑之販售」。唯「藥劑之販售」必須要求完全符合現行「農藥管理法」之規定，故每一診所應要求人員參加「農藥管理人員」受訓以取得藥劑販售之資格。

3. 逐步推動「契約型預防醫學顧問諮詢及服務」：此係針對大規模之農企業，以契約收費模式，進行重要疫病蟲害之流行病學調查、預測、預警、防治、管理等服務，以提高產業利潤的最大化。此一業務應先行試辦，取信於業主，再求簽訂長期的服務契約。

4. 有關樹醫的服務應優先推動：因目前樹醫之用藥，較無「農藥管理法」之束縛，其服務成本較低，競爭較少，利潤也較高，故宜優先推動。

5. 應求「醫與藥」之密切合作：蓋因「醫與藥」之目標是一致的，也各擁有專門之知識及技術，故應求「醫與藥」之密切合作。

六、植醫及樹醫診所可能面臨的挑戰

有關當前「創新性植醫及樹醫診所」可能面臨的挑戰，概可列出如表1。

表 1　當前植醫及樹醫診所推動中可能面臨的困難及挑戰

困難及挑戰	說明及建議	備註
1. 缺乏「植物醫師法」及「樹木醫師法」	「植物醫師法」及「樹木醫師法」應予立法，以符合時代的需求	
2. 農藥被汙名化	「農藥＝毒藥＝致癌」的汙名，該請政府機關徹底檢討及大力改革	
3. 農藥法規不健全	植醫用藥（農藥）的法規只有「農藥管理法」，該法及眾多行政命令，多屬於不友善的法規。	
4. 農藥販售業者競爭激烈	現有 3600 家以上之農藥販售業者，競爭十分激烈。而大學植保、植醫受訓四年畢業生或植醫碩士，並不能依檢覈取得販售人員資格。	
5.「非農藥」及「生物製劑」缺乏彈性之應用空間	政府機關為執法的方便，將所有「非農藥」及「生物製劑」匯入「農藥」。據聞登記一支藥須花費 200 萬元以上，極不合理。故建議參考韓國制度，修法放鬆「非農藥」及「生物製劑」彈性應用的空間。如此才能提高國產「非農藥」及「生物製劑」之競爭力。	
6. 疫病蟲害普遍缺少預測及預防的知識與技術	植醫的新時代必須講究「流行病學」、「預測學」及「預警技術」、「預防醫學」。但臺灣 95% 的疫病蟲害都缺乏流行病學、預測、預防的基本資料，因此建議科技部及農委會應立即增加此些領域之研究。	
7. 植物醫師及樹木醫師實務經驗仍屬不足	植醫及樹醫必須擁有各種疫病蟲害之診斷、處方、管理之實務經驗，目前學生之實習機會太少，極待繼續加強並改進「植醫實習」之制度。	
8.「公設植醫」制度有互相競爭市場的問題	即政府應實施「一鄉鎮一植醫」之制度，可與民間之「植醫及樹醫診所」互相支援，但也有互相競爭市場的問題。	
9. 藥效資料普遍欠缺	各種植醫用藥之藥效資料，多屬欠缺或不全，政府應設法仿人醫之制度加以公開。	
10.最佳處方及植醫用藥之制度尚待建立	植醫及樹醫皆須設立「最佳處方」之資料庫，目前臺大植醫中心已依「藥效、人體安全、環境安全（含殘留、魚毒、蜂毒及其他、環汙四小項）、經濟、便利性」五大項設權重及優劣點數，逐步進行「最佳處方」之評選，選入優選名單者方稱為「植醫用藥」，但此一制度尚期各界給予支持。	

七、結　語

　　臺大植醫及樹醫診所，是一創新性的理念，其營業項目包括：(1) 植醫業務服務。(2) 樹醫業務服務。(3) 植醫與樹醫用藥之販售，但不含劇毒農藥。(4) 植醫與樹醫預防醫學之顧問諮詢及服務。(5) 其他如提供大學植醫學生之實習、提供藥劑試驗等。是國內植醫產官學未來建議推展之新方向。

　　臺大植醫及樹醫診所，原則上採完全民營之模式，以求永續之發展。它同時包括「植醫」與「樹醫」兩大業務，同時結合「植醫樹醫」與「藥劑的販售」，並有大學植物醫學中心充當第二線後送或技術之支援，此皆為國內之創新做法。

　　有關「創新性植醫及樹醫診所」的設立模式，可設總公司及各地之分公司。植醫及樹醫診所應以專業的服務做為勝出之基礎，並以優質之服務兼辦「藥劑之販售」，故其「植物醫生」、「樹木醫師」皆應充分擁有六大類疫病蟲害之診治能力，以求真正增加作物產量、提升產品品質、保護樹木健康、提高產業利潤。未來應在「醫與藥密切合作」的前題下，逐步推動「契約型植醫樹醫顧問諮詢及服務」，即針對大規模之農企業，以契約收費模式，進行重要疫病蟲害之流行病學調查、預測、預警、防治、管理等服務，提升我國農林事業之國家形象及競爭力。

　　因目前不合時宜的法規甚多，故建議政府也應配合逐步修法，建立植醫及樹醫之證照制度、公布各種藥劑之藥效資料、適度鬆綁非農藥及生物農藥之使用、加強疫病蟲害預測預警之研究，並求建立一鄉鎮一植醫之永續體制。

參考文獻

1. 孫岩章（2004）。談農藥殘毒的影響及徹底解決的策略。立法院院聞月刊 32(12)：39-55。

2. 孫岩章（2004）。小心農藥殘毒。中國時報。2004/09/29。

3. 孫岩章（2004）。植物醫學與植物醫師的培訓問題探討。植物保護新策略研討會專刊（中華民國植物保護學會特刊第六號）。P. 183-191。

4. 孫岩章（2002）。臺灣地區農藥殘留解決方案之探討。中華民國環境保護學會

九十一年年會論文。

5. 孫岩章（2000）。植物醫師制度及培養課程之探討。植物病理的傳統與現代研討會。國立臺灣大學植物病理學系。

6. 孫岩章（1999）。植物健康管理與永續資源。永續資源學程研討會論文集。臺大農業陳列館。

彩圖 1-01- ①
植醫及樹醫診所或研究室都該有一殺菌設備，例如本圖之桌上型殺菌鍋。

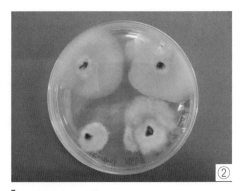

彩圖 1-01- ②
最常用的病原菌分離法，是切取或挑取患組織塊，置於培養基或選擇性培養基，即可見可疑病原菌之長出。

彩圖 1-01- ③
病原菌的分離及培養，通常需要在「無菌操作檯」內進行，本圖是以選擇性培養基大量分離樹木褐根病菌之情形。

彩圖 1-01- ④
定溫生長箱，也是植醫及樹醫診所或研究室應該有的基本設備，主要做為病原菌的定溫培養。

彩圖 1-01- ⑤
電鑽及敲鎚，是樹醫對樹木內部及外部檢查、聽診及取樣的必備器具。

彩圖 1-01- ⑥
樹診生長錐，是樹醫對樹木內部之檢查及取樣常用的鑽探器具。

①草莓產業常見多種疫病蟲害的侵擾。

②高產且優質的草莓是植物醫師追求的目標。

③草莓炭疽病危害之幼果。

④草莓授粉不全造成幼果畸形。

⑤非生物因子造成草莓葉片之緣枯病變。

彩圖 1-03

企業化經營的農林產業，都需要定期進行植物及產品的健康檢查及食品安全的檢驗。

①胡麻葉枯病在茭白葉片的長橢圓形病斑。

②桑椹菌核病菌造成的腫果病病徵。

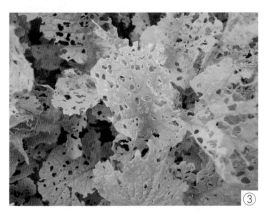

③小猿葉蟲啃食白菜葉片造成的圓洞形咬痕。

④小猿葉蟲危害白菜葉片造成的圓洞形咬痕。

彩圖 1-07
植物醫師必須具備「診斷、處方、管理」之病蟲害綜合診治專業能力，而診斷亦不外乎「望聞問切」四大方法。

①發病且擴展中的甘藷莖基腐病。

②低溫造成全面的甘藷寒害病徵。

③高爾夫球場草皮擴散傳染的褐斑病。

④依賴水滴噴濺傳染的九重葛細菌性葉斑病。

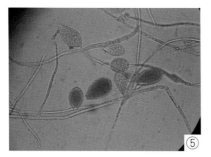

⑤可造成多種植物疫病之疫病菌胞囊（Sporangium），釋出游走子（Zoospore）游到其他植物之根部可以造成新的傳染。

⑥土壤傳播病菌造成的馬鈴薯莖腐病。

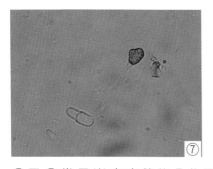

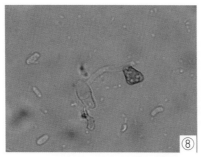

彩圖 1-09
田間植物疫病蟲害之觀察及檢查建議每週至少一次，並應建立流行病學的預測、預警模式。

⑦及⑧常見炭疽病菌的分生孢子正在發芽，並產生附著器（Appressorium），其後長出侵入釘「Penetration peg」侵入葉表或果表細胞。

①

②

彩圖 1-11

田間植物疫病蟲害之「快速鏡檢」是植物醫師的基本功，臺灣大學植醫研究室創新的「彎嘴尖鑷快速鏡檢法」，可以將①草莓葉片炭疽病及②芒果果實炭疽病等材料，利用彎嘴尖鑷在載玻片上立即分切成可供顯微鏡觀察之細片組織，然後可觀察並鑑定病原菌之種類及其繁殖、感染之特性。例如③即為「彎嘴尖鑷快速鏡檢法」在田間即時觀察到的果實炭疽病菌黑色鋼毛。

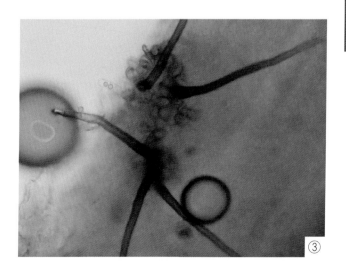

③

PART 2

資料篇

CHAPTER 1

小心農藥殘毒 *

摘錄自：孫岩章（2004）。小心農藥殘毒。中國時報 2004.09.29。
2017.12 修訂。

美好的一個中秋節，卻有茶葉農藥殘毒的聳聽新聞讓人大為掃興，而近年來一家一家的有機農產中心，有如春筍一般從都會區冒出，也正反映出「一般市民對農藥殘毒」之不信任。

有一項數字一直提醒我們：臺灣地區農地單位面積農藥之使用量是美國的 5.5倍。雖然我們的農政單位說臺灣的高溫可能更快讓農藥分解，我們的農藥殘留不合格率與美國「差不多」，即在 1% 至 2% 左右。但依據臺北市瑠公農業產銷基金會之調查，一般市售蔬果農藥殘留不合格仍在 6% 至 8% 左右。換言之，你每到市場去買 100 次蔬果，就有 6 至 8 次會買到含過量農藥的產品。

然而，面對這個所有消費者的關心，政府是否提出真正可以化解農藥殘毒問題的「最佳策略」？

農委會提出的加強農藥管制方案，仍不外乎：買藥要登記、加強抽查等。但這兩策略成效有限，否則今天的市售蔬果農藥殘留不合格率就不會在 6% 至 8%。唯平心而論，農委會農業藥物毒物試驗所近年來推辦之「吉園圃」及臺北市瑠公農業產銷基金會推辦之「安心蔬菜」是比較成功的，因為此二者都是從源頭去輔導農民進行「正確診斷、正確用藥」。只是這兩措施皆屬局部性計畫，而最大的問題是：它們都無法推廣到全國，因為臺灣從南到北並無真正的臨床植物醫師，要對約 80萬公頃農田、80 萬農民提供「正確診斷、正確用藥」，根本做不到。

「健康管理、提高品質、符合安全」的目標看似容易，卻是農民及農企業最感無助與困惑之技術所在。根本的原因是：作物的健康管理需要專業「植物醫師」才能勝任，而農產品質與安全度之提升則更需要專業的「作物栽培專家」、「農產品管技師」等輔導與投入才能達成目標。這不唯國內是如此，農業大國之美、加、泰等亦是，中國大陸與亞洲各國在近期的將來亦無法例外。

而全球對農產品安全之重視，更隨著 WTO、全球化與資訊化之盛行而動見觀瞻。例如任何一國家之農產品只要被檢驗出有超量的農藥殘毒，馬上全世界都會加以抵制或退運。這樣的事件往往造成無以彌補的鉅額損害，間接造成嚴重的社會恐慌、失業問題、經濟衰退問題。遠者諸如國內發生的毒葡萄、地蜜西瓜等事件，近者則有日本退運臺灣菠菜、大陸中草藥多含重金屬、臺灣驗出美國帶蟲蘋果、歐洲各國普遍禁止基因改造食品進口、歐美狂牛病事件等等。

　　至於為什麼臺灣會缺少可幫農民「正確診斷、正確處方」的植物醫師？則不妨先從臺灣首席大學臺大來檢視。按理臺大是國內最完整的大學，在目前之生物資源與農學院中設有「植物病理與微生物學系」、「昆蟲學系」等，但因國家政策完全不認為「植物醫師」是一重要之專業，所以連考試院都未把「植物防檢疫」納為技師。也因此，數十年來全臺大之「植物病理學」專家都只做高深之研究，而無「臨床植醫」之學生培養計畫。

　　有一證明是：相信很多人從媒體中知道臺灣有一位「樹醫」，但他取的執照卻是日本發的。我國自己的樹醫在那裡？答案是零。

　　這也許就是全臺農藥殘毒一直居高不下的真正原因吧！因為 309 個鄉鎮，並沒有像獸醫系統那樣各有公設植醫駐診，甚至在 21 縣市都設有「家畜疾病防治所」情況下，我們的植醫體系幾乎完全空白。即令我們有 6 到 7 個農改場，但他們仍以研究為主軸，一樣沒有半個正式的「臨床植醫」。

　　雖然我國沒有植醫系統，但我們的農藥販售系統卻滿發達的，全臺灣有約 3,600 家農藥店。這些農藥販售者只需上課 10 天就可開業推銷農藥。當然這樣有藥無醫的局面也就十分弔詭，因為農藥店的上游自有數十家大公司天天在強力推銷其農藥產品，下游的 3,600 家農藥店在「全無植醫」的情況下，居然也權兼植醫之角色，無不憑其三寸不爛之舌，努力推銷其代理之產品，外加優厚無比的「招待觀光遊覽」等利誘。

　　於是我們聽說：農藥店通常會多介紹一些藥，反正只要多混兩三種，則至少總有一種可以把蟲蟲射下來，或把病菌殺死，如此才能取信於老顧客，但犧牲的卻是全民的健康、國家的形象和政府的公信。

　　這種有農藥而無植醫的局面一朝不改，臺灣的農藥殘毒事件將永無根絕之日。美國佛羅里達大學已自 1999 年開辦「植物醫學研究所」，專門培養全科之「植物醫師」。臺灣常自豪是「農業技術全球第一」，但在植物醫師的培養上，似乎無所進展。為此也建議趕快加強植物醫師的培訓，並希望全臺 309 鄉鎮市未來皆有專業植醫幫忙農民「正確診斷、正確處方」，則有農藥無植醫導致「胡亂用藥」的局面才會改觀。

CHAPTER 2

植物醫師的社會需求與培訓

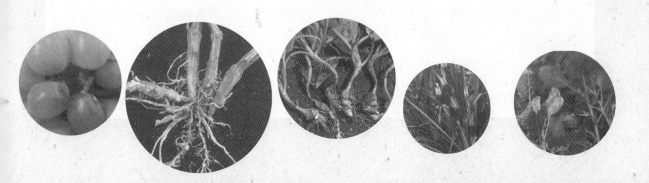

一、植物醫師的發展史

早在 1911 年，植物醫師（Plant Doctor）即已被學者提出（Whetzel, 1911）。而至 1935 年美國的明尼蘇達州立大學農場植病與植物系主任弗利曼（Freeman）即提出植物病理學界未來應有植物醫師或開業醫師（Practitioner）之發展空間。因為植物病理學界一般只重研究，當科學家並無法針對農民迫切之需要提供全面且即時之診斷與處方。所以弗利曼認為，植物病理學界應有人收集各類相關學科（土壤學、遺傳學、植物病理學、昆蟲學等）之研究成果及精華，應用於解決農民作物栽培遇到的種種健康管理問題。

1935 年夏天發表於美國植物病理學會年會標題為「植物病理學及其未來」的研討會論文中，弗利曼針對植物病理之科學面（Science），業務面（Practice）及行政組織面（Organization）做一歷史的回顧與展望。在科學面上，我們皆知植物病理學界起源於 1850 年代。此植物病理學與其他生物科學密切相關，故與植物生理學、真菌學、細菌學、植物形態學，並列為早期植物學的五大分支。但至 20 世紀中葉，近一世紀的科學發展，又衍生了生態學、細胞學、生物化學、遺傳學、生物統計學等等，這些科學皆慢慢累積經驗與知識，才蔚為一獨立的學門，唯對於植物病理學家來說，植物病理學和上述舊的四分支與新的各分支卻永遠處於密切相關的姐妹學科（Sister Science）關係。由於知識體系的蓬勃發展，使得像底巴里（DeBary）那般身兼組織學家、形態學家、真菌學家、病理學家、開宗思想家與植物學家之超人（Superman）級科學家，無法再現於現代社會，另一方面卻使現代科學家皆不能夠侷限於某一專業，並且得與其他學界相互合作，進行團隊研究，才可能有所貢獻。

上述團隊研究的例子包括病原菌與遺傳學，病害過程中的生化機制，生命週期中的細胞學變化，植物病害中的統計研究，寄主與病原的解剖現象等等，因學術的專業化，專精化，很多研究須有兩個以上的科學家共同參與，因此現代科學家必須更加專業。

在植物病理學及其他分支科學於 1850 年代萌芽大力開花結果之後，病害自然發生說（Spontaneous Generation）漸被否定，人們也慢慢相信作物生病不是神對人

類犯罪的懲罰。既然作物病蟲害是因病原體及蟲害引起，則防治病蟲害便成為極具意義的科學與技術。例如，波爾多液被發現可防治葡萄露菌病之後，第一項以藥劑治理植病的方法乃告確立，在其後的植病歷史中，科學家便一再研究鑑定病因，然後加以有效的防治。另一方面，農民也渴望得到診斷與防治的新知，藉以增加產量，減少損失，這種需求在十九世紀末期已經大大存在，但在當年科學家少，植物醫師並不存在之時代，只得由科學家兼當植物醫師（Scientist-Practitioner）（Harper, 1969）而政府單位則是科學的支持者，故政府為執行病蟲害防治的顧問機構，藉此對有需要的農民提供顧問性服務（Advisory Service）。

隨後，這種政府支持的病害防治或農業有關之顧問服務逐漸穩定而擴大，在政府中乃改而設立農業推廣單位及人員，以提供廣泛之推廣服務。這原可將責任移交給這些單位及推廣專家（Extension Specialist），減輕科學家們的負擔，但後來卻發現此一制度有實際的困難點。

問題是政府或大學農推單位的人員一般包括 3 種專長之人員，即 (1) 植物病理專長人員，(2) 昆蟲專長人員，(3) 土壤專長人員。但是這些人員在當時所接受的是朝研究導向在進行之教育，他們普遍缺乏對田間各種病變正確診斷及正確處方的能力與經驗，他們必須在畢業後才真正學得到田間之診斷與處方之技術。因此，真正可幫忙農民的「醫師」極少，農民無法得到充分的服務。然而，這些制度仍有某些重要的貢獻，包括把已知之病蟲害知識及處方大力地傳達給各界，教育農民，逐漸提升其知識水平。上述之推廣專家制度可歸為植物病蟲害防治史上的第二階段制度。

至於民間另存在的私人開業醫師（Private Practitioner）在此亦漸出現（Harper, 1969）。但他們一樣碰到不少困難。其中之一是在學校所學仍多研究導向者，缺乏田間及臨床診斷處方的能力。其二是他們須與上述的政府支持的推廣單位及人員相互競爭，一般農民當然會先選擇免費的公家單位及人員，找尋答案或處方，所以私人醫師要存活自然十分不易。其三是由於缺乏公信與法規規範，也因此較難獲得社會大眾的信任。

市場定位乃是左右植物醫師制度能否實施的最大關鍵點。以美國為例，農民多屬大地主農戶，作物品種集中在少數幾種，每年因病蟲害之損失有一定的比例，若

能提高診斷與防治效率，自然有甚大的利潤，也因此有診斷與處方的需求。其供應者仍多偏向政府支持的推廣單位、研究單位或大學，民間顧問公司只能占次要的地位。在我國，目前農藥濫用極其嚴重，農企業也極力需要向上提升，無論公設醫師與私人醫師的市場相信皆是存在的（孫，1999）。

另兩種較大的市場需求則是下述的樹醫、草醫，以及官方之檢疫專家。我們在此不特別強調檢疫專家（Quarantine Specialist）的角色，但各國的動植物檢疫專家亦多少與植物醫師的角色有相似性。只是其業務及市場皆較狹隘，故宜另予分開討論之。

二、樹醫與草醫

所謂樹醫（Tree Doctor），在國外主要是指樹木外科醫師（Tree Surgeon）而言，因為不管庭園、公園、路樹，皆可能需要修剪（Pruning）、移植、治療病蟲穴洞等。目前在歐美及日本皆有樹木管理公司專責路樹的照顧（Tree Care) 及處理等。一般多包括診斷（Diagnosis）及外科處理、移植修剪等。在國內，由於尚無法規規範，故一般之路樹處理皆係由非專業之公務單位負責，唯獨有些珍貴老樹之診斷與照顧，需要專業人員提供服務，這是國內所謂樹醫之特殊需求。

其實有關樹木之病蟲害治療、樹洞腐朽之治療，本屬植物醫學（Phytomedicine）之範疇，因為其中最重要的診斷與療效追蹤皆是植物病理學的專業訓練要項，故國內植物病理學系有需要開授這類課程，以應付社會之需要。

另一個與樹醫十分相似的草醫（Turf Doctor)，其對象是甚具維護價值的草坪。當然我們在此無意批評國內高爾夫球場的貴族化經營方式。但無論國內與國外的高爾夫球場，皆需有如地毯般的草坪，而維護草皮、防止病變、黃化、缺株，皆是重要工作。因此，國內外皆需要有草坪維護人員的設置，必要時也需要有草醫之行業，以求正確診斷，有效加以處置或替換。

在國內目前尚無草醫專才人員，但高爾夫球場施用甚多農藥以防治病蟲害卻是不爭的事實，這些農藥一旦被濫用，極有可能汙染水源及河川。如果能有草醫以顧問之方式與多家高爾夫球場簽定診斷維護服務合約，相信是互惠互利，並對國土環境品質極有助益之事。

三、植物檢疫與植物醫師

植物檢疫（Quarantine）是各國政府皆十分重視的工作，在美國，即嚴厲執行檢疫法，規定一般外國旅客不得帶入任何活的植物材料及新鮮產品等。另也對各種進口商品進行檢疫、檢驗，其目的是要防堵國外病原之入侵。這些分布配置於機場、商港之專業檢疫官，事實上多具有特殊的診斷、鑑定能力，尤其對特定的病害更是用心把關。

這些檢疫官的角色在診斷上類似植物醫師，但在防治處理上則與上述之植物醫師、樹醫、草醫有別，因為在檢疫上可能多以銷毀來處理，只有少數會以治療之方式進行。

四、現今植物醫師制度面臨的問題

如上所述，我們相信市場是掌握植物醫師制度能否上軌道及如何發展的最大關鍵。所以以美國為例，病蟲害私人診斷防治顧問公司之存在代表著它們的市場，至於樹醫與草醫之存在，證明社會有此方向的多種需求。但到底要有多大的市場才能支持一個公司或一個私人植物醫師，則尚待未來的探索與研究。

植物醫師制度要健全與永續，必須有法規支持才可。因此，政府便有需要制定「植物醫師法」，以規範植物醫師的資格，考試、證照、獎勵、公會組織等。在歐美及日本，目前皆有民間機構對樹藝師（Arborist）及樹木醫，加以證照管理，但在國內則仍闕如。

在臺灣，如作者之前所分析者（孫，1999），每一個鄉鎮其實最少需有一個植物醫師免費為農民提供診斷與處方，才能徹底解決農藥殘留之重大問題，並能照顧農民之需要，增加農民收入，減少農民支出。由於這些政策需要更多的調查研究或試辦性成果加以實證，才較易取得農政單位之採信，這方面之成本效益分析，也需要農推及農經專家之配合研究，方能迅速得到正果。

五、植物醫師的培訓課程

由上述可知，植物醫師之職責乃應用各種科技及知識，以最有效率的方法，對有需求之農民或園丁之農林植物加以診斷健康狀況，評估或預測其發病程度，並開立最安全、適當之處方，以保護標的作物之健康，從而減少病蟲草害造成之損失。要訓練這樣的開業植物醫師，自然需要有成套的教育單位及課程，就如同人體醫師及動物醫師之培養需要有醫學院及獸醫學院或系所一樣。我們皆知醫學系要 7 年的養成教育，而獸醫要 5 年。醫學系 7 年中要有 1 年之實習（Internship），之後畢業生常須在大醫院再訓練 3 年以上，即充當住院醫師，然後再有 2～3 年當總醫師，才能成為主治醫師，其前後因此共需要 12 年左右。

在植物醫師的培養方面，目前大學 4 年只能教授基礎課程，如四大病原：真菌、細菌、病毒、線蟲及病理學、防治學等。所以一般大學 4 年畢業約只能擁有 20 % 的病蟲害診斷能力及處方能力，比起植物醫師應擁有 80% 的診斷及處方能力相差甚遠。因此如何把 20% 的病蟲害診治能力提升到 80%，便需要額外之課程或學制。為此，臺灣大學已於 1995 年加開非傳染性病害課程，並於 1998 年開授大四及研究所之「植物健康管理」，以每週皆赴田間實習之方式加強田間診治能力之訓練。並於 2000 年於研究所班再開設「臨床植物病理學」，進一步以每週進行田間診治、藥效評估、病樹外科手術之訓練，希望以 80% 診治率作為訓練目標。務求以約兩年之密集訓練，確實可培訓出社會各界可信賴之植物醫師。

其實有關植物醫師之培訓課程，在達曼與伍德（Tammen & Wood, 1977）之文章，已有詳細之規劃與分析，在此題為「植物開業醫師之教育」論文中，已將大學部 4 年及研究所 3 年之課程詳加建議與規劃。例如大學部共 2800 小時之課程，彼等提出應包含：(1) 生態學相關學科 135 小時 (2) 作物學相關學科 135 小時 (3) 植物保護相關學科 855 小時 (4) 統計分析相關學科 180 小時 (5) 溝通技巧相關學科 120 小時。而 1,425 小時之主軸訓練課程當中包含 1,200 小時之講解、225 小時之實驗及 3 個月之田間實習。

在研究所 3 年攻讀碩博士的課程中，彼等建議在 2100 小時中應著重整合性訓練，尤其強調在診斷、評估及防治處理方面，外加研究、實習依作物分科深入之訓練等。

參考文獻

1. 孫岩章（1999）。植物健康管理與永續資源。永續資源學理研討會論文集。臺大農業陳列館，P. 80-90.

2. Delp, C. J. (1977). Privately supported disease management activities. Plant Disease (Horsfall, J.G. & Cowling, E.B. eds) Vol I. Academic Press. P.381-392.

3. Freeman, E.M. (1936). Phytopathology and its future. Phytopathology 26:76-82.

4. Harper, F.R. (1969). A profession to deal with the diagnosis and treatment of disease in plants. BioScience 19 : 690-692.

5. Horsfall, J.G. (1959). A look to the future the status of plant pathology in biology and Agriculture. Plant Pathology. Problems and Progess.(C. S. Helton et. al. eds.) Madison, Univ. Wisconsin press. P. 65-70.

6. Horsfall, J.G. and Cowling, E.B. (1977). The Sociology of plant pathology. Plant Disease (Horsfall, J.G. & Cowling, E.B. eds). Vol I. Academic Press. P. 12-33.

7. Kiraly, Z. (1972). Main trends in the development of plant pathology in Hungary. Annu. Rev. Phytopathology 10: 9-20.

8. McIntyre, J.L. and Stands, D.C. (1977). How disease is diagnosed. Plant Disease (Horsfall, J.G. & Cowling, E.B. eds). Vol I. Academic Press. P. 35-53.

9. Tammen, J. F. and Wood, F. A. (1977). Education for the practitioner. Plant Disease (Horsfall, J.G. & Cowling, E.B. eds). Vol I. Academic Press. P. 393-410.

10. Whetzel, H. H. (1911). The Local Plant Doctor. John Lewis Russell Lect.

CHAPTER 3

優質外銷農業有賴
一鄉鎮一植醫制度的配合

一、優質農業為現代農業之趨勢

二、臺灣農業之希望在於外銷

三、植物醫師在優質農業上是不可或缺的角色

四、「一鄉鎮一植醫」制度之推展

一、優質農業為現代農業之趨勢

臺灣農民與農產在近年來已成為海峽兩岸主政者百般拉攏之瑰寶，這也是從事農業研究與產業者最感欣慰之處。臺灣農業科技在全地球村中，確確實實是獨一無二的，只要您到歐、亞、美、澳各大洲的超級市場走一回，把各國人民每日必吃的蔬菜水果種類及品質拿來和臺灣的比一比，立可證明臺灣的農產種類既豐碩又優質，外加「四季皆是」。

臺灣農產之豐碩與優質，是近八十萬農民及農企業共同形塑出來的。而每一種成果，其實都有「農業科技研發」的心血迴流在內、支撐在外。這些科技成果得來不易，也正是所謂「知識經濟」之表率。因為「知識經濟」講究的是「專利經濟」、「專業經濟」，或「專技經濟」，所以臺灣農民及農企業絕對應該妥善保護「農業研發」之各項成果，包括：(1)能申請到「專利」者就應申請，以求保障長久之利益；(2)能用「專業」保障其服務利益者，就應讓其有「品牌」、有「證照」，以求提升利潤；(3)能有「別人都學不會的專技」，那就應該「保密到底」，讓利潤永遠高人一等。這些基本觀念看似簡單，但執行起來可是不易。而一旦稍有疏忽，很可能就「全盤皆輸」，失去了全部江山。例如「專利如果別人捷足先登」，狀況必是「萬劫不復」，所有利益都歸他人，自己反而成為違法之剽竊者。又例如「獨門秘技」一旦保不住，比如說，經不起產業間諜無孔不入之誘探、偷窺，而告失落，結果也將使辛辛苦苦建立之產業「付諸東流」。

近年中國大陸已開放十多種水果讓臺灣可以免稅輸入，我們要一再提醒農民、農企業、農業專家及農政單位，務必要以「知識經濟」之思維面對此一有利之契機，好讓臺灣農民及農企業之利潤可長可久。

而優質農業的策略，更非只是墨守成規，而是要不斷地創新與研發，讓生產所需之品種、種苗、肥料、灌溉、機械、植保技術等不斷精進，保持國際領先之優勢，才能確保品質，降低成本，爭取最大之利潤，增進農民及農企業之福祉。

二、臺灣農業之希望在於外銷

21 世紀臺灣農業之希望，就是外銷，也就是要打入全球市場。而最佳之策略是結合獨到之農業科技、最適生產之氣候條件、最懂經營管理之農企業家，以企業化之方式讓農民及產業有最大之利潤，永續成功，立足於國際。

外銷除了需大量生產之外，近代農業無法避免使用大量「殺蟲」、「殺菌」、「殺草」、「肥料」、「荷爾蒙」等化學物質，其種類越來越多，也偏向如上述之「獨門」化，使安全成慮。偏在 WTO 時代，各國普遍高度要求輸入農產品之「安全」、「無毒」、「無疫病」、「無害蟲」等，這些部分如果不做好，再多的產品、再好的科研，都將形同廢物。這在最近幾年已有活生生的例子在寶島及國際上演過，包括日本檢驗出臺灣之菠菜農藥殘留過高、臺灣茶葉被消基會驗出一堆農藥、情人節前的玫瑰花也被發現一半以上有農藥汙染、有機農產不知為何仍有農藥等等，而每次這樣的「弊端」，都讓相關農民及產業損失不貲，包括產品無人聞問、品牌商譽大損、商機憑白流失等。

簡而言之，在優質農業與農產外銷上，「除弊」與「興利」兩者缺一不可，相信這也是現代農民及農企業家皆應有的基本思維。其在「興利」方面，當首重產量及品質之提升、預防天災之影響、產期之適當調節、成本之降低等；而在「除弊」方面，則首重農藥之安全使用、汙染之防範於機先等。這「除弊」與「興利」兩者，正是「管理」之精髓，也是一般工商企業在追求成長、永續經營所講究的兩大原則。筆者近年來一直參與優質農業之輔導工作，也欣聞在近年內，臺灣至少有兩件十分成功的優質實例，特在此提出以享讀者。

（一）香蕉外銷企業化經營成功之實例

本案之背景是因日本每年仍對臺蕉有極高之盼望與需求，而往年臺蕉因為供應量極不穩定，導致臺蕉在日本之市場日益危殆。為此國內在不久前有專營香蕉外銷之民營農企業公司產生，其營業項目就在生產優質臺蕉外銷日本，保護臺蕉市場，也增進蕉農之收益。在農政單位配合開放民間經營外銷之政策支持下，此一農企業已經獲得成功。當然做好「安全用藥」之管控，是外銷能否成功的必要條件。尤其

面對最挑剔的日本，更需對農藥謹慎管控，否則一旦被驗出不安全之成分，就有可能導致全船之香蕉遭到退運，讓商譽、信用及產業毀於旦夕。而據了解，我國在香蕉病蟲害之防治上已有極高之水準，一切也能滿足日本之要求，而這乃是臺灣香蕉研究所多年來之研發帶給國家的一大貢獻。

（二）花蓮縣農業局主推之「花蓮無毒農業」實例

該策略主要在「專案輔導」示範戶，讓示範戶之農產皆為「無毒」，其性質與「有機農業」相近似，即摒棄合成農藥及化學肥料，因花蓮縣少掉汙染工業，故乃免除 3 年之「觀察期」。更重要的策略是由花蓮縣政府農業局及農會等公設單位大力協助建立各種「品牌」，代表並證明其確確實實之「安全與優質」，然後作物自然可以提高兩倍以上之售價，也可以打入如圓山大飯店等之食材市場，甚至可以外銷日本，造成政府、農民及消費者的三贏。筆者有幸曾參與示範戶之輔導，的確看出其為「安全與優質」之產業，也看出售價之「加倍」，證明這是臺灣農業另一條穩健的康莊大道。

當然也會有人問及：如果全臺灣 21 縣市都仿傚花蓮縣之做法，那麼產量過剩之後必將造成穀賤傷農。以下兩種做法是必要的配套措施，其一是加強外銷，其二是適當之加工儲藏，避開產品過於集中之風險。在外銷方面，我們萬分希望農委會等能積極介入，加強協助新外銷管道之開拓。而在農產加工上，一樣也需各單位之協助，這些都是大有為政府之所當為。當然，農民及農企業如果自己做得來，自己或組成團隊，相信也會對外銷及加工有所裨益。

三、植物醫師在優質農業上是不可或缺的角色

如上所述，近代農業使用大量之「農藥」、「肥料」、「荷爾蒙」等化學物質，其種類既多且雜，甚至越來越「獨門」化，影響農產安全至鉅。目前「農藥殘留」問題已成為我國農產品外銷最大之障礙，其重要性甚至已凌駕於「果實蠅」問題之上。另一方面我國蔬果農藥殘毒不合格率仍一直居高不下，近年來如「茶葉殘毒事件」、「玫瑰花殘毒事件」都讓全民不安。這些問題根本解決之最佳策略，

絕對不是只重末端檢驗之「吉園圃」策略或標章，也不是農政單位一直強調的「農藥買賣登記制度」。近百萬農民之用藥，在無植醫幫忙「診斷、處方」的情況下，早已注定是一種「猜測」、「猜診」、「濫用」、「多用」的局面，而目前全臺近乎 3,600 家農藥店其角色只是推銷，而無執行「診斷、處方」之能耐，而這些「弊病」，正是當今影響農產安全最大的禍端。解套方法無他，唯有「一鄉鎮一植醫」之制度。

筆者經常拜訪農藥店，看到的情景不外乎：農民一有病蟲草害之問題，無不心急如焚，即就近往農藥店洽詢、購藥。只受訓 10 天即可賣藥之農藥店老闆未能幫忙正確「診斷、處方」，多趨向於同時介紹幾種藥劑，只要其中一種有效即可讓農民信服，犧牲的當然是「農產安全」及消費者的利益。

目前為止，我國可謂全無「植醫」制度，全臺灣在早期只有一位取得日本樹醫執照之樹木醫在營業，據了解該名樹木醫並未曾接受過植物病蟲害之基礎訓練。若按正規制度，則我國之「植醫」當然應由「植物病理」、「植物醫學」科班畢業出身之植醫人員，加上臨床實習，確實擁有「診治」能力者始能擔當此一專門職業。但國內設有「植病」、「植保」之大學，包括臺大、中興、屏科大等，往年都只專注於基礎科學之研究，數十年來一直忽略「植醫」制度、未了解社會對此確有高度之需求、也未曾以全套課程培養「具八成診治能力」之「植醫」，大部分產出的大學畢業生，約只具有「二成診治能力」，無法勝任植物醫師之工作。研究所碩博士班之畢業生又都過於鑽研，往往數年內只研究非常狹窄的某一微生物、生化技術，反而與「診斷、處方、成效管理」等臨床之專業知識「漸行漸遠」；畢業後估計其「診治能力」並未增加，對農民最迫切需要之「診斷、處方、成效管理」等亦幫不上忙。相信這一環節的缺失，正是往年植保學界最大之遺憾。

筆者因為曾擔任 6 年以上之臺灣大學「農業推廣教授」，深刻體會到農民之無助、迫切之需求。也因此自 1994 年 5 月開始推動植物醫師制度，當時曾廣邀植保學界聯名，函請立法院各立法委員於審議「植物防疫檢疫法」時，為「每一鄉鎮市應設合格專任植物醫師」催生，但礙於政府之保守成風，未克有成。然若政府當年真能通過此法，臺灣地區所需 309 植物醫師之來源也會發生問題，因為那時大學 4 年之學制，實無法大量培養擁有八成診治能力之「主治植物醫師」。

隨後在臺灣大學植病系已開始相關配套課程之籌劃與開授，包括「非傳染性病害」、「植物健康管理」、「臨床植物病理」等陸續開出，終於在 2002 年籌備妥善，並於 2004 年 8 月開始正式推出植醫培訓制度，內容包括: (1) 通過「國立臺灣大學生農學院植物病理與微生物學系植物醫學培訓要點」、規範碩士班必修 44 學分可以取得「植物醫師證照」; (2) 爭取自 2006 年起試辦「農會配置植醫計畫」; (3) 爭取試辦農會設置「植物診所」; (4) 爭取臺大農場及臨近農會等做為植醫實習場所等。經過多年之努力，上述 4 項工作皆已順利爭取完成。至此，我國之植醫制度已入正軌，就等學生之選讀、學成、實習、授證、服務於優質農業社會。

四、「一鄉鎮一植醫」制度之推展

臺大植微系在生農學院、院內相關系所的支援下，成功爭取自 2006 年起試辦「農會配置植醫」計畫，又在農業推廣學系之協助下首先爭取到新竹縣新埔鎮農會之支持，同意設立國內第一個「植物診所」。記得在對新埔鎮高接梨產銷班進行技術諮詢的會議中，筆者反問農民一件事:「如果新埔農會配置植醫一名可以為每位農民透過正確診斷及處方，節省每年 1 萬元之農藥費，又可保障優質及安全，以全鎮 2000 農民計，將可帶來每年 2000 萬之效益，只花成本 80 萬，則農民是否要求農會應聘設一名植醫?」

這一問題其實是筆者靈機一動提問的，但迴響確是空前之好:大部分之農民都舉手贊成這一制度。而隨後，這一問題模式也讓農會主管認同這一制度，並造成第一間「植物診所」之獲准籌設。

下一步驟，就是推廣到全國之問題了，計畫中的做法有:舉辦「植物醫學研討會」、爭取「最佳防治處方之科技研究計畫」、爭取「產銷履歷表由植物醫師簽核」、爭取「植物醫師學程或研究所」之籌設、爭取植保學會參與「植醫人才培養及授證」等等。

因目前各國已開始要求進出口農產品需有「產銷履歷」，臺灣若欲推動精緻農產品外銷，也急需建立「產銷履歷」制度，這正好是「一鄉鎮一植醫」制度未來可以負擔之工作。利用此一契機，相信各農會會更有聘設植醫之意願。

　　植醫的成本效益問題相信是大家所關切的，爲此筆者在「永續資源學程」研討會中曾爲文初估，估得「一鄉鎮一植醫」制度每年所需之成本全臺灣爲 3 億元，而其有形及無形效益可達 270 億元以上。但如要精算，當得依賴生農學院之農經專家了。

　　植醫制度是大家的，生農學院植物病理與微生物學系在 2005 年 5 月接受 6 年一次之評鑑時，8 位評鑑委員對「植醫制度」的共同結論是：「植物醫師培訓對解決病蟲草害、減低農藥殘毒及增加學生就業極有幫助，建議院、校應予積極支持。相關制度可參考佛羅里達大學農學院之植物醫學學程，未來建議朝『植物醫學研究所』及證照制度進行規劃。」願以此共勉之。

CHAPTER 4

植物醫學與植物醫師的培訓問題探討

一、摘　要

　　現代農民及農企業在經營上最感困擾者，除了產銷失調之外，當首推各種疫病蟲害之診斷、防治處方、藥效評估、農藥殘毒等問題。尤其在我國成為世貿組織之一員後，各國對農藥殘毒及農產品安全皆已嚴格管控，一旦發生問題將造成退運、出口受阻等嚴重傷害。目前我國植物疫病蟲害之診斷及處方尚乏健全之制度，所以有必要仿美國佛羅里達大學農學院之學制，開辦「植物醫學研究所」，培養對病、蟲、草、營養、公害等皆具診斷及最佳處方能力之植物醫師，推薦給縣及各鄉鎮聘用為「公設植醫」，如能實現，則不只可徹底解決殘毒問題，亦可提高品質，提高售價，提升國家形象。

　　估計 309 鄉鎮聘用公設植醫之成本為每年 3 億元，可獲得 270 億元以上之效益。在大學培養植醫之課程應在研究所以上，且應著重「植物健康管理」、「臨床植物病理」及診斷、處方、預測、評估之實習，研究生應修習至少兩年，並以逐步提升田間綜合管理能力至八成為標準。為此，國立臺灣大學已開始嘗試多年，並將開始正式推展這樣的植醫培養制度。

二、緒　言

　　在現代農企業的生產要素中，除了土地及資金之外，目前對農民及農企業最感困擾，也是最容易製造社會問題及增加社會成本者，當首推植物保護相關之各種問題，包括作物栽培過程中各種病蟲草害及公害之診斷、防治處方、藥效評估、農藥安全、農藥殘毒、有機農業等等。此一方面可由全體國民對「有機農產」、「無毒農業」之殷切期望可知一斑。另一方面亦可參考本校農業推廣委員會對農民最常提問問題之統計資料得知一二，因為根據該項統計，目前在一般農業技術諮詢中，農民及農企業一般最常提問，也最感困擾者，乃以植物醫學相關之病蟲害等問題為最多，約占 75% 左右。

　　臺灣之農業科技一向為亞洲之頂尖者，但近年來一方面受到 WTO 各國農產大量進口之衝擊，另一方面則因農地減少、汙染加重、生態破壞、水土失保、氣候變

遷等不利因子之加劇而承受不小的挫傷。但進入 WTO 雖是危機，也可以是轉機，因為除了可以增加我國農產品之出口以外，也可以增進農業知識與技術之外銷，或協助農企業的對外投資。

而即使不談對外之科技輸出與投資，單以我國 80 萬公頃之現有農地，在提供農民及農企業之就業、提供新鮮蔬菜、水果、糧食、花卉、園藝造景、環保淨汙、永續綠化、水土保持等等皆有其角色及功能，值得政府不斷提升科技水平。而對 309 鄉鎮市，總數約 80 萬之農民及農企業，政府亦責無旁貸地應該協助各鄉鎮市的農民及農企業（平均估計為 2,500 戶）達成「健康管理、提高品質、符合安全」的目標。欲達此目標，則最正確的途徑乃是培養至少一鄉鎮一「植物醫師」之制度。

三、農藥殘留根本解決之道：一鄉鎮一植物醫師

經仔細之分析，我們認為目前農產品農藥殘留、汙染過量、禁藥違藥氾濫等層出不窮的問題，最大的原因實無法怪罪於農民與農企業的用心不良或用藥浮濫。因為絕對沒有農民與農企業甘冒害人生病、害己滯銷之超大風險，相反地是因為全國體制缺乏可以隨時提供「診斷、處方、評估藥效」服務之「植物醫師」，導致現階段農民與農企業只能接受全省約 3,600 家農藥店之「非專業推薦用藥」，普遍採取「增加多種農藥之策略」，以求其中至少一味有效。因此，目前農民及農企業所用之藥劑，估計有一半是多餘的，其因此造成的後果可謂「極其嚴重」，包括：(1) 增加農藥殘留，(2) 增加農民成本支出，(3) 增加禁藥及違藥的使用機會，(4) 增加農民中毒之機率，(5) 增加作物藥害副作用之可能性，(6) 因缺乏正確診斷而增加防治之失敗率。

以上述第一點增加農藥殘留為例，據可信之非官方資料顯示，2001 年臺灣地區農藥殘留不合格率，一般蔬菜仍為 6% 至 8% 左右。這些過量的農藥乃嚴重影響農產品之安全，進而讓全國國民對農產安全普遍缺乏信心，在實質面也增加健保大額的支出，因為以如此高之農藥殘毒比例，自會在國民健康上造成某些程度之危害，包括副作用及癌症增加。

而若採取一鄉鎮一「植物醫師」之制度，估計其成本為每年 3 億元左右。由此

一制度帶來之利益，估計除了節省健保支出約 10 億元以外，另可因「健康管理、提高品質、符合安全」目標之達成，大幅減少農藥成本並增加農產品的收益。估計減少農藥成本方面，若以近年全省農藥支出之一半爲準，可爲國家每年節省 20 億之農藥支出。而在健康管理得當增加收益方面，若以水稻在提高農作物產量及品質效果上，估計可增加農民收益約爲 15%，如以水稻全省年產估計 400 億元估計，其增加之收益爲 60 億元。其他農林作物在健康管理得當增加收益方面若概估爲水稻之等量，亦即爲 60 億元。另在安全提高、降低殘毒之後，蔬果作物將可以以健康安全產品之訴求建立品牌，因而提高售價，估計價格提高程度可達三成，則因此可增加農民收益三成。以水稻爲例，若以一半建立品牌爲計，增值總金額爲 60 億元，蔬果部分若與之等同，則亦爲 60 億元。總和上述，可知以 3 億之成本，可概略獲得 270 億元以上之效益，外加國家形象的提升，全國食品安全的提升，國家競爭力的提升等等。因此此一策略是一極具效益、也迫切需要推動的國家型計畫。

上述「一鄉鎮一植物醫師」之制度，其實也是政府在現階段急需進行之工作，因爲在目前無此制度的情況下，全社會遭受的負面影響正如上述，即包括：(1) 農藥殘留居高不下，增加健保支出及龐大的社會成本，(2) 農民用藥成本居高不下，(3) 禁藥及違藥仍然充斥市面，(4) 農民中毒事件頻傳，(5) 作物藥害仍常發生，(6) 因乏正確診斷而常增加防治之失敗率，輕者入不敷出，重者全部血本無歸。尤其進入 WTO 之後，農民普遍收益減少，政府每年得編列百億之農業救濟或休耕補助基金，若能以其中之 3～10 億，投資於專業「植物醫師」、「作物栽培專家」、「農產品管技師」、「產銷經營專家」等之培養，預計將可大幅提高全國食品安全及各項農產品之競爭力，同時大幅減少農業救濟基金之支出。

四、植物專業醫師之培訓問題

唯須知培養一位相當於醫學上「主治級醫師」之過程是極其漫長與辛苦的，這可參考人體醫學系統之醫師培訓過程，因爲現階段人體醫師之養成至少需 7+5 年之漫長時間，牙醫系統估計爲 6+2 年，在動物獸醫方面 5+2 年的時間也是必須的。在植物健管醫師方面，若參考美國佛羅里達大學「植物醫學研究所」之制度，估計

最短為 4+3 年。這些專業醫師之養成除了教室課程之外，最最重要的乃在實習與臨床診治經驗的學習與累積，務求在「診斷、處方、藥效評估」各方面都有充分之經驗與能力，方能成為「主治醫師」。此在人醫系統又因分科而縮減每位專業醫師之專業領域，在獸醫系統亦然，但對象已經擴大到至少 10 種之動物。在農林作物方面，因常被栽培之作物約 100～200 種，則每位植物專業醫師之專業領域，將比獸醫師更為龐大，所以將有必要加以分科，例如可依作物別區分為：(1) 蔬菜專業健管醫師，(2) 果樹專業健管醫師，(3) 糧作專業健管醫師，(4) 特作專業健管醫師，(5) 樹醫師，(6) 花卉專業健管醫師等等。

在藥劑處方方面，因為農用藥劑種類較少，如臺灣目前約有 400 種登記農藥，估計未來之植物專業醫師需要深諳約 100 種常用藥劑之藥性、安全、殘留、混合、副作用等，應該在可承受之範圍之內。至少農用藥劑種類較少，不若西藥有 1 萬種以上，也因此現階段之植物醫師養成計畫中可暫時不考慮農用藥劑師之培養。未來植物醫師在選擇最佳用藥時，仍會參考農藥學界之研究成果，務使所用藥物具有：(1) 最大之療效，(2) 合乎經濟之成本，(3) 低殘毒且低毒性，(4) 對環境與生態之友善性。這些「最佳用藥」之選擇、藥效評估、追蹤查核等乃屬「處方及評估」中最重要之單元，務求學生有現場或臨床之累積經驗，方足以造就合格之植物醫師。

在現階段臺灣約 3,600 家農藥店，從業人員只需參加 10 天由農政單位主辦之講習訓練即可取得販售農藥之資格。當然這些從業人員也可以從上游真正供貨之大型農藥公司習得單一藥劑之農藥知識，但絕無法對田間之病蟲害提供專業的正確診斷。診斷本身是極其專業的學識，一般需要累積數年之專業訓練，且很多需要仰仗顯微鏡觀察、儀器檢驗、病理解剖驗證等等，方能完成鑑定。診斷之準確性對「健康管理、提高品質、符合安全」等目標之達成，具有極其關鍵的影響力。有謂：「誤診誤醫」者無論在人體醫學、動物醫學及植物醫學都是一體適用的。在我國現階段各鄉鎮市完全無人提供「正確診斷」服務之情況下，誤用農藥、濫用農藥情況之危害，可想而知！而這「診斷」也是未來植物醫師最基本，也最重要的研習項目，估計每位學生必須累積兩年以上之田間實際經驗，方足以培訓出八成以上之正確診斷能力。

而目前大學部之畢業生因缺乏田間實際經驗，估計其一般正確診斷能力只有兩

成左右，也就是說：面對農民提出之診斷問題，每 10 個約只能回答 2 個。但經兩年之密集田間實習訓練，估計可將診斷由兩成，逐漸一點一點地累積到八成以上。這診斷能力之提升是無法瞬間達成的，就像人體醫學之醫師須經住院醫師約 3 年、總醫師約 2 年才能達成近乎百分百之診斷能力一樣。換句話說，診斷能力與學語言一樣，都是無法「惡補」的。就好像分成一百個階梯，必須逐一履歷，方足以成為專家。但一旦學成，也將永誌不忘，功力與經驗皆會與時俱增，成為經驗豐足之良醫。

五、臺灣大學推動植物醫師之現況

臺大植物病理與微生物學系係自 1994 年 5 月開始推動植物醫師之制度，已如第 3 章所述，另在 2001 年 6 月曾有立法院劉光華委員在「巨木（老樹）保護研討會」之後，邀集本系之教授研商「樹木醫師法」之立法，以求設立此一專門職業。但此法必須各縣市皆有足夠之「樹木醫師」方可，因為須有「各縣市樹木醫師公會」之制度才能有專門職業「樹木醫師法」或「植物醫師法」之立法。

故知目前植物醫師制度推動最大的關鍵在於「植物醫師人才之培訓」，是以作者曾於 2000 年「植物病理的傳統與現代研究討論會」中，發表「植物醫師之社會需求與培訓」，並刊登於臺大農業推廣通訊中，闡述植物醫師培訓之重要，並希望逐漸建立「4 加 2 年」之培訓學制，即以大學基礎訓練 4 年加上碩士兩年在診治能力之培訓，期讓碩士畢業生「出師」，充為目前各鄉鎮農會、農政單位及農企業極度需要之「樹醫」、「植醫」、「草醫」、「防疫檢疫醫」等等。

有關「植物醫師之培訓」，本系在 1994 年 5 月開始推動植物醫師制度以來，已著手開始推動，重要的步驟有，自 1995 年起開設「非傳染性病害」、1999 年起開設「植物健康管理」、2000 年起開設「臨床植物病理」等，目標皆在建立「植物醫師之培訓」。其中半年之「非傳染性病害」是開給大三或大四之學生，主在講授各種非生物性之病害，以使學生對田間之八成生理疾病、營養缺乏、藥害、肥傷、氣候病變、公害疾病等皆能掌握，學到八成以上之診斷能力。而全年之「植物健康管理」與「臨床植物病理」及其實習，是開給研究生或大四生，全程各為一

年，皆以田間作物、水耕作物及設施作物為目標，進行全年四季之診斷訓練、經濟效益評估訓練、處方訓練、藥效評估與追蹤等等，目的在逐點逐滴地提升：(1) 診斷能力，(2) 評估經濟效益能力，(3) 處方能力。目前本系列課程已自籌一部箱型車，解決人員上課所需之交通問題，因受限於載運量，每班限收 7 位學生，學生太多時得進行成績排名及挑選，以求教育成效之最大化。

六、國外培養植物專業醫師之經驗

至 1999 年，本系推動植物醫師制度的旅程，終於不再感到「寂寞」。美國植物病理大師 George Agrios（植物病理學泰斗，也是最有名 Plant Pathology 教科書的作者）終於在美國佛羅里達大學農學院開辦「植物醫師學程研究所」(The Doctor of Plant Medicine Program)，在其學程介紹中開宗明義闡述其宗旨（恕用英文）為：

1. To provide better protection of plants and crops from diseases, pests, and abiotic problems, and thereby increase profitability for commercial and urban plant growers, and increase quantity and quality of plant products for availability to consumers everywhere.
2. To provide rapid and accurate diagnoses of plant diseases, pests and abiotic problems, and knowledgeable application of appropriate control treatments, and thereby reduce amounts of pesticides applied to plants and, through that, to our water supplies and the environment in general, locally and worldwide.
3. To train students in the science, practice and business of the profession of plant medicine, and thereby prepare young people for interesting, meaningful, and well-paying jobs.

目前該學程每年約招收 10～12 位學生，需修習 3 年，包含實習，亦可在增多學分及論文後取得博士學位。招收對象包括國外學生，因為未來的植物醫師將可能服務世界各地的農企業、農業機關等等。

　　臺灣植物醫師的市場何在，其實也是左右植物醫師制度能否落實的最大關鍵。以美國為例，農民多屬大地主農戶，作物品種集中在少數幾種，每年因病蟲害之損失有一定的比例，若能提高診斷與防治效率，自然有甚大的利潤存在。因此，診斷與處方的需求在美國是存在的，只是其供應者仍多偏向政府支持的推廣單位、研究單位或大學，民間顧問公司則占有次要的地位。在我國，目前農藥濫用極其嚴重，估計市場中不合格率達 6～8% 左右，單以「植物醫師制度可以徹底解決農藥殘毒問題」、提升農產安全、減少用藥、減少藥害等，相信即可讓政府推動此一政策每年付出之 3 億元成本值回票價。

七、植醫培訓制度及課程問題

　　植醫培訓在課程上必須讓學生習得：(1) 診斷能力，(2) 經濟效益評估能力，(3) 處方能力。所以在教學及實習空間上，必須有：(1) 快速診斷檢驗室，(2) 病例資料庫及討論室，(3) 藥劑及治療室，(4) 標本製備及貯存室，(5) 培養及接種室，(6) 樹醫外科機械室，(7) 水耕及組培室，(8) 健康種苗室等。

　　而在制度方面，類似醫學院及獸醫學院的制度應是重要的參考，如臺大醫學院及醫院的學生除第七年之實習外，尚有 R1 到 R5 住院醫師制，獸醫系統也有學生須完成 100 個以上診斷病例之制度。有以上制度當參考，相信植醫之推動應該會很順利。

八、結　論

　　植微系在這幾年推動「植物醫師培訓」的過程中，遭遇到的困難其實並不少，其中有來自政府的保守態度、非植保學界的懷疑、外在環境的變遷等，但我們仍將勇於面對，直到能培育出一堆「植物醫師」為止。這類具有實力之「植物醫師」，相信是未來各國農企業、各國農政單位、臺灣各鄉鎮市農會等所需要的熱門人才，臺灣大學責無旁貸地要去承擔並完成這個使命！

　　總合有關植物醫師制度之成本及效益或本益比之初估，已如前述，結論為「成

本不高，效益極大」，故在此 21 世紀，特提議由本校生農學院開辦正式之「植物醫師學程研究所」。

　　展望未來，植物醫師的前景應是光明的，在臺灣加入世貿組織之後，政府應該把極思補助農民的經費，每年撥個 3 億元，用於設立「植物醫師制度」，以求徹底解決農藥殘毒問題、提升農產安全、減少用藥、減少藥害，兼可增進產量、減低病蟲公害之損失，並在安全品牌下增加農產品售價與收入，相信這是一種多贏的最佳決策。

CHAPTER 5

國立臺灣大學生農學院植物病理與微生物學系植物醫學培訓要點

一、依據 94/01/13 生農學院植物病理與微生物學系（以下簡稱本系）第三次研發會決議辦理。

二、本系為因應社會對「農產安全」、「根除農藥殘毒」等之需求，擬強化「植物醫學培訓」之教學與研究，特研擬本「植物醫學培訓要點」，內容如下表，以為推展之依據。

項次及項目	要　點	補充說明
1. 課程（主修植物醫學必修課程，括號內為學分數）	【1. 植微系】植物病原學（3+1）、植物病理學（3+1）、植病防治學 (3)、非傳染性病害 (2) 【2. 昆蟲系】農業昆蟲學（2+1）、昆蟲鑑定技術（2+1）、害蟲管理專論 (2)、昆蟲毒理學 (2) 【3. 農藝系】雜草管理（2+1）或草坪學（2+1） 【4. 農化系】植物營養學 (2)、農業藥劑 (2) 【5. 栽培及經營管理相關系所】園藝技術 (2) 或作物學 (2) 或樹木學 (3) 或其他經本系認可之課程 【6. 核心課程】植物病害與診斷 (3)、植物健康管理學（4+2）、植醫處方學 (2) 或實用農藥學 (2)、專題討論（1x4，偏重病例報告並廣邀國內各單位之專家學者給予指導）、植醫實習 (2)	專題討論以外至少應修習 44 學分之必修課程
2. 論文方式	應完成與診斷、防治、流行病學或管理成效分析等相關之碩士論文，經口試通過方能畢業	應達一定學術水準，並鼓勵至少發表於國內期刊至少一篇
3. 擬合聘教師（課程及姓名）	農業昆蟲學（石正人）、蟲害管理專論（陳秋男）、農業藥劑（王一雄）、昆蟲毒理學（徐爾烈）、植物營養學（鍾仁賜）、草坪學（王裕文）等	擬依需要合聘，總額以六名為原則
4. 實習要求	以到相關農會或類似機構實施進行診斷、處方、管理兩週為一學分，應修二學分	
5. 畢業要求	應完成必修學分、實習、論文及其他校方之要求	需同時滿足校方規定
6. 證照核發	學生畢業應授與「植物醫師證照」	簽請生農學院發證
7. 對外推薦人才方式	就上述本植醫培訓畢業之學生對外推薦	應予列冊，並參考個人意願

三、向外系合聘教師，需經對方系同意，簽請校長核可。原則採不占缺、不參加系務、只參與授課之方式。且每年重簽一次，任期以一年為原則。

四、本要點經植微系系務會議討論通過後實施，修訂時亦同。

CHAPTER 6

植物健康管理與永續農業

一、摘　要

　　永續性之植物病蟲害管理乃著重在正確診斷、處方及預測評估。此乃屬植物醫師的專業工作項目，亦為當今農民及農企業所迫切之需要。若在每一鄉鎮市設立公設植物醫師，將可減少用藥、減少殘毒、提升防治效果、減低藥害及中毒事件、增加農民收益、減低政府急入 WTO 之衝擊。分析此制度之成本及效益分別為 3 億及 318 億之譜。植物醫師在執行永續性健康管理時，應充分運用永續性農業方法如健康種苗法、耕作防治法、生物防治法、物理防治法、防疫檢疫法、非農藥防治法等，俾輔導農民逐步採行永續性耕作方式。

二、前　言

　　農業、工業與服務業乃是人類的三大產業，當然此三大行業的基本性質差異甚大，影響其興衰的因子也各不相同，但在現代社會中，此三大行業卻又彼此密切相關，相互影響。以農業為例，包括農藝及園藝作物栽培業，隨著科技及經營觀念的改變，目前皆已朝向企業化的經營方向，希望能控制生產時程及生產成本，獲取最大營收及利潤，這當中當然又要考慮到市場及商機、技術、資金、土地、設備等種種問題。從個體經濟的角度觀之，這樣的考慮及作為皆是正確的。但從整體社會的立場觀之，當今大多數的農企業正與一般工業一樣，犯著忽略社會成本的弊病——包括過度使用農藥及肥料、製造環境汙染、破壞自然生態等等。

　　在農業的生產方面，我們一般皆知，影響作物產量及品質的重要因素可示如圖1。

　　在此七大生產要素中，當今臺灣地區之農民及農企業最感到困擾，也是最容易製造社會問題及增加社會成本者，當首推病蟲害防治的問題。因為其他六項因子方面的問題，大部分的農民及農企業多已能自行克服或已有完善的資訊可供參考。這一現象可從筆者自 1990 到 1996 擔任北部地區農業推廣教授，統計各年次農業技術諮詢中農民所提問題之比例，如表 1，可為佐證。蓋由表 1 可知一般農民最感困擾者仍以病蟲害之問題為最多，占 75% 左右。

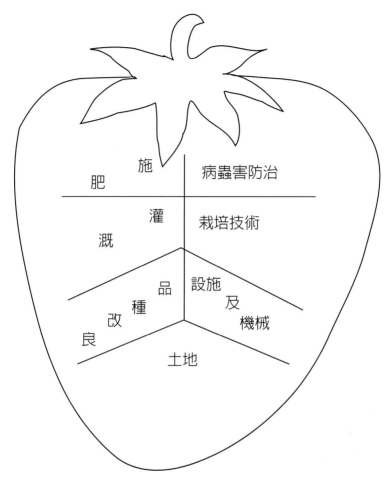

施
肥
病蟲害防治
灌
溉
栽培技術
品
種
設施
改
及
良
機械
土地

圖 1　影響作物產量及品質的重要因素

　　一般農民或農企業之所以對於病蟲害問題特別困擾，主要因爲病蟲害的問題涉及植物醫學之專業，這些植物醫學上之專業知識，就好比人類醫學及動物醫學那般的複雜，果如是，則我們當然不能苛求每一農企業或農民皆無師自通地擁有「診斷」、「處方」及「預測管理」等能力。相對地，一般農企業及農民則普遍對於品種、施肥、栽培技術等較有把握，也就較無困擾（見表 1）。

表 1 自 1990 到 1996 年臺灣北部地區農業技術諮詢農民所提問題之分類比例

年度	農民所提各類問題數量及比例 (%)				
	病蟲害	施肥	栽培技術	品種問題	總問題數
1989	111(74%)	17(11%)	14(9%)	8(5%)	150
1990	35(68%)	7(14%)	8(16%)	1(2%)	51
1991	54(72%)	6(8%)	10(13%)	5(7%)	75
1992	112(82%)	9(7%)	11(8%)	4(3%)	136
1993	67(61%)	18(16%)	19(17%)	6(5%)	110
1994	106(77%)	12(9%)	16(12%)	3(2%)	137
1995	33(92%)	1(3%)	2(6%)	0(0%)	36
平均百分比	518(74.5%)	70(10.1%)	80(11.5%)	27(3.9%)	695(100%)

三、農民及農企業對植物醫師之需求

由上述表 1 之分析，可知一般的農民及農企業是不可能擁有植物醫師之專業知識的。而因植物保護工作往往影響作物的產量及品質甚鉅，其影響程度一般約為三至四成左右，有些可達到 100%。因此，當今之農民及農企業對於公設植物醫師之需求是無疑地強烈。

假若以臺灣地區每一鄉鎮市各設 1 名或 2 名之公設植物醫師，負責免費為轄區內農民及農企業提供診斷、處方及預測評估之工作，則對於全社會會有七大好處及貢獻：

1. 農民用藥量及成本可以大幅降低，估計可達五成以上。

2. 病蟲害之防治可以更為成功有效，因為可以正確診斷及正確用藥，尤其在時效及時機上可由每一鄉鎮市之植物醫師加以掌握，選擇最有利之時機消滅病蟲，減少因延誤用藥造成不可挽救之損失等。

3. 農藥殘毒量會大幅降低，估計至少在五成以上。

4. 禁藥違藥之使用可望根絕，若有法律規定「無處方不得購買及販售農藥」，則目前禁藥之猖獗情況自可完全改觀。

5. 大幅減少農藥中毒案件之發生。

6. 大幅減低作物藥害之發生。

7. 減輕政府加入「世界貿易組織」造成對農民之重大衝擊。

相反地，如果臺灣地區一直不設公設植物醫師，那麼一定會持續產生下列不良後果：

1. 農民因誤診誤醫，無形中增加甚多用藥成本。

2. 病蟲害常不能妥善獲得防治：延誤時機或錯誤診斷、錯誤之處方、錯誤的判斷等，皆會導致防治上的錯失。

3. 農藥殘留及殘毒量會持續困擾多數的國民：目前依據非官方之統計及抽驗結果，一般蔬菜中仍有約 6%～8% 屬於殘留不合格者。這些過量的農藥實來自上述之誤診誤用，而影響所及是國人普遍缺乏信心，及暗藏著健保支出的增加，因為如此高之農藥殘毒比例，自會在國民健康上造成某些程度之危害，進而增加健保之支出。這一方面的損失評估十分值得公衛或衛生學者加以詳細探討。

4. 農藥禁藥及違藥的問題無法根絕：農民常有相當之管道可以取得一些不該使用的藥物。

5. 農藥中毒之案例仍將無法獲得改善：以臺灣目前約 400 種之農藥，沒有農民或農企業等可以深諳各種農藥的藥性，進而在操作中完全做到不接觸人體之境界。

6. 無法減低作物因施藥不當造成之藥害情況：農民以往常混用或誤用多種農藥以求省工省資而思一次混用多種農藥。但農民及農企業同樣地不具有這些專業知識，極易造成藥害，病蟲害防治不成，反而造成藥傷。

7. 無法改善農家因政府加入 WTO 帶來的衝擊。

有一個案例，發生在一位種植所謂多梨的農友，因為在某一年之秋末，他發現剛結果的多梨幼果普遍發生果蒂處凹陷黑變之病徵，經過診斷的結果發現此病非屬生物性病害，而是農民採信藥商介紹，濫用藥物所造成。在第二年，經輔導後，即不再發生相同情況。而在未輔導之前，農民自行估算用藥成本為每公頃每年 8 萬元，在輔導後，已減少甚多用藥，估計其成本可降至每公頃每年 4 萬元以下。

上述這種情形在臺灣地區應該是十分普遍的現象，因為臺灣地處亞熱帶，一年四季如春，又常高溫高溼，植物病蟲害的問題可說是農友最大的夢魘。為了有效防

治病蟲害,有些農民早就習慣採取每週噴藥之方式進行耕種。但在缺乏正確診斷處方的情況下,用藥浪費、藥害發生率高、施藥中毒傷身、農藥殘毒過高之情況自是居高不下,這是十分嚴重也是極需政府大力解決的問題。

四、各鄉鎮市設公設植物醫師之成本效益分析

若政府對設立公設植物醫師與不設公設植物醫師二方案進行成本效益分析,則大致上可獲知之結果為:

1. 若於 309 鄉鎮市各設一名公設植物醫師,以每名每年薪資人事費 80 萬元計,加上資材成本估計每年須花費 3 億元。

2. 若公設植物醫師可以節省 50% 的農藥支出,則若以近年之農藥用量估計,可為國家每年節省約 20 億元之農藥支出。

3. 在提高農作物病蟲害防治之效果上,若以減少損失一成半估之,則可增加農民收益約為一般收成之 15%。如以水稻全省年產估計 400 億之估計,其增加之收益為 60 億。其他農林作物之收益增加值暫估為水稻之 1 倍左右,亦為 60 億元。

4. 在降低農藥殘毒及減少中毒,因而減少健保支出之方面,若概估為健保總支出之 0.25%,則以每年 3,000 億至 4,600 億元之 0.25% 估之為節省約 10 億元以上。但此 0.25% 之節省比例是否為低估,甚值商榷。

5. 在降低殘毒之後,蔬果作物可以以健康安全產品之訴求建立品牌,因而提高售價,估計價格提高程度可達三成,則因此可增加農民收益三成。以水稻為例,若以一半建立品牌為計,增值總金額為 60 億元,蔬果部分若與之等同,則亦為 60 億元。

6. 總和上述,可知以 3 億元之成本,可概略獲得 270 億元以上之效益,外加國家形象的提升,食品安全的提升,國人自信心的提升等等。因此是十分值得推動的重要政策。

唯上述第二項所降低之農藥支出 20 億元,意味著農藥界的年營業額會再減縮一半,是目前農藥界反對植物醫師制度的最大因素。唯公設植醫是永續農業大趨勢下必然的結果,希望農藥商及農藥界能共體時代之艱辛與全民之重大期待。

五、植物健康管理與永續農業

上述由植物醫師執掌農林作物之診斷、開立處方及預測評估，事實上正是永續農業必須要走的一個方向，因為如果不由醫師診斷處方，則農業體系中長久存在的用藥過量、施肥過量之情況便無法有效得到改變。相對的，唯有透過植物醫師之診斷、處方，並配合最符合永續精神的各種防治方法，方可以讓永續農業的精神充分落實於我國的農業體系。

一位合格的植物醫師，因此必須有下列之素養：

1. 能對轄區內各種作物，充分了解其從種苗到採收之種種栽培過程、技術及問題。

2. 能對轄區內主要作物進行每週之抽樣診斷，了解並掌握病蟲害發生之脈動。

3. 針對轄區內主要之病蟲害，具有迅速診斷的能力，但應有高一級的診斷鑑定單位於必要時加以支援之。

4. 充分了解所用農藥的功效及藥劑安全性，以便開立最適當的處方。

5. 能從農民利益及立場為農民解答各種用藥安全、混藥妥適性、藥效持久性、藥害預防等問題。

6. 能從自然生態保育的立場，輔導農民推行永續農業、減少化學肥料及農藥的施用，保持地力，俾利永續經營。

因此，植物健康管理的大方向，即是建立植物醫師制，並由此推行對自然永續最有利的病蟲害管理方法。

當然，要訓練具有上述素養之植物醫師，便需要學校單位配合調整課程，多開設臨床課程及最佳防治方法課程等。估計一般植保、植醫正科大學畢業學生需要再多 2 至 3 年之臨床訓練，方可養成一合格專業植物醫師。

六、植物醫師執行永續健康管理的技術問題

在技術上，病蟲害的永續健康管理乃是一整合性病蟲害管理（Integrated Pest Management, IPM）的範疇。植物醫師因此要學習並不斷應用新知，進行下列防治

法中最適當的一些方法，以求在用藥最少的情況下，有效防治病蟲害，兼爲農民爭取最大的營收及利益：

　　1. 選用健康種苗：例如表 2 之健康種苗。

表 2　我國過去已發展及未來將發展之健康無病毒種苗繁殖體系（張，1997）

作物別	參與研發及執行單位	起訖年代	推動現況
糧食作物			
1. 馬鈴薯	中研院，中興大學 *，種苗場 *，種檢室 *，豐原農會，斗南農會	1970-	效果受農民肯定 模式持續推動中
2. 甘藷	嘉義分所 *，專業種苗生產農戶	1994-	效果受農民肯定 模式持續推動中
蔬果類			
1. 大蒜	1. 中研院，中興大學 *，鳳山分所 2. 臺南場，農試所 *，中興大學園藝系	1974-1992 1995-	前期計畫已終止 近年重新開始
2. 綠竹筍	臺南場 *，屏東技院 *	1989-	效果受農民肯定 面積緩慢增加
3. 草莓	種苗場 *，中興大學 *，大湖農會	1990-	生產模式及防治效果 仍測試中
4. 甘蔗	糖研所 *，契約農戶	1991-	部分地區效果已受農民肯定，面積持續增加中
5. 豇豆	農試所 *，種苗場 *，高雄場 *，里港農會，專業農民	1994-	效果受農民肯定 面積持續增加中
果樹			
1. 柑橘	農試所園藝系，臺灣大學植病系 *，嘉義分所，青果合作社	1983-	部分地區效果已受農民肯定，種苗供應量不符需求
2. 香蕉	蕉研所，臺灣大學植病系 *，青果合作社	1983-	效果受農民肯定 模式持續推動中
3. 百香果	農試所植病系 *，鳳山分所，專業種苗商	1988-	效果受農民肯定 模式持續推動中
花卉			
1. 唐菖蒲	糖研所 *	1992	生產模式研發中
2. 百合	糖研所，種苗場	1994	生產模式研發中

作物別	參與研發及執行單位	起訖年代	推動現況
3. 海芋	種苗場	1994	生產模式研發中
4. 文心蘭	農試所植病系 * 及園藝系，專業種苗商	1996	生產模式整合中

* 表示參與植保人員之單位

2. 充分運用可行之耕作防治法：如深耕法、浸水法、輪作法、抗病育種法、交叉保護法、間作法、土壤添加物法。

3. 充分運用生物防治法：如利用天敵法，目前臺灣地區成功或有希望者有如表3所列。又有如利用木黴菌防治草皮病害（羅，1997），利用微生物藥劑法等。

前述天敵防治成功之案例有下列八項（羅與陳，1995）：

(1) 可可椰子紅胸葉蟲之生物防治　　(2) 桑樹葉蟎之生物防治

(3) 亞洲玉米螟之生物防治　　(4) 梨樹葉蟎之生物防治

(5) 柑橘木蝨之生物防治　　(6) 草莓葉蟎之生物防治

(7) 小菜蛾之生物防治　　(8) 木瓜葉蟎之生物防治

表 3　臺灣主要作物害蟲天敵種類調查（羅與陳，1995）

作物別	害蟲種類或種數	天敵種類（寄生，捕食）	重要天敵
水稻	稻蝨類	39 (22,17)	卵寄生蜂、螯蜂、狼蛛、盲椿象等
	縱捲葉蟲	25	赤眼卵蜂
玉米	玉米螟	5	赤眼卵蜂
	玉米穗蟲	3	赤眼卵蜂
	玉米蚜蟲	10 (5,5)	蚜小蜂、蚜繭蜂、瓢蟲、食蚜虻
大豆	約 30 種	約 50 種	三紋螟蛾絨繭蜂、黃斑粗喙椿象
甘藷	約 10 種	約 22 種	鳥羽蛾雙溝小繭蜂
蔬菜	小菜蛾	3 (2,1)	小繭蜂、姬蜂、黃斑粗喙椿象
	紋白蝶	6 (3,3)	蛹金小蜂、大腿小蜂
	斜紋夜盜	27 (15,12)	馬尼拉小繭蜂、黃斑粗喙椿象
	擬尺蠖	5 (4,1)	小繭蜂、大腿小蜂
	桃蚜	43 (6,37)	岐阜蚜繭蜂、瓢蟲、草蛉

作物別	害蟲種類或種數	天敵種類 （寄生，捕食）	重要天敵
柑橘	約 53 種	約 100 種	見羅及邱（1985）編著之柑橘害蟲及其天敵圖說
龍眼	膠蟲	13 (6,7)	跳小蜂、凹胸小蜂、囓膠夜蛾等
茶	約 7 種	約 40 種	小黑瓢蟲、赤眼卵蜂、介殼蟲寄生蜂、小繭蜂等
芒果	約 35 種	約 28 種	卵寄生蜂、赤眼卵蜂、草蛉等
荔枝	約 31 種	約 20 種	赤眼卵蜂、卵寄生蜂、草蛉等
楊桃	約 13 種	約 8 種	小黑瓢蟲、草蛉、寄生蜂
梨	約 21 種	9 (5,4)	卵寄生蜂、瓢蟲、草蛉等
約 200 種 植物	約 60 種 粉蝨	約 20 種以上 寄生蜂	廣腹細蜂科（Platygastridae）1 屬、 （Aphelinidae）3 屬

4. 充分運用物理防治法：如熱療法、浸水法、誘殺法等。

5. 充分配合防疫檢疫政策，以防止病蟲害之引入國內或在區域中蔓延。例如表 4 即列出歷年傳入臺灣之重要病蟲害名錄。

6. 充分運用非農藥防治法：例如用植物萃取物、微生物農藥製劑、忌避劑法等。

表 4　歷年傳入臺灣地區之病蟲害名錄（陳，1997）

普通名稱	學名	發現作物	年別
	1970 年以前		
吹棉介殼蟲	*Icerya purchasi*	柑橘	1904
甘蔗露菌病	*Peronosclerospora sacchari*	甘蔗	1909
香蕉球莖象鼻蟲	*Cosmopolites sordidus*	香蕉	1909
香蕉假莖象鼻蟲	*Odoiporus logicillis*	香蕉	1909
東方果實蠅	*Bactrocera dorsalis*	柑橘	1911
膠蟲	*Kerria lacca*	龍眼、荔枝	1912
鳳梨粉介殼蟲	*Dysmicoccus brevipes*	鳳梨	1921
非洲蝸牛	*Achatina fulica*	蔬菜	1932
甘蔗枯條病	Chlorotic streak 病毒	甘蔗	1940
桃縮葉病	*Taphrina deformans*	桃	1960
蘋果白粉病	*Podosphaera leucotricha*	蘋果	1967

普通名稱	學名	發現作物	年別
	1970 年代		
蘋果褐斑病	*Diplocarpon mali*	蘋果	1972
蘋果黑星病	*Venturia inaequalis*	蘋果	1972
椰子扁金花蟲	*Brontispa longissima*	可可椰子	1972
木瓜輪點病	Papaya ringspot virus	木瓜	1975
香蕉黃葉病	*Fusarium oxysporum* f.sp. *cubense*	香蕉	1976
北方根瘤線蟲	*Meloidogyne hapla*	草莓	1977
二點葉蟎	*Tetranychus urticae*	溫帶果樹	1978
維也納葉蟎	*Tertranychus viennensis*	溫帶果樹	1978
歐洲葉蟎	*Panonychus ulmi*	溫帶果樹	1979
福壽螺	*Pomacea canaliculata*	水稻	1979
梨瘤蚜	*Aphanostigma piri*	梨	1979
	1980 年代		
草莓青枯病	*Ralstonia solanacearum*	草莓	1983
松材線蟲	*Bursaphelenchus xylophilus*	松樹	1984
銀合歡木蝨	*Heteropsylla cubana*	銀合歡	1985
香蕉挵蝶	*Erionota torus*	香蕉	1986
草莓白粉病	*Sphaerotheca macularis f.sp.fragariae*	草莓	1986
唐菖蒲薊馬	*Thrips simplex*	花卉	1987
長毛根蟎	*Rhizoglyphus setosus*	球根、鱗莖作物	1987
非洲菊斑潛蠅	*Liriomyza trifolii*	非洲菊	1988
溫室粉蝨	*Trialeurodes vaporariorum*	溫室作物	1988
螺旋粉蝨	*Aleurodicus desperus*	番石榴	1988
銀葉粉蝨	*Bemisia argentifolii*	聖誕紅	1989
	1990 年代		
水稻水象鼻蟲	*Lissorhoptrus oryzophilus*	水稻	1990
梨衰弱病	Mycoplasma	梨	1994

參考文獻

1. 臺灣區農業工業同業公會（1996）。八十五年度農藥產銷統計。臺北市。
2. 臺灣區農業工業同業公會（1997）。八十六年度農藥產銷統計。臺北市。
3. 陳秋男（1997）。歷年來我國植物防疫政策與主要措施。植保會刊 39：1-12。
4. 黃振文、蔡東纂、高清文、孫守恭（1995）。作物病害綜合管制之實例。植保會刊 37：15-27。
5. 羅朝村（1997）。利用木黴菌防治草皮病害。植保會刊 39：207-225。
6. 羅幹成、陳秋男（1995）。臺灣農作害蟲生物防治近二十年之進展。植保會刊 37：357-380。
7. 張清安（1997）。本省應用無病毒種苗之回顧與展望。植保會刊 39：63-72。
8. Cooley, D. R., Wilcox W.F., Kovach, J. and Schloemann, S. G. (1996). Integrated pest management programs for strawberries in the northeastern United States. Plant Disease 80:228-236.
9. Thurston, H. D. (1991). Sustainable Practices for Plant Disease Management in Traditional Farming System. Westview Press. Boulder, Colorado, U.S.A.
10. Voland, R. P. and Epstein, A. H. (1994). Development of suppressiveness to diseases caused by *Rhizoctonia solani* in soil amended with composted and noncomposted manure. Plant Disease 78:461-466.

CHAPTER 7

如何讓農藥無法成為自殺的工具

一、前　言

　　我自己讀了「植物病理學系」，取得博士學位後轉往環保署及其前身工作 7 年，之後回臺大任教，又重投植物保護之教學研究工作 20 多年，很高興能親自帶領「花蓮無毒農業的輔導團隊」，從 2005 年起一直推動「有機、無毒」的產業，讓我自己不太需要經常為農藥傷腦筋。另外也很高興的「志業」是從 1994 年 7 月開始試圖推動「植物醫師」的制度，希望有朝一日，第三類醫生（植物醫師）能為社會所接受，廣泛為農作物、植物、樹木服務，造福農民及農企業。如今屏東科技大學已改名成立「植物醫學系」，而臺大也在幾經不當之拖延之後，終於在 2009 年 10 月經校務會議通過，自 2011 年開始開辦「植物醫學碩士學位學程」。此一學程就像研究所的等級一樣，可招收有志成為植醫之學生，培訓成真正可為農民及農企業提供「快速診斷」及「優良處方」之植物醫師，並能達成「根除農藥殘留」、「提高農民加倍收益」之兩大目標。

　　為了實現上述「有機、無毒」的夢想，也為了逐步培養「植物醫師」及樹醫師，我在臺灣大學於 1995 年開始加開「非傳染性病害」（Noninfectious Plant Diseases）課程，先把四大病原以外的各種病因及病症整合納入此一課程之中，隨後於 1997 年以自費方式購買一箱形車，用於 1998 年起加開「植物健康管理」（Plant Health Management）及實習課程，以每週或隨時可載學生赴田間訓練之方式加強其田間診治能力。並於 2000 年於研究所嘗試再加開「臨床植物病理學」，進一步續行每週田間診治、流病觀察、藥效追蹤、病樹外科手術等訓練，希望訓練學生使能擁有 80% 之診治能力，則可讓學生「出師」矣。

　　然而在過去多年推動「植物醫學培訓」的過程當中，讓我覺得最大的困難點與困擾，並非在於「整合相關學術領域」的艱辛（雖然也很困難），相反的是在「農藥已被汙名化」的大問題。面對整個社會普遍認為「農藥＝毒物」，「農藥殘留到處皆是」、「農民都亂用藥、沒有良心」、「農藥店就是毒物店」、「喝農藥就是自殺」、「販售農藥等於販毒」等等的汙名，坦白說，讓想學植物醫生的人，都不知自己是否也會被「汙名化」，果如是，則前途將無亮矣。

　　很慶幸自己從事的是「有機、無毒」的農業，但「有機、無毒」的農業只占全

國的 1%，其他的 99% 卻都被「農藥汙名化」所困擾，間接造成產品價格低落、農民收益無法提升等大問題。這當是現今農業突破的最大障礙，也是政府提出「無毒農業島」的立基所在。

問題是，農業用藥真的是等於毒嗎？我最近重新翻讀了「實用農藥」一書，從中逐一列出白鼠口服半致死劑量（LD50），並與農委會公布之「我國農藥產品急性毒性分類」進行比較（如表 1 及表 2），發現其實有一半以上的常用農用藥劑都是輕毒或低毒的，甚至有很多藥劑的 LD50 比人們每天食用的鹽（NaCl）或氯化鉀都還要高，意思是它們比鹽還不毒。加上近年來，動植物防疫檢疫局也已推動制定「農藥代噴技術人員訓練辦法」，則我在想：如果把剩餘不得不用的「劇毒或極劇毒的農藥」全部限定只能由「代噴業者」取得並代噴，則將有機會立即「讓農藥無法成為自殺的工具」，或能迅速化解「農藥被汙名化」的大問題。故不揣鄙陋，為此一文，以求各界之指教與共勉。

表 1　我國農藥產品急性毒性分類及與食鹽之比較

我國農藥產品急性毒性分類		
急性毒性分類	急性毒性 LD50（大鼠）mg/kg	
	口服	皮膚
I 極劇毒	≦ 5	≦ 50
II 劇毒	> 5～≦ 50	> 50～≦ 200
III 中等毒	> 50～≦ 2000	> 200～≦ 2000
IV 輕毒	> 2000～≦ 5000	> 2000～≦ 5000
V 低毒	> 5000	> 5000
註：食鹽（NaCl）	2500	

表 2　常用農藥對白鼠口服半致死劑量（LD50）及與食鹽之比較

常用農藥或鹽類	白鼠口服半致死劑量（LD50）	毒性等級 *	補充說明
殺菌類 1 鋅錳乃浦	> 5000	近於無毒	用量最多之殺菌劑
2 免賴得	> 5000	近於無毒	屬系統性殺菌劑
3 腐絕	3100	近於無毒	兼採收後浸藥
4 甲基多保淨	6640~7000	近於無毒	屬系統性殺菌劑
5 貝芬替	> 15000	無毒	屬系統性殺菌劑
6 三泰芬	1000	中等毒	屬系統性殺菌劑
7 待克利	1453	中等毒	屬系統性殺菌劑
8 亞托敏	> 5000	近於無毒	屬擔子菌毒劑
9 百克敏	> 5000	近於無毒	屬擔子菌毒劑
10 鏈黴素	9000	無毒	兼人體用藥
11 四環黴素	6443	無毒	兼人體用藥
殺蟲類 1 馬拉松	1375~2800	中等毒	屬有機磷劑
2 陶斯松	135	中等毒	兼環衛用藥
3 培丹	325~345	中等毒	屬沙蠶毒劑
4 因滅汀	1516	中等毒	屬抗生素劑
5 賜諾殺	> 5000	近於無毒	屬抗生素劑
6 益達胺	450	中等毒	屬新菸鹼劑
7 賽滅寧	250~4150	輕毒	兼環衛用藥
8 布芬淨	2198~2355	近於無毒	屬生長調節劑
9 賽滅淨	3387	近於無毒	屬生長調節劑
10 百利普芬	> 5000	近於無毒	兼環衛用藥殺紅火蟻
11 安丹	500	中等毒	兼環衛用藥殺蟑劑
12 加保扶	8	劇毒	已被限用
殺草類 1 巴拉刈	129~157	中等毒	中毒案例多，雖不屬劇毒，但對器官傷害大，是農藥致死者之第一名。（第二名為有機磷殺蟲劑）
2 嘉磷塞	> 5000	近於無毒	屬胺基酸抑制劑
3 丁基拉草	2000	輕毒	屬蛋白抑制劑，水稻田用多
4 施得圃	1050~1250	中等毒	屬胺基酸抑制劑
5 伏寄普	2451~3680	近於無毒	屬苯氧醋酸劑
鹽類 1 食鹽	2500	近於無毒	
2 氯化鉀	2500	近於無毒	

＊「近於無毒」係與食鹽相比而 LD50 大於食鹽者

二、農藥被汙名化的基本原因

　　個人認為，要關心何以「農藥會被汙名化」的問題，首先應先了解其所以被汙名化的基本原因。依個人長期之觀察，之所以社會上普遍「談農藥色變」，其理由有三：其一是「農藥太毒了」，包括「某些農藥屬於劇毒或極劇毒」、「劇毒或極劇毒的農藥取得太容易、可被拿來自殺」、「農民常用此劇毒或極劇毒的農藥」等。其二則是「農藥殘留」，此一問題迄目前為止仍未完全根除或解決。其三是如「寂靜的春天」作者所敘述的「環境生態浩劫」問題。

　　上述農藥的負面形象，在第二及第三項方面，個人認為政府主管機關已對第二項「農藥殘留」努力了至少 20 年，雖不盡令人滿意，但已大有進步，其中如禁用殘留期太長或劇毒之農藥、推動吉園圃、加強抽驗檢驗、加強抽驗進口農產品等，都有不錯的成績。而對第三塊「生態與環境衝擊」方面，同樣也努力了至少 20 年，包括禁用危害環境安全或致癌之農藥如 DDT、有機氯等，也都已達成不錯的環保生態目標。

　　但在「農藥劇毒」這一項，雖然政府已禁用了甚多「劇毒或極劇毒農藥」，但仍有不少在一時間內無法將之剔除者，如上述表 2 之加保扶及巴拉刈等。此「少數劇毒農藥」，雖然比例不高，但事實上仍會造成社會形象的大壞，也是目前「農藥被汙名化」的最大元兇，同時也使其他低毒及無毒農藥一塊遭殃。其最大的理由是：一般社會大眾並不會理性的認為「比例不高」就可放心，相反地，大家會要求到「完全沒有劇毒農藥」。這正如俗話所說的：「一顆老鼠屎壞了一鍋粥」，因只要仍有「劇毒或極劇毒的農藥」存在於農藥店、容易被取得，或只要仍有人喝了農藥、自殺成功，則「農藥是毒」的印象就會一直存在，汙名化的問題也就一直無法消除。而要化解這一顆老鼠屎，其實事在人為，應不困難才是。

三、如何讓農藥無法成為自殺的工具

　　基於目前臺灣的農藥仍有少數屬於「劇毒或極劇毒的農藥」存在於市場，也讓「劇毒或極劇毒的農藥取得太容易、可被拿來自殺」。個人因此認為，如果產、

官、學能共同採取下列的措施，則有機會可以迅速讓農藥無法成為自殺的工具：

　　1. 重新檢討規範劇毒及極劇毒農藥之許可執照：建議凡曾經造成自殺成功之農用藥劑，皆應設法撤銷其執照或許可證。

　　2. 重新檢討規範劇毒及極劇毒農藥之販售及施用：建議現階段，凡曾經造成自殺成功之農用藥劑，皆應限定只有受訓合格之「代噴業者」可以取得並代噴，並規定一般農民及無代噴業執照之任何人皆不得擁有該類農用藥劑，亦不得自行噴施。另一方面則可規定「代噴業者」必須逐一申報其劇毒及極劇毒農藥之使用數量及狀況，並對貯存中之劇毒及極劇毒農藥上鎖列管，嚴控其流量及去處，否則立即撤銷其「代噴業者」資格。

　　3. 希望農藥製造及調製業者加速限縮劇毒及極劇毒農藥之生產及推廣：查由「實用農藥」之資訊，可知有一半以上的農用藥劑都是輕毒或低毒的，甚至於比食鹽還不毒。建議生產業者加速限縮劇毒及極劇毒農藥之生產及推廣，慢慢讓可造成自殺成功之農藥全部退出市場。假若經過產、官、學的努力，把「農藥被汙名化」完全化解，讓國民認為農用藥劑已經不太有毒性，則會像「環境衛生用藥」一樣更能為國民所接受，則或許農藥的市場會再有新一波的成長才是。

　　4. 建議學術界積極參與「低毒無毒農藥」的篩選與藥效的再評估：建議農委會及科技部應專案補助「低毒無毒農藥」的篩選與藥效的再評估，尤其應朝向「自殺皆不成功」而努力。也建議四所大學之植物病理學系、昆蟲系、植物保護系、植物醫學系的師生，應更重視農藥的正面功能及角色，以輕毒、低毒、無毒的農藥成為最佳處方的首選，而讓劇毒及極劇毒農藥慢慢退出市場。

　　5. 建議產、官、學界開始進行最佳處方評選：過去由於產業界怕機密外流，官方怕惹「圖利」之嫌疑，學界又因「農藥汙名化」而不願淌入汙名混水之中，所以很遺憾的，植醫的「最佳處方」竟是一片空白。但今後應已不能再迴避了，植醫界應向人醫及獸醫界看齊，大家應開誠布公，以科學的精神及態度，參與「最佳處方之評選」，以求資訊的逐步公開與透明，讓農民及農企業獲得最大的利益，也讓植醫的社會責任獲得國家、國民及國際的認同。

四、結語與心得

　　每一次，只要聽到有人喝農藥自殺，雖說責任並非屬於主管機關或農藥業者，但若我們能採取可行、犧牲不大的措施，讓農藥無法成為自殺的工具，也許每年總能挽救不少一時迷途的寶貴生命。

　　生命無價，農產有價，兩相比較，立見高下。因目前疫病蟲害的猖獗，使得農民及農企業皆不得不使用農藥以防治病蟲害，但若農藥有殘留、誤用、中毒、釀成自殺者，都是極為負面的形象。為此，我等植保、植醫學界，皆應努力降低這些負面形象，例如多使用低毒、無毒的處方，並達成「根除農藥殘留」的目標，則必能在利己利人的基礎下，創造「正面形象」，也讓社會更能支持植醫及植保之行業，同時提高農民收益，創造「農民」、「消費者」、「植醫」、「植保業者」的「多贏」局面。基於目前臺灣的農藥仍有少數屬於「劇毒或極劇毒」等級，三不五時也有「想不開、喝農藥」、「狠心父母、灌子農藥」的社會殘忍級新聞從電視或報紙傳播於全社會或是國際間。個人因此認為，產、官、學應發揮「生命共同體」、「人溺己溺」的同理情懷，採取可行的措施，迅速謀求讓農藥無法成為自殺的工具。

　　上述所提，包括「逐步檢討讓劇毒及極劇毒農藥退出市場」、「現階段應限定受訓合格之代噴業者取得劇毒及極劇毒農藥」、「學術界的處方盡力排除劇毒及極劇毒農藥」、「產官學配合進行最佳處方的評選與公布」等，相信已兼顧到農民、社會大眾及農藥業者的權益才是。當然，我也相信一定會有人十分質疑其間的公平性問題，但個人只希望利益有稍微受損者，皆能夠以大人大量、「救人一命，勝造七級浮屠」的胸襟，盡力包容些許的利益衝突，庶幾方可有社會的快速進步。

CHAPTER 8

一日五蔬果應可化解農藥及空汙造成的癌症憂慮

一、前　言

　　防病、防癌相信是現代人最重要的健康訴求，因為，有健康，方有財富、有事業、有幸福、有意義、有尊嚴、有人格。相反地，一旦失去健康，百事不順、人生馬上變黑白，而且立即連累身邊的親人，或被視為可憐人、帶病者、失格者、失敗者。

　　過去大家都聽過：「某某人如非突然中風、定是國家下一任之元首」。另外，也看到好多國家英才，不幸英年早逝，讓全社會覺得大有損失。所以說：保持自己健康、保障親人健康、不生病、不得癌症等，都是當今學術上之顯學。

　　從事科學研究者，理當首先追求自己身體的健康。故作者自高中起，就一直在自我觀察、測試、探討、驗證，了解各類疾病之病因，再了解哪些措施或方法，可以不生病、保持健康、不得癌症。尤其如何預防癌症一直列入我個人生活的重點，誠如某一期遠見雜誌曾寫於標題，說明防癌、抗癌是人類歷史上比世界大戰還要慘烈的戰爭。單以臺灣計算，每年因癌死亡人數即有 4 萬人以上，這比近 50 年任何戰爭的總傷亡數都要多。估計我國每年健保支出總額 4,600 億元中，癌症之醫療支出就占了 7%，約 327 億。又從人口總比例估算之，平均每 4 人就有 1 人可能會得到癌症。故每人身邊都有太多的親朋好友染患這恐怖的「八爪症」。

　　同樣地，我在臺灣大學講授「環境汙染概論」、「環境汙染與植物生長」兩課程中，也把「體內環保」、「防病、防癌」列為上課的重點章節。並在課本「環境汙染與公害鑑定」一書中明列「重要致癌物」、「抗自由基、防病、防癌」等資訊，希望上過此課程者，都能增加「防病、防癌」的科學知識，讓學生更健康，更能對國家及社會有貢獻。

二、蔬果化解自由基達到防病防癌的理論

　　健康的飲食、均衡的營養，相信是每人每天維持體力，也維護健康的基本要求。而近年來「不生病的生活」及「吃錯了當然會生病」等書之問世，更能告訴大家「選對飲食種類」的重要性。例如「吃錯了當然會生病」的作者陳俊旭博士，

在他的書中即一直說明：「吃得對與吃得錯，都會反應在身體上。」只是：從健康保健或預防醫學上來說，卻仍有太多的迷惑與懷疑，即到底要如何吃，才能達到飲食保健的三大目標：(1) 減少生病，包括降低三高（高血壓、高血脂、高血糖）、不傷身心、不傷腸胃等，(2) 降低罹癌機會，包括避開致癌物、致突變物、農藥殘留、環境汙染物、環境荷爾蒙等，(3) 保持強健之體力及身心，包括如何護腦、護心、護肝、護腎、護膚、護血等。

當然，上述飲食保健的三大目標說起來簡單，做起來可不容易，尤其在今日「美食誘惑無所不在、垃圾食品滿天飛」的時代。一般人的三餐，恐都淪陷於高油、高糖、高蛋白的麥當勞、肯德基、漢堡王、披薩、蛋糕、巧克力、可樂、咖啡等等之中，對健康有益之蔬菜、水果因為準備起來不容易，也較不美味、可口，故常會被小孩、青少年所忽略。

為此，美國約在 20 年前，開始提出「蔬果五七九，一日五蔬果」之呼籲，其口號就是要求每人每日應吃進 5、7、9 份之蔬果，即小孩 5 份、婦女 7 份、男士 9 份。而每份約等於一個拳頭的大小或約一碗的體積。例如一份約為：蘋果 1 個、柑橘類 1 個、泰國芭樂半個、香蕉 1 條、大番茄 1 個、青菜 1 碗等等。

這一健康飲食運動推廣實施約 20 年了，據追蹤成果調查發現，確實可降低罹癌的機會，據報導約達 30%。而大家應該也會相信，它可降低高血壓、糖尿病、心臟病之機會。

作者其實正是「一日五蔬果」更早的實施者及驗證者，即約在 1987 年第一次赴美國留學時，即已開始實施「每日飯後必有水果，每日必食兩三份蔬菜之飲食策略」，其做法和後來美國推出的「蔬果五七九」是一樣的。而依據作者自我驗證了 30 年，證明它（蔬果五七九）對健康是極有幫助的。因為這三十多年來，健保卡使用的次數是極低的，低到每年用不到兩三次，而會使用的時機也只有洗牙、看牙等問題，或有突發狀況才用。另一數據是在 1988 及 2002 年這兩年赴美留學或研究的期間，雖然繳了保費給保險公司，卻沒看過一次醫生，也沒花掉一毛錢。

在作者從環保署轉回臺大任教之後，「一日五蔬果」的成效也是亮眼的，如在 2004～2008 年忙著擔任植物病理與微生物學系系主任兼所長、兼創立「植物醫學研究中心」、申設「植物醫學碩士學位學程」的四五年期間，從未請過病假，也

幾乎沒生過病。這應該不是說作者是鐵打之身，百毒不侵。相反地，當家人有感冒傳給我，我一樣會不舒服一兩天，但會很快克服病毒，約一兩天後就恢復的差不多了。而醫學上已知這種病毒疾病不需吃藥，它會自然的痊癒。

因作者約 30 年前就驗證出「蔬果五七九」可以「抗病」、「防癌」，所以也推廣給家人實施。重要的驗證結果敘述如下：

案例一：在作者 3 次陪同父母親到美國出國旅遊途中，全程皆實施「三餐有水果、蔬果五七九」之飲食策略，包括到每一個地方都自己買水果補充，3 次下來，父母親原先擔心胃腸不適、影響團隊行程之情況完全未發生，全家人也都健康無恙。尤其家父曾因直腸癌，剛在臺大切除直腸一大段，「蔬果五七九」就能照顧好父母親，讓雙親全程無染病之紀錄。

案例二：兩位女兒在 2002 年和我到美國念書一年，這是我在美國北卡羅萊納州州立大學當「訪問教授」之時期，研究期間我給兩個女兒準備了「三餐有水果、蔬果五七九」的飲食，這一開始的考慮就是：「在美國生不起疾病，否則可能會破產」。一年下來，我們 3 人果然皆未看過一次醫生，雖然覺得 3 人共一千多美金之醫療保險費有些白繳，但卻已經是最省錢、極為光榮的紀錄。

案例三：母親從 2002 年起，請了看護陪同養老，近十年來也都交代實施「三餐有水果、蔬果五七九」的飲食，結果也讓血糖逐漸降回正常值。醫生也驚訝於似乎單靠飲食計畫即讓糖尿病近乎消失。

案例四：對於「三餐有蔬果、蔬果五七九」能否達到「降低熱量、瘦身、減肥」的功能，作者的驗證結果是正面的，實施了 30 年以來，體重是一直恆定，只逐漸少了約 3 公斤，而且幾乎可以不忌口，美食當前都繼續享受。但美食之後，則須調整成更蔬果的餐飲，如以蔬果、地瓜、玉米、無糖綠茶等為主。

前面說過：「體內環保」、「防病、防癌」，是我在臺大上「環境汙染概論」及「環境汙染與植物生長」必上的章節。而每次講到此一部分，我也順便調查目前臺大學生們，能做到「三餐有水果、蔬果五七九」的比例。實際上我在課堂上會問 3 個問題，並調查回答之比例。問題一是：「你是否相信蔬果五七九可以防止生病？」問題二是：「你每天能否完全做到蔬果五七九？」問題三是：「你每天能否做到蔬果五七九之一半標準？」結果在 2010 年的資料是約 80% 的學生已經相信，

蔬果五七九可以防止生病。但能完全做到蔬果五七九者約只占全班之 10%，能做到蔬果五七九之一半標準約占 20% 而已。這些數據對臺大的學生該是一項警惕，說明大多數的學生沒有做好健康的維護及管理，未來的成就可能會栽在健康不佳的手裡。

作者在「環境汙染概論」及「環境汙染與植物生長」必教的另一些內容就是致癌物、人類與癌症的慘烈世界大戰、防汙防病的要領等。其中癌症的成因會告訴大家：目前所有的癌症當中約有 50% 是從嘴吃進來的，而有 1/3 是因抽香菸造成的，剩下約 10% 可能與遺傳、汙染、病毒有關。

這「癌症中有 50% 是從嘴吃進來的」，也說明了「吃」會影響癌症的發生率。尤其是吃到「汙染物」或「致癌物」。從生物科學及環保科學中，已知有些毒性物質、汙染物質，一旦進入體內就排不出來了，是為「生物累積」現象，重要的有多氯聯苯、有機汞、有機氯、重金屬等。對於這些「不能更新」、「不可逆」之汙染食品，我們的策略就應該是：「堅決地不接觸、不沾、不吃、不准其進入身體」，就像對待「毒品」一樣。而這便是飲食防病、防癌的最大原則，亦是健康保健之首要任務。

另在「環境汙染概論」及「環境汙染與植物生長」必教的是「自由基、醫學、活性氧與光化學汙染」的章節，因為人體新陳代謝、紫外線、臭氧、空氣汙染、部分農藥、致癌物等，都會在身體內生成「自由基」，所謂「自由基」（Free radical）是指帶有未成對電子（Unpaired electron）之原子、離子或分子物質，其中氫氧自由基被認為是最重要的致病自由基，超氧自由基則被認為是最重要的老化自由基。因自由基帶有未成對電子，故本身十分活潑，生命週期雖然極短，卻會對人體帶雙鍵的細胞脂質造成傷害，其機制主要是對細胞脂質造成過氧化作用。

因為一般細胞的細胞膜及胞器外膜皆含有大量脂質及脂蛋白，故被氧化的機率極大，如動脈細胞被氧化，即可導致動脈粥狀硬化，長期影響進而造成心臟病、腦中風，同樣的情形也可供解釋白內障及糖尿病的發病機制。又在傷害一再發生的情況下，人體又不斷進行修護的過程容易誘發癌症。另外，很多自由基造成的傷害是無法恢復的，例如無法再生的腦細胞與神經細胞，一旦受傷死亡，即逐漸變成失智、老人癡呆等致命問題。

　　要對付自由基的傷害，醫學上多建議額外從飲食或維他命製劑中攝取抗氧化物。重要的抗氧化維他命有 A、C、E 等。但更簡單、實用者，則是各類帶有植化素（Phytochemicals）的蔬果。蔬果中豐富的各類植生色素，不論是茄紅素、花青素、葉黃素等等，都是吸收大地及陽光的精華，即由光合作用間接所產生，然後存於蔬果中，用以對抗紫外線的傷殘、破壞，故這些多屬水溶性的植生色素，攝入人體，自可移行至全身各器官，發揮抗自由基、防病、防癌的功效。

　　在人體眼睛之黃斑部病變，即已經醫學界長期之研究，證實蔬果中的「葉黃素」一旦攝入，即可輸送到眼睛之黃斑部，形成保護眼睛之成分。相反地，如果長期缺乏攝取「葉黃素」，必會發生病變，逐漸失明，甚至於死亡。

　　在蔬果減癌方面，依據臺灣癌症基金會及國外網站等之報告，「豐富的蔬果，比起不吃蔬果者，應可大幅減少癌症（包括肺癌），估計約可達三成」。

　　作者有一次在臺北市仁愛醫院，即看到一海報所列之蔬果十益，特抄錄如下，也可供蔬果防病、防癌做一總結。

 蔬果十益（摘錄自臺北市仁愛醫院海報）

　　一、預防癌症
　　二、預防心血管疾病
　　三、延緩腦部退化
　　四、保護眼睛及視力
　　五、控制體重
　　六、抗氧化及抗老化
　　七、控制血糖
　　八、調節免疫力
　　九、幫助排便之順暢
　　十、維護泌尿系統之健康

三、當蔬果減癌碰到假設性的農藥殘留增癌結果會是如何

　　在國內，有關癌症的「預防資訊」，成立於 1997 年的「財團法人臺灣癌症基金會」，一直努力在做研究及推廣。記得作者身兼臺大農場管理組組長時，該基金會即與臺大農場進行多年的合作，共推「天天五蔬果，癌症遠離我」的防癌工作。

　　依據目前該基金會執行長賴基銘醫師推廣的「全民練 5 功」，包括：(1) 攝取足量且多色蔬果原則，(2) 規律運動，(3) 體重控制，(4) 遠離菸害，(5) 定期篩檢。認為落實這健康生活型態五原則，將可預防 60～70% 的癌症（出處：2014 年 2 月 4 日中央通訊社記者龍瑞雲報導）。另依據臺灣癌症基金會賴怡君營養師所著〈天天五蔬果，防癌有效果〉之文章及「癌症預防圖解」（圖 1），亦可得知類似上述的結果。

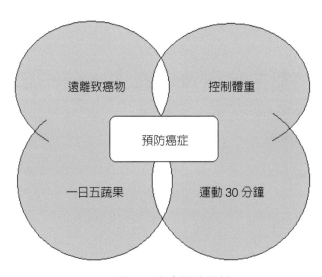

圖 1　癌症預防圖解

　　由上述該基金會推廣的「全民練 5 功」，概可得知：練 5 功的背景是：「有五大致癌成因」，分別是：(1) 多色蔬果之不足，(2) 運動不足，(3) 體重過重，(4) 抽菸、二手菸及空氣汙染，(5) 遺傳等先天因素。而由圖 1 之內容，賴怡君營養師是先說「永遠記住：不要抽菸」的前提下，再列出三大預防癌症之大項，包括：「蔬

果飲食、減重、每日運動 30 分鐘」。故一樣表示，除了遺傳因素以外，尚有「四大致癌成因」。而這五大致癌成因中，並未列有農藥殘留的項目，這似乎跌破眾人的眼鏡。而為確認農藥殘留與癌症發生率之關係，作者也於 2014 年親自邀請賴基銘執行長參與演講，得到的答案是「至今未有證據顯示微量的農藥可以增加癌症」。

因此至目前為止，有關「農藥殘留可能致癌」的說法，都只是假設性的猜測。這與 2012 年史丹佛大學的一篇綜評研究〈Are Organic Foods Safer or Healthier Than Conventional Alternatives?: A Systematic Review〉的說法是一致的。（該文作者為 Smith-Spangler, C., Brandeau, M.L., Hunter, G.E., Bavinger, J.C., Pearson, M., Eschbach, P.J., Sundaram, V., Liu, H., Schirmer, P., Stave, C., Olkin, I.,& Bravata, D,M 等 12 人，發表於 2012 年 Annuals of International Medicine 157:348-366. 題目如上）。相關內容亦可參考葉多涵君於 2014 年 10 月 24 日發表於泛科學網（PanSci.tw）之「有機食物沒有比較好！」按史丹佛大學的綜評研究係統整從 1966 到 2011 年間所有找得到的 298 篇論文，比較有機農產品的農藥殘留、汙染和營養成分。結果發現大多數營養成分並無任何顯著之差異，唯一有差異的是有機食品有比較高的磷酸鹽，然而也不足以對人體產生影響。重要的是，雖然一般慣行農業之生產方式會有較高的農藥，但是仍保持在安全標準下，也就是說不會對人體產生不良影響。

因為有關「農藥殘留可能致癌」的說法，在媒體報導中，總會加上一句「吃多了恐致癌」之假設性、非科學性的結論。但從縱從橫去查閱各種國內外文獻，都無科學性實測之資料。故作者只得很務實地，請求國內頂尖的風險評估專家幫忙。我在過去 1 年來已請問過 2 位臺大公共衛生學院之專家，詢問的問題都是：「當蔬果減癌碰到假設性的農藥殘留增癌結果會是如何？」、「兩者間能否相互抵銷？」得到的答案，前者是「目前尚無人調查研究過」，也就是「無人知道」。對後者的答案則是「增癌與減癌應可相互抵銷」。

這兩個問題至關重要，說明目前在學術界也好、行政系統也好，都是未整合的。例如公衛專家只做「塑化劑可能增癌，約百萬分之三或五」，當一般人「吃飲料含微量塑化劑，同時吃進足量防癌之蔬果」，其結果是：「公衛學者仍說會增癌、蔬果專家則說會減癌」。答案到底是什麼？各說各話而已。這在主管衛生之衛福部及主管蔬果之農業部間，情況是一樣的，都是「各守本位」而已。

而這樣的學術「各守本位」，行政也「各守本位」，充分說明是「瞎子摸象」的荒謬。是以「臺灣植物及樹木醫學學會」即在此率先疾呼：希望國家應該立即進行「增癌與減癌相互抵銷」的整合研究，以求正確給國民一個交代。

四、當蔬果減癌碰到假設性的空汙增癌結果會是如何

這一議題完全和上一議題一樣，我也曾經把相似的兩個題目拿去請教環保署的一級主管們、中華民國環境保護學會的所有專家們。題目是：「當蔬果減癌碰到假設性的空汙增癌結果會是如何？」、「兩者間能否相互抵銷？」至目前為止，得到的答案，也是「目前尚無人研究過」。

所以在環汙、致癌、蔬果減癌的學術研究，仍是「各說各話」，缺少整合之研究。是以「臺灣植物及樹木醫學學會」一樣要在此率先疾呼：希望國家應該立即進行「空汙增癌與蔬果減癌相互抵銷」的整合研究，以求正確給國民一個交代。

如果這一「空汙增癌與蔬果減癌可相互抵銷」的結果成立，則應該請石化工業區大發蔬果給鄰近之村里，保證可讓癌症的憂慮消聲匿跡，也可化解國民對石化工業、核四、高科技工業的敵對態度。

五、植醫及樹醫友善用藥增加蔬果產量間接造成全民的減癌

再回到「臺灣植物及樹木醫學學會」推動的「友善用藥」、「優良用藥」身上。同樣的兩個問題是：「當植醫及樹醫的用藥可增蔬果產量平均三成時，是否間接造成全民的減癌？」、「蔬果產量增加三成之減癌是否對假設性的農藥殘留增癌相互抵銷？」，答案應該是一樣的，也就是「前者尚無人知道」。後者則是「增癌與減癌應可相互抵銷」。

是以植醫及樹醫的「友善用藥」、「優良用藥」，在造成「蔬果產量增加三成」之減癌效果，是應該遠遠大於假設性的農藥殘留增癌率的。例如蔬果假設減癌30%，乘以「產量增加三成」即30%，乃等於9%。這比假設性之百萬分之十之增

癌率，仍是有 8.999% 的淨減癌率。而這正是該等藥劑可稱為「友善用藥」、「優良用藥」的立論基礎。

唯若該些植醫或樹醫用藥，是用於生產不含植化素之蔬果農作物，則因不含蔬果之減癌功能。其減癌率可能不彰顯，則和農藥殘留假設性之百萬分之十增癌率，恐就無法相抵銷了。但即令糧食作物、特用作物，如大豆、稻米、茶葉等，也都含有一些天然防癌、減癌成分，則其功仍然會遠大於過。

六、談蔬果與抗血管新生療法之防癌治癌

2015 年美國「血管新生基金會」（Angiogenesis Foundation）理事長，李威廉（William Li）博士在「TED」（Technology Entertainment Design）演講中，提出的「抗血管新生療法」（Antiangiogenic therapy），是一創新防癌策略。說明人體有 70 種以上的疾病與「血管新生」失衡有關。例如癌症之擴展與「微血管新生，餵養腫瘤」有關。故「抗血管新生療法」即是以藥物或食用蔬果、香草等，抑制「血管新生」，可達治療及預防癌症之效果。

目前的抗血管新生療法有一部分是對抗癌症，也有一些研究是在對抗如退化性黃斑等疾病。抗血管新生療法針對癌症如此受到矚目的因素在於，佛克曼醫師（Judah Folkman，1933 年 2 月 24 日～2008 年 1 月 14 日）在七○年代提出一個理論，即腫瘤會吸引宿主的血管，促使附近的微血管生長並為腫瘤提供氧氣、養分，並排出腫瘤所生產出的廢物。自佛克曼醫師後，越來越多的科學家證實或推展其理論，企圖尋找出能控制血管新生的藥物，進而控制腫瘤的生長（目前上市的藥物有 Avastin、Cetuximab 等 12 種）。李威廉報告一項癌症治療的新思維：控制餵養腫瘤的微血管生成。這是最關鍵（也是最好的）第一步：吃抗癌食物來贏得這場對抗癌症的戰爭。

李威廉博士發現，食用蔬果、香草等，抑制「血管新生」的功能不輸給昂貴的「抗血管新生藥物」。這是全球人類的福音，代表所有一般老百姓都可從吃對食物，避免癌症的侵害。對臺灣更是大好消息，因為蔬果最豐富。在李威廉博士演講中，證明三十多種具抑制「血管新生」之食物，主要有番茄、綠茶、草莓、藍莓、

柑桔、葡萄柚、檸檬、蘋果、鳳梨、櫻桃、大豆、芹菜、小白菜、芥菜、人參、南瓜、薰衣草、大蒜、橄欖油、葡萄子、黑巧克力等。有趣的是，該些抑制「血管新生」之食物，一樣可減低肥胖症。相信也可預防七十多種，危害 10 億人口的重要疾病。

七、超級食品防癌防病的理論

2015 年美國的喬爾傅爾曼醫生（Joel Fuhrman, MD），一樣發表「超級蔬果食物可防癌防病」之理論，傅爾曼醫生是 1953 年出生於紐約，著有「吃對食物活得暢快」（Eat to Live）之暢銷書。傅爾曼醫生說明，蔬果含有超級防病、防癌之植化素、抗氧化素、植物固醇等，是最近 15 年營養學的大發現，讓人類可以依賴此些「超級蔬果食物」，不再染患癌症、高血壓、中風、感冒等疾病。相反地，動物性食品則缺乏此些微量、重要的營養素，所以普遍沒有防病防癌的功用。因此傅爾曼醫生列出 5 大類超級營養食物，認為全國民眾都該吃以強身、壯國。這 5 大類超級營養食物，包括有：(1)豆類食物，(2)綠色蔬菜，(3)種子種仁，(4)新鮮水果，(5)全穀米麥等糧食。

傅爾曼醫生最新的演講可免費自 You Tube 觀賞（http://youtu.be/m-julCXIGK4）。在他的演講中提出的「超級蔬果食物理論」、「用超級食物戰勝疾病」，其中說明未來疾病的解藥，不是全靠藥物，而是靠植物營養素。此乃再一次，證實了蔬果防癌的功效。

傅爾曼醫生告訴我們健康的真相，他說人體中，胃細胞 7 天會更新一次，皮膚細胞則約 28 天更新一次，肝臟細胞約每 180 天更換一次，紅血球細胞則約 120 天更新一次。故在「一年」左右的時間，人體體內 98% 的細胞，都已經被重新更新一遍。故「只要營養充足」，那些曾經受損的器官、組織，都會透過細胞的不斷更換、新陳代謝和自我修復，進行良性轉換。新的健康自然再生，也再再印證、說明蔬果防病防癌的超級功效。

所以，身為一位植醫樹醫，如能正確診斷植物之疫病蟲害，增加「超級蔬果」之產量，就等於是在增進全體人類之防癌、防病。貢獻自然和「超級蔬果食物」一模一樣。

八、結 論

有越來越多的資訊告訴我們：蔬果對人及動物都有「太多、太多的好處」，就和樹木有「太多、太多的功能」一樣。相對地，植醫或樹醫用藥，在遵守「安全採收期」的規定之下，在農藥殘留合格的情況下，其農藥殘留假設性之增癌率是遠低於百萬分之十以下，則正分 30% 與假設性負分 0.001%，相減後，必仍有 29.999% 的正分，故爲了防癌、減癌，慣行農業所生產的多色蔬果，仍然是健康的守護神，不應該因爲害怕此些假設性之殘留增癌率而忽略它們對健康的太多好處。

其實更簡單的例子是，不吃蔬果的人一般多較易生病、較易快老。可能並無人去估計那些只吃大魚大肉者壽命減少的成數。如依上述「多色蔬果平均減癌 30%」的理論，則依判斷，「不吃蔬果的人平均恐怕也會有 30% 的增癌率」，對應之下，也許會有「30% 的減壽率」！

以上本文所述，就如同所說，目前相關的調查及研究仍然極度缺乏。故也在此代表「臺灣植物及樹木醫學學會」，鄭重呼籲各「相關部會」、「學科專家」、「學術團體」等，能多進行這些問題的研究。相信在眞理越辯越明的道理之下，國家會更進步，社會也會更加和諧。

CHAPTER 9

有機食物有沒有比較安全及健康的綜評

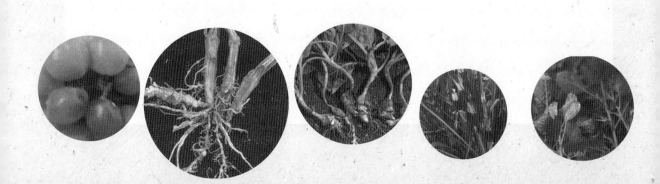

一、前　言

「有機農業」依據臺灣 2007 年 1 月 29 日公布的「農產品生產及驗證管理法」，是指「在國內生產、加工及分裝等過程，符合中央主管機關訂定之有機規範，並經依本法規定驗證或進口經審查合格之農產品」，主要亦是指完全不使用化學農藥及化學肥料，並強調使用自然、生態、無毒的作業方式。

按照我國主管機關訂定之有機規範，在有機農業的生產環境規範上，可列如表 1。在有機農業的肥培管理規範上，可列如表 2。而在有機農業的病蟲害管理規範，則可列如表 3。

表 1　臺灣有機農業的生產環境規範

項目	生產環境條件
地目問題	農地應符合農業發展條例所規定供農作使用之土地
緩衝帶問題	農地應有適當防止外來汙染之圍籬或緩衝帶等措施，以避免有機栽培作物受到汙染
重金屬	灌溉水質及農地土壤重金屬含量應符合公告之基準
水土保持問題	農地應施行良好之土壤管理及水土保持措施，確保水土資源之永續利用

表 2　臺灣有機農業的肥培管理規範

項目	土壤肥培管理條件
土樣分析問題	適時採取土樣分析，瞭解土壤理化性及肥力狀況，作為土壤肥培管理之依據
肥培策略	採取適當輪作、間作綠肥或適時休耕，以維護並增進地力
有機肥料問題	施用農家自產之有機質肥料、經充分醱酵腐熟之堆肥或其他有機質肥料，以改善土壤環境，並供應作物所需養分。有機質肥料重金屬含量應符合中央主管機關公告「肥料種類品目及規格」規定
缺乏微量元素問題	不得施用化學肥料 (含微量元素) 及含有化學肥料或農藥之微生物資材與有機質複合肥料。但土壤或植體分析資料證明缺乏微量元素者，經提出使用計畫，送驗證機構審查認可後，得使用該微量元素
礦物性肥料問題	礦物性肥料應以其天然成分之型態使用，不得經化學處理以提高其可溶或有效性
基因改造問題	不得使用任何基因改造生物之製劑及資材

表 3　臺灣有機農業的病蟲害管理規範

項目	病蟲害管理條件
病蟲害管理策略	採輪作及其他耕作防治、物理防治、生物防治、種植忌避或共榮植物及天然資材防治等綜合防治法，以防病蟲害發生
非農藥策略	不得使用合成化學物質及對人體有害之植物性萃取物與礦物性材料。但依本基準得使用之合成化學物質，不在此限
基因改造問題	不得使用任何基因改造生物之製劑及資材

　　按照上述「有機農業」的三大規範，若與慣行農業比較，可知最大的差別為：(1) 有機農業不得施用化學肥料 (含微量元素) 及含有化學肥料或農藥之微生物資材與有機質複合肥料。(2) 有機農業不得使用合成化學物質及對人體有害之植物性萃取物與礦物性材料。故簡言之，有機農業係強調使用自然、生態、無毒的作業方式者。

　　在過去，由於臺灣地區病蟲害太多又太嚴重，各鄉鎮市多缺乏診斷及開立正確處方之植物醫生，農民在無助下常有增加用藥之情形，故較常發生「農藥殘留過量」之情形。又因農藥長期被「汙名化」，不管低毒、無毒，都被列為「毒藥」、「致癌藥」。故只要一有「農藥殘留過量」之情形，即會立刻造成社會及消費者之恐慌。

　　其實慣行農業若能遵守「安全採收期」之規定，則農藥殘留即可達到「合格」水準。即使曾使用過農藥，依據科學實測，其在田間經過「安全採收期」之日曬雨淋，殘留量已低於應有之標準；唯仍有甚多國民拒絕食用此些曾施用過農藥之任何產品，轉而購買完全不施農藥及化學肥料之「有機農產品」。卻因「有機農業」的資材限制，導致其產量較低、品質較差、價格因此也較昂貴，因此也讓一般中低收入的市民較無法消費到「有機農產品」。

二、「有機農產品」是否較「慣行農產品」安全及健康

　　如上所述，「有機農產品」和「慣行農產品」在生產過程中有甚大之不同。前者因產量較低、品質較差、價格因此也較昂貴，但是否因此就比「慣行農產品」更

為安全及健康，是一值得深入探討的重大議題。蓋如果兩者間在「安全及健康」上有很大之差異，則推動更多的「有機農業」自屬應該。相反地，如果兩者間在「安全及健康」上沒有顯著的差異，則推動更多的「有機農業」自屬不甚值得。以美國為例，估計其有機食品之產值已從 1997 年的 36 億美元，上升到 2010 年的 267 億美元，成長為 7.4 倍之多。

終於在 2012 年，美國理工科第一學府之史丹佛大學，有 12 位學者，收集了歷年來共 298 篇的科學報告，完成一篇綜評研究，其題目為：「有機食品是否較安全或對人體較健康的系統性比較」（Are Organic Foods Safer or Healthier Than Conventional Alternatives?: A Systematic Review）。

在科學的立場下，我們相信以史丹佛大學，作為美國理工科類第一學府之地位，並綜合了 298 篇論文所得的結果及結論，自然是「科學的」、「可信的」。即該等 12 位學者已客觀、詳細比較了「有機農產品」和「慣行農產品」，在營養價值、安全價值、對地球友善程度之差別。結果及結論卻是：(1) 兩者在營養成分上並無任何顯著之差異，(2) 兩者在農藥對人的安全上也並沒有顯著之差異。

三、「有機農產品」是否較「慣行農產品」更環保

如上所述，「有機農產品」和「慣行農產品」在生產過程中有甚大之不同，但前者是否因此就比「慣行農產品」更為環保，或對人類及地球更為友善，也是一值得深入探討的重大議題。蓋如果兩者間在「環保」上有很大之差異，則推動更多的「有機農業」自然更有立場。相反地，如果兩者間在「環境友善」上沒有顯著的差異，則擴大推廣「有機農業」自然師出無名。

為此臺灣葉多涵君於 2014 年 10 月 24 日在泛科學網，發表之「有機食物沒有比較好！」論文中，摘錄 Seufert, V., Ramankutty, N., 及 Foley, J.A. 等三位加拿大／美國學者 2012 年在 Nature 發表的論文（Comparing the Yields of Organic and Conventional Agriculture），結論是：(1) 現行的有機食物不見得是在地生產，例如中國大陸和美國都出口大量的有機產品到世界各地，加工型的有機農產品更是如此。(2) 有機食品的單位面積產量多比慣行農產者低，即令使用高成本的防治資材，

在豆類和多年生植物的產量差異也有 5～20%，更多情況下有機耕作的產量會比慣行農作者低 26～34%。這更表示有機農業需要比慣行農業多 1/2 的栽培面積才能產生相同產量的食物。

　　因地球目前耕地已有不足，計全球有 36% 的土地用於農業，若要加 1/2 即全地球之 18%，則恐需把目前占全球面積 30% 的森林，砍掉超過一半才能支應。如此從生態負荷的角度觀之，則有機農業恐比慣行農業更對地球不利。又若「有機農產品」在標榜安全的優勢之下，因產量低、價格高，也常會造成弱勢國家或族群只顧生產，卻無力消費的社會公平問題。

CHAPTER 10

農會試辦植物醫師駐診相關背景資料

一、「一鄉鎮一植醫」制度有迫切之需要

　　查「農藥殘留」問題已成為目前我國農產品外銷最大之障礙，其重要性已凌駕於「果實蠅」問題之上。另一方面我國蔬果農藥殘毒不合格率仍一直居高不下，近年來如中秋節前之「茶葉殘毒事件」、情人節前之「玫瑰花殘毒事件」都讓全民忐忑不安。這些問題根本解決之最佳策略，顯然地正是作者多年來一直呼籲與推動之「一鄉鎮一植醫」制度。目前全臺有 3,600 家農藥店，卻沒有半個正式之植醫，是農產安全一直無法提升之最主要原因。因此本校及相關單位（如優質農會）急需掌握此一最有利之時機，讓我國「植醫」制度可以確立。估計全國「一鄉鎮一植醫」制度每年所需之成本為 3 億元，而其有形及無形效益為 270 億元以上。

二、生產履歷需有植物醫師之診斷與處方

　　目前各國及有機農業、無毒農業，都已要求優質農產品需有「產銷履歷」，臺灣若欲推動精緻農產品外銷，也急需建立「產銷履歷」制度，這正好也是「一鄉鎮一植醫」制度未來可以負擔之工作。蓋因生產過程的診斷與處方，非植醫者孰能勝任。

三、優質、安全、外銷之農業需有植物醫師

　　目前農委會已將優質、安全、外銷之農業列為國家發展之主軸，而這三個目標皆需「一鄉鎮一植醫」制度之配合，否則必定有農藥過量使用、誤診誤醫等隱憂。

四、「農會植醫」的基本能力與任務

　　所謂「農會植醫」的基本能力是對轄區農民提出之病蟲害問題，包括診斷、處方、效益評估經營管理等，具有 80% 之診治或解決能力。而「農會植醫」的任務就在執行「診斷、處方、效益評估經營管理」等工作。唯臺大生農學院植微系及

「植醫中心」是「農會植醫」的二線支援單位，將隨時支援各「農會植醫」的工作。又植醫課程與教學訓練之主軸乃在「診斷、處方、效益評估經營管理」等三方面，其內容將偏重田間實際問題之解決，故與人醫、獸醫完全相同，只是對象改為數以百計之作物罷了。在「一鄉鎮一特產」、「百分之八十病蟲害不需刻意管理」之情況下，農會植醫面對的應該只是 10 種左右之重要作物，故不會讓學生有「學習與執業負擔過重」之憂慮。

五、「農會植醫」的成本效益分析

假設一優質農會聘用「植醫」一名，若能為 2000 名農民服務，進行正確之「診斷、處方、效益評估經營管理」等，估計將能為每一農民節省 1/2 之農藥使用量，每年每一農民將可省掉約 1 萬元之農藥，全部將達 2000 萬元。而一名植醫之成本約為每年 60～80 萬元，單以此項計之益本比即達 25：1。而在減少病蟲害之損失、增加產量、進軍「優質」農產市場、建立品牌等之效益上，估計至少可增加每位農民三成的收益，故對農民極有幫助。本系曾對農民進行意見調查，得知農民普遍希望農會至少各聘植醫一名，以求嘉惠轄區之農民及農企業。

六、農會設立「植物診所」的方式

為讓農會聘用之「植醫」可以順利進行「診斷、處方、效益評估經營管理」等工作，各優質農會應設立一「植物診所」，面積約 10～20 坪即可。此診所應有對外服務之窗臺，其內配置至少一臺顯微鏡（約 10 萬至 30 萬元），一部殺菌鍋（約 5 萬元），一部無菌操作檯（約 8 萬元），並有病歷櫃、樣品陳列架、電腦、電話及藥品間等，有關交通車輛也希望農會給予支援。至於付給植醫之薪資，希望農會依其表現有彈性調整之空間。

CHAPTER 11

談一鄉鎮一植醫對農民及農企業的服務與貢獻

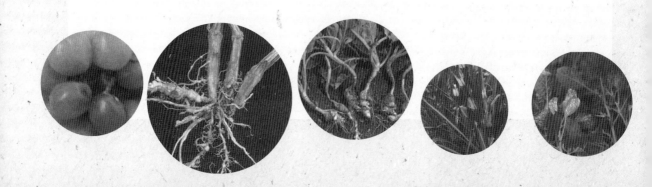

一、農藥殘留的陰影無所不在

2004 年的中秋節前 4 天，臺灣的消費者保護文教基金會發表了「三大品牌茶葉中都有不合格的農藥殘留」，震驚了所有的消費者、茶農及社會。而農委會此次也欣然接受了此一檢驗結果，不再像以前那樣硬稱是抽樣有誤或化驗方法差異的結果，並積極圖謀徹底的解決之道。

又從 1991 年臺灣發生「地蜜西瓜中毒事件」到近年，我國的農藥中毒、農藥殘留過量、單位面積使用過量等重大問題似乎沒有太大的進步，也一再困擾全部約 80 萬的農民及 2,300 萬的消費者，似乎顯示農政單位沒有「徹底解決問題之決心」，或「沒有執行之能力」。是以作者曾不揣鄙陋，於中國時報發表「小心農藥殘毒」一文，如 Chapter 1 希望把問題的最大癥結點出，而不要一再延宕解決問題的時機。簡單的說，這是因為我國只有 3,600 家農藥店卻無半個植物醫師進行「正確診斷、正確處方」。此「有藥店無醫師」之現象，也導致農藥商「各顯神通、胡亂開藥」，造成永遠無法徹底解決的問題。

反觀國外，歐洲、美國等先進國家皆已進步到農藥殘留不合格率在 1% 以下，我國卻仍然在 6～8% 間擺盪，這應是攸關國家能否進步到先進國家之關鍵所在。是以應進一步對「農藥殘毒的影響及徹底解決的策略」加以探討，希望讓其中的因果關係更加明確，以供農政、食品、環保等行政單位之參考。又因其中有許多環節牽涉到法規的不足者，也有賴立法院各大委員的重視與幫忙，以謀加速立法，有效執行，庶幾國家食品安全之形象才有可能向上提升，全國國民之健康也才能在「無毒農業」的推展下，獲得更進一步之保障與增進。

二、臺灣近年來發生之農藥濫用及殘毒過量事件

近年來臺灣的重要農藥濫用及殘毒過量事件，經整理後，特將重要者列述如下：

1. 1991 年西瓜地蜜（Temik）中毒事件：曾導致有人吃了西瓜發生中毒。
2. 1991 年青皮柳橙事件：由臺中市消費者權益促進會舉發，謂有不肖果農以

含砒霜鉛的退酸劑混入土壤作為改良劑，加速果實成熟，降低青皮柳橙酸度，提前上市，大發利市。

3. 1993 年茄子含覆滅蟎（Formetanate）汙染事件。

4. 1993 年一植株噴了 9 種不同農藥：由臺北市瑠公農業產銷基金會所發布，指抽驗臺北數個傳統市場出售的蔬菜，有 20% 超過農藥安全許可限量，甚至最糟的發現有同一植株噴了 9 種不同農藥的情形。

5. 1996 年茼蒿含一品松（EPN）等農藥事件：按一品松及亞素靈等屬於極劇毒農藥，不得使用於蔬果中。

6. 1997 年芹菜含陶斯松（Chlorpyrifos）及殺菌劑殘毒事件。

7. 2000 年有機農產品被證實含農藥事件：立法委員陳學聖公布一項有機蔬菜和吉園圃蔬菜殘毒調查發現，市售有機蔬菜有百分之八驗出殘留農藥，而吉園圃蔬菜更有一成四九不合格，比一般蔬菜不合格率還高，顯示政府的把關出現漏洞。

8. 2003 年外銷日本菠菜被檢驗含過量有機氯農藥事件：日本厚生勞動省指出，神戶檢疫所於 2002 年 12 月 25 日，在輸出到日本的冷凍臺灣菠菜檢查出含有有機氯的殘留農藥 0.25 ppm，是標準限制量 0.01 ppm 的 25 倍，東京檢疫所則檢查出 4 倍的農藥。但農委會表示，該個案係因日本與臺灣對農藥殘留容許量標準不同所致，其殘留量尚在臺灣安全容許量 1.0 ppm 之內。

9. 2004 年茶葉殘留農藥事件：由消費者保護文教基金會發表，查出新東陽、天仁、振信等三品牌之茶葉含不該有之農藥。

10. 2005 年過年前玫瑰花多含農藥事件：由消費者文教基金會發表，證實泡茶用的玫瑰花多含農藥。

11. 2009 年於進口之越南茶葉檢出過量農藥：經由政府抽驗，發現有新殺蟎農藥之過量。

12. 2010 年於進口之美國櫻桃檢出過量農藥：亦由政府抽驗，發現有馬拉松農藥之過量。

13. 2011 年於進口之大陸菊花茶檢出不合格農藥：經由政府抽驗，發現有 15 種不合格農藥。

14. 2017 年臺灣繼歐盟之後，也發生了芬普尼農藥汙染雞蛋的重大事件，再度

造成社會恐慌。

這些驚動全臺灣之農藥濫用及殘毒過量事件，每次一發生，都讓國家農產品安全形象跌到谷底，消費者人心惶惶，也停止對該產品之購買，受害最大的其實是該類農作之農民。

但農政單位的因應常只是消極地「將加強查驗」、「加強買賣登記」等。唯從1991 年迄今，可看出這樣的作為是失敗的，因為殘毒事件仍一再發生。

三、農藥在農業及環境衛生皆屬必需

雖然最早的農藥波爾多液，是在 1885 年因為歐洲的葡萄普遍感染露菌病而被發現，但事實上農藥在消滅衛生害蟲方面的角色與防治農業病蟲害一樣重要。在臺灣，這兩類藥劑是隸屬於兩個單位所管轄，環境衛生用藥是由環保署毒管處進行核發證照等管理，而農藥則由農委會管理。在美國，這兩類都歸環保署（Environmental Protection Agency）所管理。目前，環境衛生用藥的年銷售額比農業用藥還多，這乃告訴我們，農藥與生活息息相關，例如，臺灣 2004 年起發生的入侵紅火蟻，已為害多個縣市，農委會估計每年需花費約 2 億元購買農藥餌劑等，以謀控制。另與每一國民有關者則是對家家戶戶都有的蟑螂、蚊子、螞蟻，人們經常會到超商或西藥房順手購買噴效、拜貢等，其實這拜貢便是農藥中的安丹。

在現代農企業的生產要素中，除了土地及資金以外，重要的尚有品種、肥料、灌溉、農機、栽培技術、病蟲草害防治等。有關前面的幾項要素因為農民本身較能掌握，或說「有資金就可解決」，所以對專業農民都不構成困擾。唯獨「病蟲草害之診斷與防治」是極其專業的知識與技術，故一般農民皆感到十分困擾（如Chapter 6 所述）。

「農藥處方」之安全問題、藥效問題、殘留問題、汙染傷害問題相信比「診斷」還要難以學習，若不經過幾年之在校學習與田間臨床之經驗，任何人都無法擁有此項專業。甚至我們相信臺大或中興大學的農學院中，都沒有幾位年輕教授可以擁有「當場開出處方」之能力。如果此一論點正確，即連教授都無法有臨場診斷處方之能力，則我們又怎能苛求每一農企業、農民或賣農藥之商人，可以無師自通地

擁有診斷、處方之專業。

由上述可知,目前對農民及農企業最感困擾,也是最容易製造社會問題及增加社會成本者,當首推植物保護相關之各種問題,包括作物栽培過程中各種病蟲草害及公害之診斷、防治處方、藥效評估、農藥安全、農藥殘毒、有機農業等等。

又在有機農業興起之後,或許有人會以為從此不再有「病蟲草害」等問題,但結果恰巧相反,因為在不用化學肥料與農藥的情況下,「病蟲草害」等問題只會更嚴重、更難以克服,也更需要專業「診斷、處方」專家的幫忙。在筆者之大學農場曾嘗試進行高麗菜有機栽培,結果所有的菜葉都被紋白蝶的幼蟲吃個精光,幾乎只剩一堆菜骨而已。也難怪不久前又有民意代表調查指出,臺灣目前的有機蔬菜竟然還含有很多農藥。

由於消費者對食品安全的憂慮日深,近年來乃有一家家的有機農產店或供貨中心,如春筍般從都會區冒出,這其實正反映出「一般市民對農藥殘毒」之不敢信任。農民及農企業本身絕大多數是好國民,況且農藥本身是花錢才能擁有的資材,而噴藥本身更需人工、工資,外加農藥中毒的威脅與風險。相信如果有正確的「診斷及處方」,斷無故意「亂買農藥」、「亂噴灑」之理由。所以,「農民是因教育不足」、「缺乏植醫輔導」,才會導致「過量施藥」。換言之,政府及社會都不該把「濫用農藥」、「殘毒過量」的責任全部歸咎於農民及農企業。

就作者長期擔任推廣教授之觀察,絕大多數的農民都是具有公德心的,只是因為臺灣地處亞熱帶,病蟲草害實在「有夠嚴重」,常常在病蟲大發生時焦頭爛額、寢食不安,而目前又沒有「植物醫師」的編制,讓迫在眉睫、千變萬化的病蟲草害可以立即被診斷、立即被處方。一般農民只能立即到農藥店尋求解救,或有時跑遠一些,到農改場去請教少得可憐之病蟲害專家。長期下來,農民及農企業也都認為這是常態,且默認了此一情勢。尤其農業一般被認為是經濟上的弱者,也少有立法委員可以為其喉舌,所以臺灣的農藥文化也就長此因循苟且,直到如今。

另一證明農民及農企業不該被苛責的理由是:一旦發生「殘毒過量事件」,農民及農企業乃是最大之輸家。因為「殘毒過量事件」一旦發生,農民非但要面對良心愧疚,更有實質虧損,輕者遭到取締、罰鍰,重者產品無人問津、血本無歸;試問這可是農民及農企業之所願見者?因此我們可以相信,絕大多數的「殘毒過量事

件」，是出於「無知」、「無力」、「錯誤診斷及錯誤處方」，而非出於「故意」。

筆者近年所接觸或認識許多年輕農民及農企業家，發現他們都戰戰兢兢地在維護農產的安全，務求使農產品能賣到好價錢。換言之，農家及農企業其實也都需要「永續經營」，如果發生「殘毒過量事件」，反而斷了生路及生計。所以農民及農企業皆無時不為如何保護農產品之健康，兼能讓農產品提高品質、符合安全規定而大費思量。這一「健康管理、提高品質、符合安全」的目標看似容易，卻是農民及農企業最感無助與困惑之技術所在。

在近年臺灣加入 WTO 之後，因「全球化」與「資訊化」之盛行，「殘毒過量事件」也更加動見觀瞻，即任何一國家之農產品只要被檢驗出有超量的農藥殘毒，馬上全世界都會加以抵制或退運。例如日本在 2002 年及 2003 年即分別對大陸與臺灣的進口冷凍菠菜進行抵制，原因就是農藥殘毒過量。這樣的事件一旦發生，則對農企業及其他農業公司之影響更是恐怖，因為往往立即造成「退運」、「銷毀」等無法彌補的鉅額損害，甚至造成公司倒閉、關門。試問這豈是農民及農企業的初衷所在？而其間接造成嚴重的社會恐慌、失業、經濟衰退，更是大有為政府應予正視之焦點。

四、世界先進國家農藥管理及農藥減量趨勢

自從 1972 年「寂靜的春天」一書被發表之後，全世界也都開始思考農藥汙染的嚴重性及其防制之道，進而逐步造成「有機農業」之盛行。由於農藥中毒與藉由農藥自殺的案例不斷發生，一般市民仍然很不公平地、根深蒂固地把農藥與「毒藥」畫上等號。但事實真相是，目前世界各國已大幅度縮減劇毒農藥之使用，包括臺灣在內已都有較安全之農藥管理政策。

其實農藥對人類的貢獻還是瑕不掩瑜的，例如用於消滅衛生害蟲的環境衛生用藥其實也是農藥，如 DDT 最早曾扮演消滅瘧疾的角色，農業用的安丹在殺蟑的藥名乃是「拜貢」。在蚊子、蟑螂、蒼蠅、跳蚤、紅火蟻猖獗的臺灣，各式各樣的環境衛生用藥，自然有其市場，其年銷售額甚至高過農業用藥。但這些環境衛生用藥一樣會有殘留、環境汙染、生態破壞的問題，只是是在可以忍受的範圍罷了。

世界各國為減低農藥濫用造成的負面影響，普遍採取的管理措施概如下述：

1. 農藥登記之嚴格審核：即在農藥公司申請某一藥物為農藥之前，要求申請者進行充分之試驗或實驗，估計至少約需 100 項之試驗或實驗，證明殘留低、毒性低、汙染低、對生態系少損害，才能取得製造及販售之執照。

2. 嚴格規定藥品須有適當之標籤：使施用者清楚其可能構成之健康威脅、清楚其配製方法、施用方法、施用對象、廢棄容器如何回收等。

3. 嚴格規定安全採收期：讓農民及農企業遵守「安全採收期」之規定，以減低農藥殘留、環境汙染、生態破壞等。

4. 嚴格規定施用者之資格及訓練：如美國主管農藥之環保署強制規定施用「限制級」農藥（Restricted Pesticide）者必須受訓、經考試合格才能取得「施用技術人員執照」，估計目前全美國有 350 萬名農藥施用技術人員領有執照，並在 56 萬個農場工作，但臺灣在這方面則仍闕如。

5. 嚴格進行農藥殘留及汙染之監測與監督：即在市場上調查或抽查食品與農產品之農藥殘留情況，作為政府管控成效之指標。如殘留經常過量，政府自當檢討管理上之缺口，並謀改進。另也由環保單位進行河川、地下水等農藥汙染的監測，了解農藥對環境及生態系是否已然造成威脅。

6. 推動減少農藥使用量之「整合防治管理」：整合防治管理（Integrated Pest Management）與有機農業是不一樣的，其目的在於使用最佳防治策略，並盡量選擇低毒性、少殘留、少生態傷害之防治方法，如物理防治法、耕作防治法、生物防治法、抗病育種、無毒苗、非農藥藥劑等，並結合病蟲監測、環境因子監測，進行病蟲害預測，以減少非必要之噴藥，同時追求產量及品質的最大化。在北美、歐洲等地區，此一策略已廣泛被農民所接受，但在臺灣，則仍未見推行。

7. 鼓勵非官方團體之協助與監督：例如 1983 年成立之「農藥行動聯盟」（Pesticide Action Network），目前在全球已有 90 個國家會員，並在歐洲、北美、亞洲、澳洲、非洲、南美等設有派駐機構，其設立之最大宗旨就在求推動全球農藥之減量（Pesticide Reduction）。成立十多年來，據了解以歐洲之荷蘭為例，全國農藥之年用量約降為先前的一半左右，即減少 50%。

8. 鼓勵及推動有機農業：在歐洲、美加、日本、澳洲等此一風氣已日益盛行，

而臺灣這幾年來也蔚為農業之主流，只是因農委會人力有限，無法全面監督及管理，雖然已通過委託驗證等相關規範，也設立民間團體參與驗證，但仍常冒出「有機產品竟含農藥」之事件。

9. 推動劇毒農藥進出口之「事前通告同意」管制：此為 1998 鹿特丹公約（Rotterdam Convention）所制定，名為「事前通告同意」（Prior Informed Consent，簡稱 PIC），規定各出口有毒農藥及其他有害毒物者應先通告入口國政府，取得同意書方能進行貿易。同時也規範統一之標籤、安全操作程序等，以謀各國之安全及福祉。

10.推動植物醫師之培養教育系統：目前推動最力者為美國佛羅里達大學，該校已自 1999 年起設立植物醫學研究所（Plant Medicine Program），專門培養植物醫師，以因應病蟲整合管理之需求，間接也在求農藥之最適使用。

茲特別舉美國為例，介紹聯邦與各州在加強農藥管理方面的策略與措施，如下列者。他山之石可以攻錯，希望能對我國經常冒出「殘毒過量事件」之形象，有所幫助。

1. 美國環保署以新標準對舊制通過之農藥全面重新評審其執照：這是在 1996 年聯邦通過「食品品質保護法」（Food Quality Protection Act）後所採取的行動，該法之精神在於保障敏感族群如嬰孩、兒童等，不會受到食品中潛藏農藥或其他有害物質的傷害。至 2002 年美國環保署已完成 445 個執照的重審。

2. 加嚴及重訂殘留容許標準：因農藥及環境衛生用藥會殘留於食物、飲水、生活環境中，故須制訂殘留容許標準（Tolerance），美國環保署在 1996 年聯邦通過「食品品質保護法」後，至 2002 年止，已重審 6,400 項殘留容許標準，占所有應審者之 66%，並加嚴其中之 1,900 項。

3. 加強農藥殘留影響生態之調查及防治管理：對於申請農藥執照者，美國環保署皆要求申請者須先進行 (1) 生態影響之調查研究，(2) 農藥流布與衍生物等變遷之調查研究。然後環保署會再進行生態風險評估（Ecological Risk Assessments），及變遷評估（Fate Assessment），以確定該農藥對生態環境之安全性。

4. 鼓勵低毒農藥及防恐農藥之申請：前者是為了廣泛降低農藥造成之威脅，後者是在 911 後因炭疽菌孢子粉末被用於恐怖活動而被環保署所鼓勵。例如，在

2002 年美國環保署共新核准 26 種農用及環衛用藥，並核准 720 項的舊藥新用案，其精神皆在降低農藥之威脅。

5. 大力推動「整合防治管理」（Integrated Pest Management）：美國農業部（USDA）結合環保署（EPA），已經全面推廣「整合防治管理」，其精神如前述：要讓農藥正確使用在該用的地方，絕對避免濫用在錯誤的場所及時機。此乃一種最適化之健康管理，重要的步驟有四：

(1)設定防治臨界點：即在監測到具經濟威脅性病蟲孳生，並且其量已達有害經濟之點，叫之「防治行動臨界點」（Action Threshold），此點之設立可供未來決定是否應即採取行動之依據點，如此自可避免情急、恐慌、非理性之用藥等。

(2)監測及鑑識孳生之病蟲：目的在正確診斷，並配合上述「防治行動臨界點」，提供是否採取行動之依據。

(3)預防至上：多考慮使用無毒種苗、耕作防治、輪作避病、抗病育種等預防病蟲之方法。

(4)正確防治：在病蟲監測結果已證實非防治不可時，即選最低毒、少殘留、少生態傷害之藥劑進行防治。

6. 立法規範農藥施用人員證照制度：美國環保署強制規定凡施用「限制級」農藥者，必須經過受訓、經考試合格才能取得「施用技術人員執照」。而實際進行訓練考照者，如北卡羅萊納州是設於北卡羅萊納州立大學。

7. 開辦跨領域植物醫學研究所：全球第一個設立跨領域植物醫學研究所者為美國佛羅里達大學，該植物醫學研究所（Plant Medicine Program）主要在招收並培養植物醫師，一方面因應病蟲整合管理之需求，追求農藥之最適使用，另一方面，這可培養最佳農產品質管理之人才，提供農企業最大之助力。而這些培養出來的植物醫師，當然也是進出口農產品防疫及檢疫之主力。詳情請參考該校「植物醫師網」（Plant Doctor Net）。

綜合上述可知美國對農藥管理之重視，已使其農產品及食品之安全獲得 99% 安全之保障，這是十分值得我國學習與效法的。雖說從美國外銷到臺灣的水果也曾因帶蟲或含農藥而被禁止進口過，但整體而言，他們的農業及農藥政策都是正面

的，值得參探。

五、一鄉鎮一植物醫師的必要性

如 Chapter 4 所述，對 309 鄉鎮市，總數約 80 萬戶之農民及農企業，政府亦責無旁貸地應該協助他們達成「健康管理、提高品質、符合安全」的目標，則最正確的途徑乃是培養至少一鄉鎮一「植物醫師」之制度。因為政府如只一味要求農民及農企業遵守農藥法規，卻不幫忙設置「植物醫師」，則在農作大量受害的情急之下，農民及農企業也就只能聽農藥店的話，多用一些藥，成本增加一些，但病蟲草的控制可是輕忽不得。

因為有些病蟲草害進展非常快速，如果慢了 1 週或 10 天才防治，呈對數生長的病菌、蚜蟲、紅蜘蛛等早已將作物吃得面目全非。這防治的時機問題其實是對農作收成影響最大的因素，但也是農政單位及一般大眾最不易了解而輕忽的問題。換言之，農民及農企業常需和時間賽跑，一旦發現拓展快速之病蟲問題，就得趕快診斷、處理，否則可能「全軍覆沒」，所以農民及農企戶都會提高警覺，有時也會疑神疑鬼，變成驚弓之鳥，一有風吹草動就趕緊買一堆農藥「全面噴施」。

由於病蟲害種類繁多，估計每一種作物至少有 10～20 種主要病害及蟲害，外加可能有非傳染性病害、空氣汙染公害等，正確的診斷有時連植物病理及昆蟲學家都覺得很困難，更何況是沒學過植物病理或昆蟲學的升斗小民。所以筆者認識的很多農友乾脆採取「不管有無病蟲，一律每週或每十天洗藥一次」之策略，一來這是省得傷腦筋的作法，二來可以將「拓展快速之病蟲問題」消弭於無形。在國外，如歐美，對病蟲害很嚴重的蘋果、梨、草莓等，農民在過去也會採取類似的策略。但若仔細分析，這樣每隔一定期間即施藥一次的作法是最容易導致「用藥過量」的錯誤策略，用藥量累積下來相當驚人，用藥成本大增不說，防治效果也非最大。

近年來歐美已積極推廣整合防治管理之策略（Integrated Pest Management, IPM），強調要先監測病蟲發生狀況，如毫無跡象或只是小病小蟲，不用藥也無傷產量，則不採任何行動。真正需要用藥的時機、劑量、次數等都是經過專家診斷、

判斷過才擬具的。又如果有非農藥的防治方法可茲採用,則當割捨農藥方法,目的在儘量減低農藥之使用,減低農藥殘毒,減少農藥對環境的汙染及對蜜蜂、蝴蝶、飛鳥、魚類的傷殘。據美國農業部及環保署的分析,這樣的整合防治是最應該推廣的策略,但前提是要有病蟲專家或「植物醫師」提供「診斷、監測、風險判斷、評選最安全無害之藥劑」等,才能達到「既保護農作、又增進產品安全」之目的。

上述的整合防治其實正是臺灣所有農民及農企業最需要的策略,而要進行整合防治非有「植物醫師」不可,且這樣的植物醫師必須要就近監測那些「拓展快速之病蟲」,不斷地進行「診斷、監測、判斷風險、並評選最安全無害之藥劑」,以求指導全區之農民及農企業,在最適當之時機進行防治處理,這樣才能達到「既保護農作、又增進產品安全」之目標。

曾有學者指稱目前農委會在桃園、苗栗、臺中、臺南、高雄、花蓮、臺東、澎湖等皆有農業改良場,所以應把植物醫師設在此些改良場較妥,但若以全臺 21 縣市計,則每一改良場需負責 3 個縣市,以目前每場 1～3 個病理或昆蟲專家之人力,是絕對無法應付的。這一論點之另一佐證在於美國之制度,就目前如北卡羅萊納州共 100 郡總人口約 840 萬之地區,統計共設有 100 位病蟲專家進行病蟲害之指導。若以臺灣總人口為其 3 倍計,則臺灣對病蟲專家或植物醫師之需求也應為其 3 倍,即 300 位左右。而全臺約 309 左右之鄉鎮市,平均正是一鄉鎮一名植物醫師。

六、植物診所的角色與功能

就如同人類醫師需要醫院、診所、檢驗室、開刀房、藥房一樣,植物醫師也需要有一診所,讓植醫可以進行最正確之診斷,開立最佳化之處方。又有些病蟲害需要進一步之檢驗者,醫師自然也需要加以檢驗。

為讓農會聘用之「植醫」可以順利執行植醫的工作,建議應於各優質農會設立一「植物診所」。此診所應有對外服務之窗臺,並配置至少一臺顯微鏡、一部殺菌鍋、無菌操作檯,並有藥劑室、微生物培養箱,以供正確的診斷。

任何醫療行為的第一步是「確診」,若診斷錯誤,後續之「處方」不可能正確,甚至引起「醫療糾紛」。所以植醫人員對於診斷一定得兢兢業業,若碰到有所

懷疑者，可能還要後送臺大「植物醫學研究中心」，以求確診。

在植醫處方方面，我國的「植物保護手冊」是一最重要的依據，但「植物保護手冊」記載的藥物並無法涵蓋所有病蟲害，也因此有甚多之病蟲害將有賴植物醫師依據「合法」、「最佳化」之選藥進行防治。又「植物保護手冊」中所列之藥物皆未說明其「防治藥效」、「防治成本」，這些「防治藥效」與「防治成本」都得由植醫進行研判與分析，以求讓成本降至最低，藥效發揮到最大。

另一項最需植醫幫忙協助解決的是「如何混用農藥」的問題，眾所皆知農藥本身的價值常低於「施藥工資」，目前很多鄉鎮之「施藥工資」每工就要 3,000 元。為了節省「施藥工資」，也為了「提升防治效果」，正確且合理之混用農藥是必需的。但農藥種類眾多，彼此之間能否混用，除了農民已有混用之經驗以外，也需要「植醫」在「植物診所」做初步之試驗，再到田間做一局部之測試，經千錘百煉以策萬全。

植醫與人醫、獸醫一樣需要對每一就診之病害做一病歷，並逐一登記。所以植醫也需要有「病歷室」、「標本室」。對重要之病蟲害，標本的保留以供存證是必需的。但植物標本之保留常有甚多之困難，這一方面是植物病理之專業，但在空間及設備上自然不可少。

農業用藥種類繁多，植醫當然要懂得如何用藥，「藥劑室」之必須性也毋庸置疑。唯農藥原液普遍有毒又有揮發性，現代化之「農用藥劑室」自然要講究「環境安全」、「無毒」、「無汙染」，所以「農用藥劑室」必須有「負壓抽氣裝置」，讓揮發出來之藥劑皆經安全之處理。同樣地任何「藥劑試驗生長箱」也需要有「負壓抽氣裝置」，讓有害氣體淨化再排出室外。

至於如何幫「施藥工人」減少藥物毒害，是植醫及農委會都須正視之問題，目前標準作法都已存在，但「施藥工人」可能不太願意遵循，原因常是太麻煩、太笨重、太無效率等。但人命無價，健康第一，希望未來產官學界能研發出最安全、有效率之最佳設備或施藥方法，以共謀農民健康最大之保障。

七、一鄉鎮一植醫對農民之服務

「一鄉鎮一植醫」配合「植物診所」之設立，將可隨時提供各種「疫病蟲害」、「疑難雜症」等之「診斷」、「處方」，並提供「經濟管理」之建議。

但植醫之對象比人醫或獸醫更為繁複廣泛，即包括所有常見約 200 種作物，皆需對其「病」、「蟲」、「草」、「藥」、「營養」、「逆境」等加以「診斷」、「處方」及「管理」。故目前臺灣大學是將植物醫學概分為 6 科，即：(1) 蔬菜科，(2) 果樹科，(3) 花卉科，(4) 糧草科，(5) 樹醫科，(6) 草坪科。每一植物醫師至少對一分科是專精的，但無法要求每位植醫對 6 科皆全部專精。

唯植醫雖然分成 6 分科，但每科本身仍極複雜，因為每一種植物皆有一堆「病」、「蟲」、「草」、「藥」、「營養」、「逆境」等問題。若鄉鎮植醫有解決不了的問題，臺灣大學生農學院植微系及「植醫中心」是「農會植醫」的後送支援單位，可隨時支援各「農會植醫」的工作。

又如有農民做的是「有機農業」，植物醫師就需要開立有機防治之處方，這在藥劑與肥料上是與慣行農業完全不同的，而其防治之策略亦有需要予以「最佳化」。

八、產銷履歷表與植醫

在目前政府積極規劃實施之「產銷履歷」方面，將可能是「一鄉鎮一植醫」最重要的服務項目。因不論「有機農業」、「無毒農業」、「安全農業」，皆已要求需有「產銷履歷」，而精緻農產品外銷，也需有「產銷履歷」，這些都是「一鄉鎮一植醫」應該負責的工作。

作者曾於 2004 年至 2010 年在花蓮縣協助輔導無毒農業共六年，計畫中亦派駐兩位植物醫師協助疫病蟲害之診斷、防治，同時也協助建立產銷履歷。但除了例行病蟲害的診斷與記錄之外，發現流行性植物病蟲害更為重要，其流行趨勢在某些層面來看是「可預測」的，故疫病蟲害的「預測與預警」亦是植醫的重要工作之一。此些是屬「流行病學」之領域，但在「健康管理」上，有十二萬分的重要性。有謂

「一分預防」可以省去「百分之防治」，在植醫上絕對是千真萬確的。只是目前之產銷履歷距離「預測與預警」仍有很大落差，也是植醫學界及政府皆需加緊努力研究之領域。

①進口臺灣發現的櫻桃青黴病害。

②出口芒果可能帶有果實蠅而須進行高溫或低溫除蟲作業。

③漂亮的進出口草莓，常被懷疑用藥頻繁，而需送經農藥殘留檢驗單位。

④瑠公農檢中心，可進行殘留之檢驗確認。

彩圖 2-01

國際間農產品的進出口日益頻繁，基於保護本國生態環境及避免引入外來有害生物，當今各國都對於進口之農產品嚴格進行「檢疫」，也對出口農產品協助疫病蟲害之徹底防除。

①臺灣大學植醫團隊試辦的「農會植物診所」。

②、③及④臺灣大學植醫團隊奉邀進行臺北市374鄰里公園樹木健檢及診治計畫之情形。

彩圖 2-02

植物醫師及樹木醫師隨著社會對於食品安全之要求日益提高，及對於城市綠化的日益重視，乃成為當今社會的「第三類醫師」。而「植醫及樹醫診所」的設立自然也會因應社會的需求而逐漸普及。

①蓮霧裂果症。

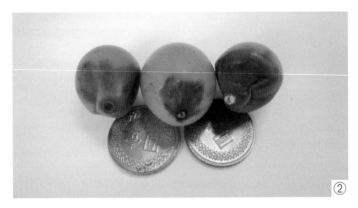

②葡萄縮果症，屬非傳染性病害。

彩圖 2-04
植物醫師及樹木醫師都是「高度科際整合」的學科，內含「病、蟲、雜草、藥害、營養及逆境」等六大害因，或可分成「病害、蟲害、非傳染性病害」等三大領域。

①及②黃條葉蚤危害白菜葉片造成的咬痕。

③細菌性葉斑病在西瓜葉片上的病徵。

④甘藷毒素病對甘藷造成的黃化病徵。

彩圖 2-06

植物醫師的訓練是否合格，應可由實際在田間，面對農民及農企業提出的疫病蟲害問題，10 個問題能否回答 8 個以上為基準。如果「診斷、處方、管理」之能力太低，即需再加訓練及實習。

 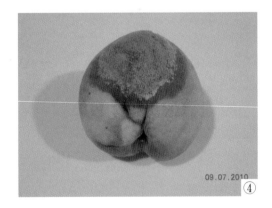

彩圖 2-07

植物醫師最終的目標，應是幫忙農民及農企業解決及預防各種疫病蟲害問題，並增加產量及提升產品品質，達成增加農民及農企業的收益，兼能付費聘用植物醫生定期檢診疫病蟲害。以桃樹為例，植物醫生必須協助排除如：

①桃樹流膠病。

②桃樹螟蛾蛀心蟲。

③臺灣黃毒蛾危害，及④桃果褐腐病之損害等問題。

彩圖 2-09

隨著近年來「蔬果防病防癌」的證據越來越多，如①之植物工廠及②之蔬食推廣也正方興未艾，這些「蔬果對健康有 10 種以上的益處」論說及事證，將會連帶造成國內外植物醫師需求之大增。

PART　3

技術篇

CHAPTER 12

植物醫師診斷學指南

一、植物醫師診斷學總論

　　植物醫師三大作業或工作內容之首,即為「病因診斷」。其診斷方法及技術在各植物醫學相關之「植物保護學」、「植物病理學」或「植物病因學」教科書中皆有介紹。而從科學的因果關係角度觀之,「病因診斷學」的目的,即在探求各類植物疫病蟲害的「病因」或「害因」。又一般已知會造成植物生病之「病因或害因」共有如本書所列的病害、蟲害、草害、藥害、營養不良或過量、逆境因子等。

　　植物病因的診斷是非常重要的,因為診斷如果錯誤,後續的防治處方就失去意義,也會造成錯誤的防治,其結果不僅無法預防或治療疾病,也會喪失最佳防治之時機。又因植物的疫病蟲害多屬不可逆性,不像人或動物有「醫學美容」恢復外觀的機會,所以造成的經濟損害會極嚴重。

二、植物疫病蟲害診斷作業的分類

　　植物醫學上的「診斷學」,其實不是只為「簡單」的比對病徵、尋求病名,相反地,就像人醫有千百種診斷方法及等級一樣,植醫及樹醫對植物「疫病蟲害」的診斷亦可依其目的、尺度或方法、精確度或品質等,分成下列各大類別,如表 1。

表 1　植物及樹木醫學診斷作業的分類

	依目的分類	依尺度或方法分類	依精確度或品質分類
1.	新疫病蟲害的診斷鑑定:對新發生疫病蟲害或未經柯霍氏法則驗證過者之診斷、檢驗、研究或鑑定	宏觀診斷:依據田間、宏觀上農林植物群體之受害分布、發生期間變化、流行型態等進行之診斷	初步診斷:只依據田間分布、病徵等進行之初步診斷
2.	初始或潛伏病徵診斷:每年或每季對疫病蟲害最早出現或仍屬潛伏期的初始病徵進行之檢驗、調查或診斷鑑定	巨觀診斷:依據近距離目視觀察農林植物單株或各器官受害之病徵、分布、病兆等進行之診斷	確定診斷:已確定病因、確定其因果關係之診斷

	依目的分類	依尺度或方法分類	依精確度或品質分類
3.	健康檢查診斷：依合約、事先或例行性對特定區域農林植物進行之健康檢查、檢驗或診斷	微觀診斷：利用顯微鏡對農林植物受害組織進行解剖、胞器病變觀察、病原觀察、呈色反應等進行之診斷	快速診斷：依據較為快速之診斷科技所進行之診斷，如快速鏡檢、膠金抗體診斷等
4.	死亡害因診斷：對因疫病蟲害造成枯死的植物進行死亡害因之檢驗、調查或診斷	分子診斷：利用分子生物學技術如抗體、基因序列、生化反應等進行之診斷鑑定	早期診斷：依據病程發展之早期或初期進行，以求早期防治之診斷
5.	解剖診斷：指利用解剖學方法對染患疫病蟲害的植物進行全株或局部性之解剖、檢驗或診斷	化學診斷：指利用化學檢驗或特定化學技術等進行之診斷	篩檢診斷：利用特定生化反應等對大量農林植物族群或樣本進行之抽查篩檢或診斷鑑定
6.	損害量診斷：對農林植物因疫病蟲害造成受害損害量之檢驗、調查、評估或計量	免疫學診斷：指利用免疫學或相關特定技術等進行之診斷	指標病徵診斷：指利用非直接證據之指標技術等進行之診斷
7.	進出口檢疫診斷：對進出口農林產品等進行檢疫目的之檢驗、調查或診斷	生物檢定診斷：利用特定生物反應或指標生物等進行之檢測、檢驗或診斷鑑定	非破壞性診斷：指利用對農林植物本身不會造成傷害之技術或設備進行之檢驗或診斷
8.	流行病學診斷研究：在時間及空間上對田間疫病蟲害進行嚴重度變化之診斷、調查或研究	培養診斷：指利用特定選擇性培養基等對病原微生物進行培養鑑定之檢驗或診斷	嗅覺診斷：指利用嗅覺或電子鼻等進行之診斷
9.	藥害鑑定診斷：對用藥後出現之特定藥害病因進行之檢驗、調查、或診斷	光學掃瞄診斷：指利用光學儀器或設備等進行之檢驗或診斷	聽覺診斷：指利用耳朵聽覺或聲波技術等進行之診斷
10.	汙染公害鑑定診斷：對因環境汙染造成之特定公害病因進行之檢驗、調查、鑑定或診斷	空拍診斷：利用高空飛行或照相設備從農林植物群體上空拍照等進行之診斷	整合性診斷：指利用各種可行之診斷方法全面進行，以求完整性之診斷

三、植物疫病蟲害確定診斷的基本法則

　　人類對於新發生病害或未知病因病害之病因診斷學，最基本的依據，即是用以判定「因果關係」之病理學法則，此與人醫相同，即為人類醫學在 1850 年代歷經啟蒙而逐漸成熟的「柯霍氏法則」（ Koch's postulates ）。這是勞勃柯霍（ Robert Koch ）在 1883 年首先提出、經後人增加第四條而完成的。該準則是一整合的邏輯法則，也是一切診斷學、病因學、病原學的基礎，在植物醫學及樹木醫學上它也居同樣的地位，故連同英文敘述摘錄如下：

　　1. 可疑疾病之病原必出現於每一寄主病株體內（The suspected causal agent must be present in every diseased organism examined）。

　　2. 可疑病原必可從病株寄主分離並可純種培養（ The suspected causal agent must be isolated from the diseased host organism and grown in pure culture）。

　　3. 已純種培養之可疑病原接種入健康植株必能再生該特定疾病（ When a pure culture of the suspected causal agent is inoculated into a healthy susceptible host, the host must reproduce the specific disease）。

　　4. 人工接種發病之病株必可再分離培養出該病原（ The same causal agent must be recovered again from the experimentally inoculated and infected host）。

　　上列「柯霍氏法則」四條條文比勞勃柯霍在 1883 年首先提出者多了第四條。其目的及意義是要更慎重其事，要求可以重複驗證。而如果缺少第四條，會有可能在第三條完成之後，卻仍是錯誤的因果。其原因是有些疾病的病徵可能很相像，結果在人工接種時都會生病，但再分離卻分離不出原先假設的那種病菌。

　　故當一位植物醫師或樹木醫師，面對各種「疫病蟲害」進行各種診斷作業或職掌時，都必須時時刻刻思考：當下的診斷論說是否符合上述的「柯霍氏法則」，如果符合，則必不會出錯，如果不符，則應再繼續重新探討、研究或驗證，以求重新完成上述法則四條文的成功驗證。

四、植物非生物性病害診斷的基本法則

　　生物性病害的因果關係，其驗證程序主要是依據上述的柯霍氏法則。但在非傳染性病害方面，因爲是由非生物性病因（Abiotic causal factor）所引起的「不健康狀況並顯現特定病徵或現象者」。其病因不是微生物，也無法培養，故因果關係之驗證法則，有需要加以修正成如下之「修正版柯霍氏法則」（Modified Koch's postulates），茲連同英文敘述如下：

　　1. 病害應有明確病徵，且可疑病因必與該特定病害具正相關性（The disease must have specific symptoms, and the suspected causal factor must be positively correlated with the specific disease）。

　　2. 可疑病因必可從病體檢驗得到，但經證明該病因無法累積者除外（The suspected causal factor must be detectable from the diseased organism, except that the suspected causal factor can not accumulate in the diseased organism）。

　　3. 將可疑病因接引或處理健康個體必能再生該特定疾病（When the suspected causal factor is introduced or treated to a healthy susceptible organism, the organism must reproduce the same disease）。

　　4. 人工接引或處理發病之病體必可再檢驗得到該病因，但經證明該病因無法累積者除外（The same causal factor must be re-detectable from the experimentally treated and diseased organism, except that the suspected causal factor can not accumulate in the diseased organism）。

　　上述「修正版柯霍氏法則」一樣有四條文，也一樣要求嚴謹的驗證，其目的及精神，也一樣在追求：「科學要能放諸四海而皆準」。

　　但除了「修正版柯霍氏法則」以外，任何可以增加「證據能力」之科學數據也都可以納入「病因診斷學」的範疇。例如在環境汙染公害鑑定上常用的輔助方法有下列四者：

　　1. 地理位置標定法：因爲環境汙染物之擴散有其擴散模式，包括空氣汙染物、水汙染物、土壤汙染物皆然，故可從受害農林植物之地理分布圖、受害者與加害嫌疑者之相關位置、受害者與加害嫌疑者之時間系列分析等，追查汙染者或加害者之

來源，或空間及時間上之相關性。而在此「地理位置標定法」中，同時也能獲得受害區之範圍、受害程度、受害數量、損失率、經濟損害價值等基本資料。

2. 病徵指標法：因非生物性病因（Abiotic causal factor）如空氣汙染、水汙染等，常能對某些敏感之物種，造成「專一性」病徵，即其他病因皆無法產生該類病徵者，則可利用此些「專一性」病徵，做為該汙染或病因的「指標植物」（Indicator plant）或「指標病徵」（Indicator symptom）。如經確立其具「專一性」，則可應用於進行診斷及鑑定，甚至可做為定量或半定量之「生物監測器」（Biomonitor）或「生物監測植物」（Biomonitoring plant）。

3. 工廠調查法：在環境汙染造成之公害上，因為常屬工廠之意外排放，故如從工廠之操作記錄、壓力記錄、溫度記錄、電表記錄、原料記錄、排放記錄、庫存記錄等，配合意外發生時之現場觀察、氣象資料、水文資料、拍照證據、關鍵證據等，即可迅速得知公害事件的「汙染源」、「汙染物」、「汙染量」、「汙染擴散分布趨勢」等資料，其對公害「因果關係」之驗證十分有益，也極具直接的「證據能力」。

4. 流行病學調查法：所謂「流行病學調查法」是參考人體醫學及公共衛生學領域常用之研究方法。重要的有下列五種：

(1)敘述性研究（Descriptive study）：指從行政單位公布或社會各界調查公布之數據，以統計學方法探討受害與加害者病因間之流行病學相關性或因果關係者。

(2)前展性世代研究（Prospective study）：指先選定暴露區及非暴露區，從一設定時間開始進行田間之觀察，直至某一期間才結束之流行病學調查研究法，目的在以統計學方法調查暴露區受害與加害病因間之流行病學相關性或因果關係。

(3)回溯性世代研究（Retrospective study）：指從已受害之族群及對照未受害族群，調查研究過去某一段期間、某些病因之暴露次數、暴露時間、暴露量等，目的在以統計學方法調查已發生之病害是否與此些過去之暴露有關，進而探討受害與病因間之流行病學相關性或因果關係。

(4)個案對照研究（Case-control study）：指從受害及未受害個案中選定為「個案」或「對照」案例，再從大量之「個案」及「對照」案例，以統計學方法調查探討某些「暴露」和「病害」之流行病學相關性或因果關係。

(5)斷面性研究（Cross-sectional study）：指在某一短時間之斷面，立即調查該期間病害與暴露間之流行病學相關性或因果關係者。其每一研究之時間是在每一甚短之期間，並統計調查病害與暴露間之相關性者。

五、植物疫病蟲害流行病學預測及損害量診斷

對於各類植物疫病蟲害發生的疫情，除了病因診斷之外，植醫及樹醫都需要進一步估計或量測它們的嚴重度或造成之損失率。而一般疫情嚴重度的估計或量測可分成下列四種：

1. 發病率（Incidence）：指依據發病株數或個體占總體株數或個體計算所得之比率，一般以 % 表示。

2. 疾病嚴重度（Disease severity）：指對植物葉片或全株可能造成減產損失之疫情嚴重程度或嚴重比率，過往又稱「罹病度」。因葉片是植物最主要經營光合作用之器官，故常以葉面積受害之比率或總體失綠程度作為疾病嚴重度之估計值。但因總體失綠程度很難精確量化，故植物病理學界多先設定 0 至 4 級或 0 至 5 級之疾病指數（Disease index）（又稱罹病指數，其最高級別之 4 級或 5 級皆代表 100% 無收穫之級別，其他級別則依比例類推），用以快速概估每一植株或對象之總體失綠程度，再彙整、統計各抽樣植株之疾病指數，計算成具田間代表性之疾病嚴重度，其單位亦是 %。

3. 產量損失率（Yield loss）：指實際量測或估計某一疫病蟲害造成該作物產量之減少比率者，單位亦是 %。但因實際量測十分困難，且受到甚多其他害因的干擾十分嚴重，故很難精確得知單一害因的產量損失率。也因此，植物病理學界多會轉而利用上述之「疾病嚴重度」取代之。

4. 經濟損失率（Economic loss）：即等於上述產量損失率 × 產品價格所得之值。該經濟損失率常是估算植醫及樹醫每次醫療或防治成本及效益之依據，也是醫療或防治決策的主要依據。但因各類農林產品的價格是變動的，所以經濟損失率也經常隨著波動及變化。

上述估計或量測疫情嚴重度或損失率的作業，是各種農用藥劑處方在田間測

試其防治藥效所不可或缺的，因為植醫及樹醫都得知道任一藥劑用藥後之「防治率」。例如在未防治情況下某一病害之疾病嚴重度為 50%，如施藥防治後疾病嚴重度減為 10%，則其防治率便是 (50－10)/50 =80%。但在田間進行藥效試驗時，因為土壤肥力、微氣候、病原分布等變異甚大，所以都須有適當的「試驗設計」，配合適合的「生物統計」，以求是否有「顯著差異」。經查臺灣農藥田間試驗使用最多的「試驗設計」是「逢機完全區集設計」（Randomized complete block design，簡稱 RCBD），逢機完全區集設計之田間試驗設計原則為：(1) 依前人研究報告選定每一參試作物之「小區」（Plot）大小，這「小區」是指最小之參試面積或株數，而仍具有全田園之代表性者，例如水稻一般約是 4 行各 15 叢或約 10 平方公尺之面積，葉菜類是 4 行各 15 叢或約 10 平方公尺之面積，草莓是兩行各 5 公尺長，梨樹是 4 株等。(2) 依擬參試之處理數目及重複數目安排試驗田，重複數目 =「區集」（Block）數目，處理數目 =「小區」數目。例如 2 種藥劑加一空白對照組對草莓進行 4 重複之 RCBD 就要準備 4 大區塊草莓田作為 4 區集，每一大區塊區集內再各逢機放入 3 小區；所以共需 4 區集 12 小區，即至少有 2 行共 60 公尺之草莓田。(3) 區集內之肥力及氣候應求相同或相近，避免土地肥力不均等造成之誤差；小區放入區集應擲骰子以求逢機，避免人為偏差。(4) 藥劑試驗前及之後應定期量測各小區之疾病嚴重度或發病率，並應用生物統計法檢驗其差異顯著性，最後再計算藥劑之防治率。

在學習病因診斷及疫情嚴重度的估計或量測之後，植醫及樹醫也需要進一步進行植物流行病學的診斷、調查及研究，其目的有四，包括：(1) 了解該疫病蟲害的變化及脈動，包括其在時間及空間上的分布及變遷。(2) 預測未來發生的機率、時間及嚴重度等。(3) 建立預警模式或制度。(4) 提供早期防治、提高防治效果之因應對策。

而一般植物病害可依其在時間上之流行，分成下列三種類型：

1. 單循環病害（Monocyclic disease）：指在一作物季節或一年只完成一次感染者，又稱單利型病害（Simple interest disease）。如梨赤星病、柑桔黑星病等。

2. 多循環病害（Polycyclic disease）：指在一作物季節或一年內可以連續多次完成感染者，又稱複利型病害（Compound interest disease）。如馬鈴薯晚疫病、稻熱

病及其他大多數之嚴重病害等。

　　3. 多年性病害（Polyetic disease）：指病因無法在一作物季節或一年內完成一次感染，而需多年才能完成者。如柑桔黃龍病、荷蘭榆樹病、靈芝根基腐病等。

　　有關疫病蟲害疫情的預測，相信是每一位植醫及樹醫最想學會的科學及技術。而其學理基礎當然是在於完整的流行病學，只是目前植醫及樹醫的流行病學研究報告極為匱乏，也極需產官學研各界加以重視。唯若參考人醫及獸醫的流行病學預測類型或模式等，概可將植物疫病蟲害疫情的預測，分成下列三種：

　　1. 發病時間之預測及監測性診斷：可依據上述單循環或多循環之病害類型、蟲害之發生世代及生態，配合氣象資料，預測每年或每季該疫病蟲害最早出現之時間，俾供早期、高效之防治。此一預測當可配合潛伏期、初始病徵、越冬蟲體等之診斷、檢驗或監測，強化其精準度。

　　2. 疾病向外擴散之預測及監測性診斷：可依據疾病擴散之類型，配合相關環境資料，預測該疫病蟲害向外擴散之速率及程度，俾供進行預防性之防治。此一預測亦可配合潛伏、初始病徵之診斷、檢驗或監測，強化其精準度。

　　3. 疾病嚴重度之預測及監測制度：可依據疾病單循環或多循環之病害類型、擴散類型或模式、蟲害之發生世代及生態、氣象資料，配合感染源或傳播蟲體之定量監測，如常用之大氣中孢子採樣監測器、黃色昆蟲黏紙等，進行短期或中長期該疫病蟲害嚴重度之預測及預警，俾供進行預防性之防治。例如，臺灣的水稻稻熱病、香蕉葉斑病、斜紋夜盜蟲等，皆已建立嚴重度之預測及監測制度。

參考文獻

1.　馬占鴻（2010）。植病流行學。科學出版社。
2.　孫岩章（1984）。空氣汙染公害之鑑定技術與圖鑑。行政院衛生署環保局編委會。
3.　孫岩章（2013）。環境汙染與公害鑑定。第三版。科技圖書公司。
4.　陳建仁（1983）。流行病學。伙伴出版公司。
5.　Agrios, G. N. (2005). Plant Pathology. 5th Ed. Elsevier Academic Press.

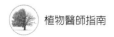

6. Chang, T. T. (1995b). A selective medium for *Phellinus noxins*. European Journal of Forest Pathology 25:185-190.

7. Kelman, A. (1954). The relationship of pathogenicity in *Pseudomonas solanacearum* to colony appearance on a tetrazolium medium. Phytopathology 44:693-695.

8. Sun, E. J., Su, H. J., and Ko, W. H. (1978). Identification of *Fusarium oxysporium* f. sp. *cubense* race 4 from soil or host tissue by cultural characters. Phytopathology 68: 1672-1673.

CHAPTER 13

八大植物病害防治策略及方法

作者自 1994 年開始推動「植物醫師」的制度，也有幸於臺灣大學植物病理與微生物學系及植物醫學碩士學位學程執教近 30 年，主要開授之課程有：植物病理學、植病防治學、非傳染性病害、植物健康管理及實習、植醫實習等。其中在講授「植病防治學」時，即整理出植物疫病蟲害在防治上的八大策略，做為植保及植醫的主軸。茲分述如下：

一、法規防治

指依據法律及政府單位之律令，進行有關植物疫病蟲害之預防、隔離、緊急防治、杜絕等之作為。主要可分成下列二項：

1. 進出口之檢疫（Quarantine）：係為防範國外或國際間疫病蟲害之入侵及擴散者，故各國對進口之農林產品都採取事前申請及許可之制度。

2. 國內疫病蟲害之監測（Inspection）、隔離（Isolation）、滅絕（Eradication）、緊急防治處理等。

二、避病防治

指在時間及空間上設法避免或減輕疫病蟲害之發生者。主要可分成下列二項：

1. 時間上避病防治：例如，選擇在病蟲繁殖力較低的季節進行農林作物之種植，則可大幅度避免或減輕疫病蟲害之發生。

2. 空間上避病防治：例如，選擇在未有特定病蟲的地區進行農林作物之種植，亦可大幅度避免或減輕疫病蟲害之發生。

三、免疫及抗病育種防治

指利用類似疫苗（Vaccine）原理構成農林植物對特定疫病蟲害產生抗性，或利用親本之交配，選育完全抗病之農林品種者。主要可分成下列四項：

1. 免疫或疫苗防治：例如利用弱毒病原系統，注入植物產生對強毒病原之交叉

保護（Cross protection）、抗性或免疫者。

　　2. 抗病育種防治（Resistance breeding）：例如由具有抗病基因之親本，透過雌雄親本之雜交，選出具優良農園藝特性，且能抵抗或忍受特定病蟲之品種者。

　　3. 後天誘導之系統性抗病防治（Induced systemic resistance）：例如施用能使農林植物產生系統性抗病之物質或生長激素，因而可避免或減輕疫病蟲害之發生者。

　　4. 轉基因抗病育種防治（Transgenic resistant breeding）：指利用現代生物技術，將抗病、抗蟲、抗殺草等基因，轉入農林植物體內，並可因此長期擁有抗病、抗蟲、抗殺草之能力者。

四、物理防治

　　指利用物理學方法避免或減輕疫病蟲害之發生者。主要有下列各種：

　　1. 光線或輻射照射處理（Radiation treatment）：利用紫外線或電磁輻射之照射，達成避免或減輕疫病蟲害之發生者。

　　2. 熱療（Heat therapy）及熱處理（Heat treatment）：利用高溫達成避免或減輕疫病蟲害之發生者。例如，以蒸汽進行之土壤消毒、滅菌，及利用太陽能照射之消毒或滅菌者。

　　3. 低溫及冷凍處理：利用低溫或零下溫度達成避免或減輕疫病蟲害之發生者，例如運輸中之農林產品常需利用低溫或冷凍，以避免或減輕病蟲之危害。

　　4. 乾燥處理（Dry treatment）：降低溼度，達成避免或減輕疫病蟲害之發生者。例如採收後之穀類作物常需利用乾燥處理，以避免或減輕病蟲之危害。

　　5. 淹水防治（Flooding control）：利用淹水方法，達成避免或減輕疫病蟲害之發生者，此為輪作中最常用之病蟲防治方法。

五、化學防治

　　指利用化學物品或藥劑，滅除或減輕疫病蟲害之發生者。此些藥劑一般可分成下列各種：

1. 保護性藥劑（Protective chemical）：主要施用於植物表面，保護植物避免病蟲危害者。

2. 系統性藥劑（Systemic chemical）：主要具有植物體內移行特性，使該藥劑能夠移行到重要部位，達成防治疫病蟲害者。

3. 治療性藥劑（Therapeutic chemical）：主要是指該藥劑能夠殺滅特定病蟲，能使疫病蟲害得到治療者，通常都是系統性藥劑（Systemic chemical）。

4. 植醫用藥：是指經過植物醫師審慎挑選，用於農作物，屬於藥效高、較安全、對環境較友善之藥劑。

5. 樹醫用藥：是指經過樹木醫師審慎挑選，用於樹木，屬於藥效高、較安全、對環境較友善之藥劑。

六、生物防治

指利用微生物製品或生物製劑，滅除或減輕疫病蟲害之發生者。例如，細菌、補植蟎、天敵、超寄生（Superparasitism）生物等有益生物，皆可滅除或減輕疫病蟲害之發生，常用之生物防治製劑如蘇力菌。

七、耕作防治

指在農業耕作之同時，利用耕作作業滅除或減輕疫病蟲害之發生者。例如無菌種苗（Pathogen-free seedlings）之使用、田間衛生作業（Field sanitation）、輪作（Crop rotation）、土壤添加物（Soil amendment）、土壤覆蓋（Soil covering）、淹水處理等。

八、預防及整合性防治

指利用病蟲之監測、預測模式、預警系統、防治曆策略、成本效益分析等，進行疫病蟲害之整合性預防及防治之最佳策略者。此亦為植物醫師及樹木醫師應該擁

有及精進之最佳策略。

　　為了解當今各植物病理或植醫領域對於植物醫師工作之重要性，作者曾設立問卷，調查修習植病防治學之學生意見，所得結果列如附 1. 其名次平均在 1.5 以下者計有病原學、診斷學、流行病學、病害預測與預警、健康管理學等。

　　依據上述八大策略，作者亦整理出目前農林作物最重要的疫病蟲害名錄，分別稱之為「百大病害列表」（附 2）、「百大蟲害列表」（附 3）、「百大非傳染性病害列表」（附 4）、「特用植物常見病害表」（附 5）、「花卉常見病害表」（附 6）等，詳列如後，以供植物醫師在執行病蟲防治及進行成本效益分析時之參考。

附1：植物病理學重要領域對於植物醫師工作之重要性指數問卷調查結果

系所 _____　　年級 _____　　姓名 _____

請對下列之植物病裡領域「簡述其內涵」、排列出各項對一「Plant Pathologist 或 Plant Doctor」之重要性（很重要為1，次為2，普通為3，不需為4，應廢除為5，請填入（　）中　　經問卷調查助教統計之【平均結果】如下：

1. 植病歷史（　）：【2.32】
2. 病原學（　）：【1.11】
3. 病害損失（　）：【1.58】
4. 病因學（　）：【1.37】
5. 病徵學（　）：【1.32】
6. 非傳病害（　）：【1.45】
7. 營養障礙（　）：【1.70】
8. 病害環（　）：【1.40】
9. 病原與寄主交互作用（　）：【1.48】
10. 作物抗病機制（　）：【1.69】
11. 診斷學（　）：【1.12】
12. 病態生理學（　）：【1.87】
13. 病態解剖學（　）：【2.04】
14. 抗病育種學（　）：【2.03】
15. 病害評估與測量學（　）：【1.70】
16. 流行病學（　）：【1.38】
17. 病原生態學（　）：【1.83】
18. 病原傳播與越冬（　）：【1.70】
19. 病害預測與預警（　）：【1.46】
20. 土媒病害學（　）：【1.61】
21. 蟲媒病害學（　）：【1.54】
22. 種媒病害學（　）：【1.61】
23. 生物技術學（　）：【1.91】
24. 分子快速檢測（　）：【1.56】
25. 轉基因作物學（　）：【2.25】
26. 樹醫學（　）：【1.58】
27. 百大病害總論（　）：【1.48】
28. 四季病害總論（　）：【1.44】
29. 植物檢疫學（　）：【1.63】
30. 健康管理學（　）：【1.48】
31. 最佳處方學（　）：【1.59】
32. 殺菌劑學（　）：【1.67】
33. 藥害學（　）：【1.88】
34. 農藥殘留（　）：【1.80】
35. 農藥安全及法規（　）：【1.75】
36. 有機農業規範（　）：【2.05】
37. 國際農業組織（　）：【2.38】
38. 農業成本與經濟學（　）：【1.79】

註：本問卷調查係由修習臺大植病防治學之學生共 36 位所填寫調查而得。

附 2：臺灣地區作物百大病害列表

作物名	重要病害 1	重要病害 2	重要病害 3	重要病害 4	重要病害 5	重要病害 6	重要病害 7
水稻	白葉枯病	稻熱病	紋枯病	胡麻葉枯	黃萎病		
玉米	銹病	嵌紋病	葉斑病				
高粱	紋枯病	穗腐病					
甘藷	縮芽病	病毒病					
落花生	葉斑病	銹病	白絹病				
大豆	銹病	紫斑病					
菸草	嵌紋病	根瘤線蟲					
甘蔗	嵌紋病	露菌病	白葉病				
茶	枝枯病	茶餅病	茶網餅病	赤葉枯病			
番茄	病毒病	萎凋病	青枯病	晚疫病	葉黴病		
四季豆	病毒病	銹病					
豇豆	病毒病						
甕菜	白銹病						
十字花科葉菜	菌核病	黑斑病	露菌病	根瘤病			
胡瓜	病毒病	露菌病	白粉病	炭疽病			
絲瓜	病毒病	白粉病					
苦瓜	萎凋病	白粉病					
芋頭	軟腐病	疫病					
茄子	青枯病	疫病					
蘆筍	莖枯病	萎凋病					
萵苣	露菌病	菌核病					
薑	軟腐病	萎凋病					
蔥	銹病	紫斑病	蔥小粒菌核病				
蒜	嵌紋病	銹病					
韭菜	銹病						
馬鈴薯	晚疫病						
甜椒	病毒病	青枯病	炭疽病				
菠菜	露菌病						
莧菜	白銹病						
結球白菜	軟腐病	露菌病					
香蕉	黃葉病	黑星病	葉斑病	炭疽病			
柑桔	黃龍病	病毒病	黑星病	黑點病	鋸腐病	潰瘍病	綠青黴病
木瓜	輪點病	炭疽病	疫病	白粉病			

作物名	重要病害 1	重要病害 2	重要病害 3	重要病害 4	重要病害 5	重要病害 6	重要病害 7
芒果	炭疽病	白粉病	黑斑病				
葡萄	露菌病	銹病	白粉病	晚腐病			
梨	輪紋病	衰弱症	黑星病	黑斑病	赤星病	褐根病	白紋羽病
番石榴	立枯病	瘡痂病	炭疽病				
鳳梨	萎凋病	花樟病					
西瓜	蔓割病	蔓枯病	露菌病	炭疽病			
香瓜	蔓割病	蔓枯病	露菌病	炭疽病			
洋香瓜	蔓割病	蔓枯病	露菌病	炭疽病			
蘋果	黑星病	苦腐病	褐斑病				
桃	褐腐病	縮葉病	穿孔病	流膠病	銹病		
李	囊果病						
梅	黑星病	白粉病					
草莓	灰黴病	疫病	炭疽病	青枯病	葉芽線蟲		
柿子	角斑病	灰黴病					
百香果	病毒病						
蓮霧	果腐病	褐根病	炭疽病				
楊桃	細菌性斑點						
荔枝	露疫病	銹病					
釋迦	疫病						
枇杷	白紋羽病						
印度棗	輪斑病						
桑椹	腫果病						
蘭花	軟腐病	炭疽病	疫病	病毒病			
菊花	立枯絲核病	白色銹病					
百合花	灰黴病	根腐病					
玫瑰	黑斑病	枝枯病	白粉病				
杜鵑	褐斑病	白粉病	餅病				
松	松材線蟲	葉震病					
杉	柳杉赤枯病						
柏	枝枯病	靈芝					
木麻黃	褐根病	南方靈芝					
榕樹	褐根病	南方靈芝					
鳳凰木	褐根病	南方靈芝	韋伯靈芝	熱帶靈芝			
竹類	嵌紋病	銹病	細菌萎凋病				
泡桐	簇葉病	瘡痂病					
相思樹	褐根病	銹病	靈芝	熱帶靈芝			
百慕達草	褐斑病	棉腐病	幣斑病	仙女環病			

註：作物百大病害的列表，係依據其造成經濟損失之重要性加以排列。

附 3：臺灣地區百大蟲害列表

作物名	重要害蟲 1	重要害蟲 2	重要害蟲 3	重要害蟲 4	重要害蟲 5	重要害蟲 6	重要害蟲 7
水稻	二化螟蟲	飛蝨類	葉蟬類	縱捲葉蟲（瘤野螟）	黑椿象	稻象鼻蟲	稻心蠅
	小稻蝗	大螟	負泥蟲				
玉米	玉米螟	夜蛾類	玉米薊馬	玉米蚜	條背土蝗		
高粱	黃蚜蟲	番茄夜蛾					
甘藷	蟻象	甘藷鳥羽蛾	甘藷麥蛾	猿葉蟲	金龜子類	蝦殼天蛾	金花蟲類
落花生	赤葉蟎	小綠葉蟬	小黃薊馬	夜蛾類	黃毒蛾		
大豆	莖潛蠅	根潛蠅	豆莢螟	大豆蚜	神澤葉蟎	擬尺蠖	斜紋夜蛾
菸草	菸草蛾	斜紋夜蛾	番茄夜蛾	桃蚜			
甘蔗	黃螟	條螟	甘蔗棉蚜	蔗龜	鋸天牛	條背土蝗	
茶	茶蠶	蟎蜱類	茶毒蛾	避債蛾	捲葉蛾類	尺蠖	小綠葉蟬
	薊馬類	臺灣白蟻	咖啡木蠹蛾	金龜子類			
番茄	番茄夜蛾	甜菜夜蛾	銀葉粉蝨	番茄斑潛蠅	桃蚜	球菜夜蛾（切根蟲）	
四季豆	豆莢螟	玉米螟	瘤野螟	夜蛾類	莖潛蠅	番茄斑潛蠅	葉蟎類
豇豆	豆莢螟	玉米螟	瘤野螟	夜蛾類	莖潛蠅	番茄斑潛蠅	南黃薊馬
甕菜	猿葉蟲	夜蛾類	番茄斑潛蠅				
十字花葉菜	紋白蝶	小菜蛾	菜心螟	夜蛾類	黃條葉蚤	銀葉粉蝨	蚜蟲類
胡瓜	瓜實蠅	夜蛾類	銀葉粉蝨	赤葉蟎	番茄斑潛蠅	棉蚜	黑守瓜
絲瓜	瓜實蠅	番茄斑潛蠅	斜紋夜蛾	神澤葉蟎	黃守瓜	粉蝨類	南黃薊馬
苦瓜	瓜實蠅	瓜螟	二點葉蟎	南黃薊馬	斜紋夜蛾	黃守瓜	棉蚜
芋頭	斜紋夜蛾	蚜蟲類	葉蟎類	條紋天蛾	蝦殼天蛾	福壽螺	條斑飛蝨
茄子	夜蛾類	南黃薊馬	葉蟎類	煙草粉蝨	番茄斑潛蠅	細蟎類	葉蟬類
蘆筍	臺灣花薊馬	夜蛾類	東方金花蟲				
萵苣	蚜蟲類	番茄斑潛蠅	夜蛾類				
薑	玉米螟	夜蛾類					
蔥	甜菜夜蛾	蔥薊馬	蔥潛蠅	斜紋夜蛾			
蒜	甜菜夜蛾	斜紋夜蛾	蔥薊馬	根蟎	棉長鬚象鼻	二點葉蟎	蔥潛蠅
韭菜	根蟎	韭潛蠅	蔥薊馬				
馬鈴薯	夜蛾類	切根蟲	南黃薊馬	葉蟎類	番茄斑潛蠅	桃蚜	
甜椒	斜紋夜蛾	茶細蟎	棉蚜	葉蟎類	粗腳綠椿象		
菠菜	夜蛾類	捲葉蛾	斑潛蠅	蚜蟲類			
莧菜	夜蛾類	捲葉蛾	葉蟎類	斑潛蠅			
結球白菜	紋白蝶	小菜蛾	菜心螟	夜蛾類	黃條葉蚤	銀葉粉蝨	蚜蟲類
香蕉	象鼻蟲類	花薊馬	蕉蚜	花編蟲	挵蝶		
柑桔	東方果實蠅	銹蜱	花薊馬	星天牛	鳳蝶	潛葉蛾	介殼蟲類

作物名	重要害蟲 1	重要害蟲 2	重要害蟲 3	重要害蟲 4	重要害蟲 5	重要害蟲 6	重要害蟲 7
	蚜蟲類	葉蟎	木蝨	椿象	捲葉蛾類		
木瓜	蝸牛類	葉蟎類	赤圓介殼蟲	蚜蟲類	粉介殼蟲		
芒果	東方果實蠅	螟蛾	薊馬類	介殼蟲類	葉蟬類	木蝨	柑桔毒蛾
葡萄	蝦殼天蛾	咖啡木蠹蛾	捲葉蛾類	黃毒蛾	葉蟎類	青銅金龜	夜蛾類
	薊馬類	天牛類	介殼蟲類				
梨	梨木蝨	葉蟎類	花薊馬	介殼蟲類	蚜蟲類	星天牛	捲葉蛾類
番石榴	東方果實蠅	介殼蟲類	粉蝨類	薊馬類			
鳳梨	粉介殼蟲						
西瓜	南黃薊馬	棉蚜	葉蟎類	番茄斑潛蠅			
香瓜	銀葉粉蝨	番茄斑潛蠅	二點葉蟎	南黃薊馬			
洋香瓜	銀葉粉蝨	番茄斑潛蠅	二點葉蟎	南黃薊馬			
蘋果	葉蟎類	蚜蟲類	捲葉蛾類				
桃	螟蛾	葉蟬類	桃蚜	介殼蟲類	葉蟎類	捲葉蛾類	
李	桃蚜	葉蟬類	介殼蟲類	葉蟎類			
梅	介殼蟲類	葉蟬類	捲葉蛾類				
草莓	蝸牛類	薊馬類	葉蟎類	黃毒蛾			
柿子	長金龜	小白紋毒蛾	柑桔毒蛾				
百香果	葉蟬類						
蓮霧	東方果實蠅	捲葉蛾類	蓮霧細蛾	毒蛾類	介殼蟲類	小綠葉蟬	薊馬類
楊桃	東方果實蠅	花姬捲葉蛾	葉蟎類	毒蛾類			
荔枝	荔枝椿象	蒂蛀蟲	銹蜱	膠蟲			
釋迦	東方果實蠅	斑螟蛾（果蛀）	神澤葉蟎	介殼蟲類			
枇杷	薊馬類	葉蟬類	毒蛾類				
印度棗	東方果實蠅	葉蟎類	毒蛾類				
蘭花	蝸牛類	介殼蟲類					
菊花	花薊馬	葉蟎類	蚜蟲類	夜蛾類	斑潛蠅		
百合花	根蟎類	銀葉粉蝨	蚜蟲類				
玫瑰	玫瑰蚜	薔薇蚜	葉蟎類	花薊馬			
杜鵑	葉蜂	葉蟬類	軍配蟲				
松	松毛蟲	松綠葉蜂	松斑天牛	大象鼻蟲	吉丁蟲		
木麻黃	黑角舞蛾	星天牛	介殼蟲類	大避債蛾	蝙蝠蛾	木蠹蛾	
榕樹	石牆蝶	膠蟲	黑斑擬燈蛾	青黃枯葉蛾	介殼蟲類	螺旋粉蝨	
鳳凰木	鳳凰木夜蛾						
竹類	盲椿象	捲葉蟲類	蚜蟲類	象鼻蟲			
泡桐	葉蟬類						
相思樹	毒蛾類						
百慕達草	斜紋夜蛾	螻蛄	蚯蚓				

註：作物百大蟲害的列表，係依據其造成經濟損失之重要性加以排列。

附 4：臺灣地區作物百大非傳染性病害列表

作物名	重要病害 1	重要病害 2	重要病害 3	重要病害 4	重要病害 5	重要病害 6	重要病害 7
水稻	風倒	雨害	寒害	缺 NK	鹽沫尖枯	窒息病	不稔
玉米	風害	雨害	浸水	缺 NP	酸土	缺鐵	旱害
高粱	風害	雨害	浸水	缺 NP			
甘藷	浸水	雨害	寒害	土壤缺氧	缺 NP	缺 KCa	
落花生	浸水	雨害	鹽沫害	臭氧斑	缺 KCa		
大豆	浸水	雨害	風害	臭氧斑	缺 KCa	缺 MgMn	
菸草	浸水	雨害	風害	缺 NP	缺 KCa	臭氧斑	
甘蔗	寒害	旱害	水汙 BOD	缺 NP	缺 KCa		
茶	旱害	連作障礙	藥害	寒害	日灼	缺 NP	缺 KCa
番茄	浸水	雨害	風害	尻腐缺 Ca	熱害	授粉不全	缺 NP
四季豆	浸水	雨害	風害	臭氧斑	缺 KCa	缺 MgMn	
豇豆	浸水	雨害	風害	臭氧斑	缺 KCa	缺 MgMn	
甕菜	寒害	旱害	水汙	缺 NP	缺 KCa	鎳汙染	
十字花葉菜	浸水	雨害	風害	水汙 BOD	缺 NP	缺 KCa	
胡瓜	浸水	雨害	風害	臭氧斑	缺 NP	缺 KCa	
絲瓜	不稔	風害	雨害	缺 NP	缺 KCa		
苦瓜	浸水	雨害	風害	缺 NP	缺 KCa		
芋頭	寒害	風害	缺 NP	缺 KCa			
茄子	浸水	雨害	風害	缺 NP	缺 KCa		
蘆筍	浸水	雨害	風害	缺 NP	缺 KCa	缺 Na	
萵苣	浸水	雨害	風害	缺硼	缺光	缺 NP	缺 KCa
薑	寒害	連作障礙	浸水	缺 NP	缺 KCa		
蔥	浸水	雨害	風害	鹽沫害	缺 NP	缺 KCa	
蒜	浸水	雨害	風害	鹽沫害	缺 NP	缺 KCa	
韭菜	浸水	雨害	缺光	鹽沫害	缺 NP	缺 KCa	
馬鈴薯	浸水	風害	缺硼	缺 NP	缺 KCa	熱害	
甜椒	浸水	雨害	風害	日灼	缺 NP	缺 KCa	
菠菜	浸水	雨害	風害	酸土害	缺 NP	缺 KCa	
莧菜	浸水	寒害	風害	缺光	缺 NP	缺 KCa	
結球白菜	浸水	雨害	熱害	缺 Ca	缺 NP		
香蕉	風害	寒害	鹽沫害	緣枯病	缺硼	青丹蕉	
柑桔	浸水	風害	雨害	缺 MgMn	缺 NP		
木瓜	風害	浸水	不稔	缺硼	寒害		

作物名	重要病害 1	重要病害 2	重要病害 3	重要病害 4	重要病害 5	重要病害 6	重要病害 7
芒果	雨害	生理落果	風害	浸水	授粉不全	鹽沫害	
葡萄	雨害	浸水	風害	缺 NP	缺 K	缺 Mg	
梨	風害	浸水	雨害	落葉藥害	殺草藥害		
番石榴	風害	寒害	鹽沫害	日灼	袋傷		
鳳梨	不稔	日灼	缺 NP	缺 K	浸水		
西瓜	浸水	雨害	裂果	鹽沫害			
香瓜	浸水	雨害	裂果				
洋香瓜	浸水	雨害	裂果				
蘋果	風害	浸水	雨害	缺 KCa	缺 NP	缺 MgMn	
桃	不稔	畸形果	風害	雨害	浸水	裂果	
李	雨害	風害	浸水	裂果	缺 NP	缺 MgMn	缺 KCa
梅	雨害	風害	浸水	裂果	缺 NP	缺 MgMn	
草莓	熱害	授粉不全	雨害	浸水	缺 NP	缺光	
柿子	浸水	雨害	生理落果	風害	缺 NP	缺 MgMn	
百香果	浸水	風害	雨害	缺 NP	缺 MgMn	缺 KCa	
蓮霧	裂果	寒害	風害	缺 NP	缺 MgMn		
楊桃	不稔	風害	雨害	浸水	缺 NP	缺 MgMn	
荔枝	隔年不稔	風害	雨害	浸水	缺 K	缺 MgMn	
釋迦	風害	浸水	雨害	寒害	缺 NP	缺 MgMn	
枇杷	風害	浸水	雨害	缺 NP	缺 MgMn	缺 KCa	
印度棗	熱害	風害	浸水	雨害	缺 NP	尻腐缺 Ca	
蘭花	變異株	寒害	旱害	日灼	藥害	小苗開花	
菊花	浸水	雨害	小苗開花	缺 NP	缺 MgMn		
百合花	浸水	雨害	缺 NP	缺鐵			
玫瑰	寒害	浸水	雨害	缺光	缺 NP		
杜鵑	旱害	鹼土害	缺 MgMn	缺鐵	缺 NP		
松	旱害	風害	熱害	臭氧斑			
杉	旱害	風害	熱害				
柏	旱害	風害	熱害				
木麻黃	風害	鹽沫害					
榕樹	風害	鹽沫害					
鳳凰木	風害	浸水	鹽沫害				
竹類	風害	寒害	鹽沫害	缺矽	空汙緣枯		
泡桐	風害	浸水	旱害	缺 NP			
相思樹	鹽沫害	風害	旱害				
百慕達草	旱害	缺 NP					

註：作物百大非傳染性病害的列表，係依據其可能造成經濟損失之重要性加以排列。

附 5：特用作物常見病害表

物物	病名	英文病名	病原	主要感染途徑
茶樹	枝枯病	Die back	*Macrophoma theicola*	病原孢子傷口傳播
	餅病	Blister blight	*Exobasidium vexans*	病原孢子空中傳播
	網餅病	Japanese blister	*Exobasidum reticulatum*	病原孢子空中傳播
	赤葉枯病	Brown blight	*Colletotrichum gloeosporioides*	病原孢子噴濺傳播
	褐色圓星病	Brown round spot	*Pseudocercospora ocellata*	病原孢子空中傳播
	藻斑病	Algal spot	*Cephaleuros virescens*	藻類附生
	煤煙病	Sooty mold	*Capnodium footii*	昆蟲分泌滋生
咖啡	銹病	Rust	*Hemileia vastatrix*	病原孢子空中傳播
	炭疽病	Anthracnose	*Colletotrichum gloeosporioides*	病原孢子噴濺傳播
	煤煙病	Sooty mold	*Capnodium walteri*	昆蟲分泌滋生
	赤衣病	Pink disease	*Erythricium salmonicolor*	病原孢子空中傳播
桑葉	白粉病	Powdery mildew	*Phyllactinia moricola*	病原孢子空中傳播
	銹病	Rust	*Aecidium mori*	病原孢子空中傳播
	腫果 / 菌核病	Swollen fruit	*Sclerotinia shiraiana*	病原孢子空中傳播
薰衣草	根腐病	Root rot	*Pythium* spp.	病原水土傳播
	疫病	Phytophthora root rot	*Phytophthora nicotianae*	病原水土傳播
迷迭香	根腐病	Root rot	*Pythium* spp.	病原水土傳播
杭菊	萎凋病	Wilt	*Burkholderia gladioli*	病原水土傳播
	莖腐病	Basal stem rot	*Rhizoctonia solani*	病原水土傳播
	炭疽病	Anthracnose	*Colletotrichum gloeosporioides*	病原孢子噴濺傳播
	白銹病	White rust	*Puccinia horiana*	病原孢子空中傳播
丹參	軟腐病	Soft rot	*Pectobacterium carotovorum*	病原水土傳播
	疫病	Phytophthora root rot	*Phytophthora* sp.	病原水土傳播
當歸	疫病	Phytophthora root rot	*Phytophthora* sp.	病原水土傳播
到手香	疫病	Phytophthora root rot	*Phytophthora* sp.	病原水土傳播
	莖腐病	Basal stem rot	*Rhizoctonia solani*	病原水土傳播

附 6：花卉常見病害表

作物	病害名	病原
一串紅	灰黴病	*Botrytis cinerea*
	葉斑病	*Alternaria* sp.
	幼苗猝倒病	*Pythium splendens*
一葉蘭	炭疽病	*Colletotrichum gloeosporioides* Penzing
九重葛	炭疽病	*Colletotrichum gloeosporioides* Penzing
	細菌性葉斑病	*Burkholderia andropogonis*
千日紅	葉斑病	*Alternaria gomphrenae*
	斑點病	*Phyllosticta* sp.
	圓星病	*Pseudocercospora gomphrenae*
大岩桐	灰黴病	*Botrytis cinerea*
	白絹病	*Sclerotium rolfsii*
	根瘤線蟲	*Meloidogyne* spp.
	疫病	*Phytophthora parasitica*
大理花	灰黴病	*Botrytis cinerea*
	炭疽病	*Colletotrichum gloeosporioides* Penzing
	白粉病	*Erysiphe cicharacearum* DC
	疫病	*Phytophthora capsici*
	菌核病	*Sclerotinia sclerotiorum*
	大理花嵌紋病毒	Dahlia mosaic virus (DaMV)
小蝦花	灰黴病	*Botrytis cinerea*
天竺葵	灰黴病	*Botrytis cinerea*
	葉斑病	*Cercospora brunkii*
	細菌性斑點病	*Xanthomonas gerania*
天堂鳥花	炭疽病	*Colletotrichum gloeosporioides* Penzing
	青枯病	*Ralstonia solanacearum*
文珠蘭	炭疽病	*Colletotrichum gloeosporioides* Penzing
日日春	簇葉病	*Phytoplasma*
	疫病	*Phytophthora parasitica*
	菌核病	*Sclerotinia sclerotiorum*
火鶴花	疫病	*Phytophthora parasitica* , *Phytophthora citrophthora*

作物	病害名	病原
仙人掌	疫病	*Phytophthora parasitica*
仙丹花	灰黴病	*Botrytis cinerea*
	炭疽病	*Colletotrichum gloeosporioides* Penzing
	斑點病	*Pseudocercospora ixorae*
	煤病	*Scorias cylindrica*
	簇葉病	*Phytoplasma*
仙客來	炭疽病	*Colletotrichum gloeosporioides* Penzing
	軟腐病	*Erwinia carotovora* subsp. *carotovora*
玉蘭	炭疽病	*Colletotrichum gloeosporioides* Penzing
	藻斑病	*Cephaleuros virescens*
	赤衣病	*Erythricium salmonicolor*
瓜葉菊	葉斑病	*Alternaria* sp.
矢車菊	白絹病	*Sclerotium rolfsii*
	疫病	*Phytophthora parasitica*
	菌核病	*Sclerotinia sclerotiorum*
吊鐘花	疫病	*Phytophthora* sp.
	炭疽病	*Colletotrichum gloeosporioides* Penzing
朱槿	灰黴病	*Botrytis cinerea*
	葉斑病	*Alternaria* sp.
	葉煤病	*Cercospora hibisci-cannabini*
	角斑病	*Cercospora malayensis*
	炭疽病	*Colletotrichum gloeosporioides* Penzing
	灰斑病	*Cristulariella moricola* Redhead
	立枯病	*Macrophomina phaseoli*
	根瘤線蟲	*Meloidogyne* spp.
	黑腫病	*Phyllachora minuta*
	葉點病	*Phyllosticta hibisci-cannabini*
	黴斑病	*Pseudocercospora abelmoschi*
	菌核病	*Sclerotinia sclerotiorum*
	白粉病	*Sphaerotheca fusca*
	腰折病	*Thanatephorus cucumeris*
	環斑毒素病	*virus*

作物	病害名	病原
百日草	白絹病	*Sclerotium rolfsii*
	葉枯線蟲	*Aphelenchoides ritzemabosi*
	葉斑病	*Alternaria* sp.
	炭疽病	*Colletotrichum gloeosporioides* Penzing
	白粉病	*Sphaerotheca fusca*
	腰折病	*Thanatephorus cucumeris*
百合	白絹病	*Sclerotium rolfsii*
	葉枯病	*Botrytis elliptica, Botrytis liliorum*
	炭疽病	*Colletotrichum gloeosporioides* Penzing
	疫病	*Phytophthora parasitica*
	根腐病	*Thanate. cucumeris, Py. spinosum , Fus. oxysporum*
君子蘭	軟腐病	*Erwinia* sp.
杜鵑	灰黴病	*Botrytis cinerea*
	藻斑病	*Cephaleuros virescens*
	葉斑病	*Cercospora handelli*
	銹病	*Chrysomyxa expanse* , etc
	餅病	*Exobasidium japoricum* Shirai
	煤病	*Irenina rhododendri* Yamam
	白粉病	*Microsphaera izuensis*
	花腐菌核病	*Ovulinia azaleae*
	根腐病	*Phytophthora cinnamomi*
	黑脂病	*Rhytisma rhododendri-oldhami*
	褐斑病	*Septoria azaleae*
	斑點病	*Venturia rhododendri*
使君子	炭疽病	*Colletotrichum gloeosporioides* Penzing
孤挺花	灰黴病	*Botrytis cinerea*
	炭疽病	*Colletotrichum gloeosporioides* Penzing
	葉燒病	*Stagonospora curtisii*
波斯菊	白絹病	*Sclerotium rolfsii*
	灰黴病	*Botrytis cinerea*
	疫病	*Phytophthora capsici*
	白粉病	*Sphaerotheca fusca*

作物	病害名	病原
虎耳草	灰黴病	*Botrytis cinerea*
虎斑木	灰黴病	*Botrytis cinerea*
	炭疽病	*Colletotrichum gloeosporioides* Penzing
	疫病	*Phytophthora parasitica*
金魚草	灰黴病	*Botrytis cinerea*
	苗腐病	*Pythium spinosum* Sawada
	立枯病	*Thanatephorus cucumeris*
金盞菊	灰黴病	*Botrytis cinerea*
非洲堇	白絹病	*Sclerotium rolfsii*
	灰黴病	*Botrytis cinerea*
非洲菊	灰黴病	*Botrytis cinerea*
	紫斑病	*Cercospora gerberae*
	炭疽病	*Colletotrichum gloeosporioides* Penzing
	根腐病	*Phytophthora cryptogea*
	白粉病	*Sphaerotheca fusca*
洋水仙	白絹病	*Sclerotium rolfsii*
秋石斛	灰黴病	*Botrytis cinerea*
	炭疽病	*Colletotrichum gloeosporioides* Penzing
	疫病	*Phytophthora parasitica*
	葉斑病	*Pseudocerospora dendrobii*
	CMV	Cucumber mosaic virus
	喜姆比蘭嵌紋病	Cymbidium mosaic virus
	ORSV	Odontoglossum ringspot virus
美人蕉	銹病	*Puccinia cannae*
	炭疽病	*Colletotrichum gloeosporioides* Penzing
飛燕草	灰黴病	*Botrytis cinerea*
唐菖蒲	灰黴病	*Botrytis gladiolorum*
	炭疽病	*Colletotrichum gloeosporioides* Penzing
	菜豆黃化嵌紋病毒	Bean yellow mosaic virus
	萎凋病	*Fusarium oxysporum*
	赤斑病	*Curvularia trifolii*
海芋	褐斑病	*Cercospora alocasiae*

作物	病害名	病原
	赤銹病	*Uredo alocasiae* Syd.
	芋頭嵌紋病	Dasheen mosaic virus
海棠	灰黴病	*Botrytis gladiolorum*
	炭疽病	*Colletotrichum gloeosporioides* Penzing
	根瘤線蟲	*Meloidogyne* spp.
長春藤	疫病	*Phytophthora parasitica*
康乃馨	莖腐病	*Thanatephorus cucumeris*
	銹病	*Uromyces dianthi*
	細菌性葉斑病	*Pseudomonas caryophylli*
	嵌紋病毒	Carnation mild mosaic virus
	葉斑病	*Alternaria dianthi*
	灰黴病	*Botrytis cinerea*
	環斑病	*Cladosporium echinulatum*
	炭疽病	*Colletotrichum gloeosporioides* Penzing
	萎凋病	*Fusarium oxysporum*
	疫病	*Phytophthora* spp.
	細菌性萎凋病	*Pseudomonas caryophylli*
彩葉芋	芋頭嵌紋病	Dasheen mosaic virus
彩葉草	疫病	*Phytophthora* spp.
粗肋草	炭疽病	*Colletotrichum gloeosporioides* Penzing
	灰黴病	*Botrytis cinerea*
	芋頭嵌紋病	Dasheen mosaic virus
荷花	炭疽病	*Colletotrichum gloeosporioides* Penzing
	葉斑病	*Phyllosticta nelumbonis*
軟枝黃蟬	炭疽病	*Colletotrichum gloeosporioides* Penzing
麥桿菊	菌核病	*Sclerotinia sclerotiorum*
喜德利亞蘭	灰黴病	*Botrytis cinerea*
	疫病	*Phytophthora palmivora*
	喜姆比蘭嵌紋病	Cymbidium mosaic virus
	ORSV	Odontoglossum ringspot virus
斑葉竹芋	炭疽病	*Colletotrichum gloeosporioides* Penzing
華八仙花	銹病	*Aecidium hydrangiicola*

作物	病害名	病原
	灰黴病	*Botrytis cinerea*
	藻斑病	*Cephaleuros virescens*
	圓星病	*Colletotrichum hydrangeae*
	立枯病	*Fomes lamaoensis*
	炭疽病	*Colletotrichum gloeosporioides* Penzing
	煤病	*Irenina rhododendri* Yamam
	輪斑病	*Phyllosticta hydrangeae*
	葉斑病	*Cercospora hydrangeae*
	嵌紋病毒	Cucumber mosaic virus
菊花	白絹病	*Athelia rolfsii*
	灰黴病	*Botrytis cinerea*
	葉枯病	*Cercospora chrysanthemi*
	炭疽病	*Colletotrichum gloeosporioides* Penzing
	菟絲子	*Cuscuta chinensis*
	萎凋病	*Thanatephorus cucumeris*
	白粉病	*Oidium chrysanthemi*
	根腐病	*Pythium aphanidermatum*
	黑銹病	*Puccinia chrysanthemi*
	白色銹病	*Puccinia horiana*
	菌核病	*Sclerotinia sclerotiorum*
	黑斑病	*Septoria chrysanthemi*
	褐斑病	*Septoria chrysanthemi-indici*
	莖腐病	*Thanatephorus cucumeris*
黃金葛	炭疽病	*Colletotrichum gloeosporioides* Penzing
	疫病	*Phytophthora parasitica*
矮牽牛	葉燒病	*Alternaria tenuis*
	灰黴病	*Botrytis cinerea*
	疫病	*Phytophthora palmivora*
	菌核病	*Sclerotinia sclerotiorum*
	根腐病	*Thanatephorus cucumeris*
	嵌紋病毒	Virus
萬壽菊	灰黴病	*Botrytis cinerea*

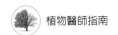

作物	病害名	病原
	炭疽病	*Colletotrichum gloeosporioides* Penzing
	菌核病	*Sclerotinia sclerotiorum*
虞美人	根腐病	*Thanatephorus cucumeris*
蜀葵	葉斑病	*Cercospora althaeicola*
	炭疽病	*Colletotrichum gloeosporioides* Penzing
滿天星	疫病	*Phytophthora capsici*
	細菌性萎凋病	*Pseudomonas caryophylli*
鳳仙花	灰黴病	*Botrytis cinerea*
	炭疽病	*Colletotrichum gloeosporioides* Penzing
	根瘤線蟲	*Meloidogyne* spp.
	白粉病	*Oidium balsaminae*
	銹病	*Puccinia nolitangeris*
	根腐病	*Pythium splendens*
	莖腐病	*Thanatephorus cucumeris*
蕙蘭	白絹病	*Athelia rolfsii*
	炭疽病	*Colletotrichum gloeosporioides* Penzing
蝴蝶蘭	灰黴病	*Botrytis cinerea*
	炭疽病	*Colletotrichum gloeosporioides* Penzing
	軟腐病	*Erwinia carotovora* subsp. *carotovora*
	疫病	*Phytophthora palmivora*
	褐斑病	*Pseudomonas cattleyae*
	CyMV	Cymbidium mosaic virus
	ORSV	Odontoglossum ringspot virus
曇花	炭疽病	*Colletotrichum gloeosporioides* Penzing
蕨類	疫病	*Phytophthora palmivora*
螃蟹蘭	疫病	*Phytophthora palmivora*
龍柏	赤星病	*Gymnosporangium haraeanum*
	枝枯病	*Pithya cupressi*
繁星花	灰黴病	*Botrytis cinerea*
薔薇	灰黴病	*Botrytis cinerea*
	枝膨銹病	*Caeoma rosae-bracteatae*
	炭疽病	*Colletotrichum gloeosporioides* Penzing

作物	病害名	病原
	枝枯病	*Coniothyrium fuckelii* Sacc.
	黑斑病	*Diplocarpon rosae*
	赤銹病	*Kuehneola japonica*
	紫緣灰黴病	*Mycosphaerella rosigena*
	白粉病	*Oidium lencoconium* Desm.
	銹病	*Phragmidium hashiokai* Hirats. F.
	葉斑病	*Sphaceloma pannosa* (Pass.)
黛粉葉	炭疽病	*Colletotrichum gloeosporioides* Penzing
	疫病	*Phytophthora meadii*
	芋頭嵌紋病	Dasheen mosaic virus
雞冠花	葉斑病	*Cercospora celosiae*
	立枯病	*Fusarium lateritium*
	炭疽病	*Colletotrichum gloeosporioides* Penzing
	根瘤線蟲	*Meloidogyne* spp.
	褐斑病	*Phyllosticta* sp.
	根腐病	*Thanatephorus cucumeris*
鵝掌藥	灰黴病	*Botrytis cinerea*
	藻斑病	*Cephaleuros virescens*
	煤病	*Chaetothyrium echinulatum*
	炭疽病	*Colletotrichum gloeosporioides* Penzing
	枝枯病	*Macrophoma schefferi* Chen.
	幼苗猝倒病	*Pythium splendens*
	瘡痂病	*Sphaceloma schefferae*
麒麟菊	疫病	*Phytophthora cryptogea*
蘭花	灰黴病	*Botrytis cinerea*
	炭疽病	*Colletotrichum gloeosporioides* Penzing
	喜姆比蘭嵌紋病	Cymbidium mosaic virus
	疫病	*Phytophthora parasitica*
	ORSV	Odontoglossum ringspot virus
鐵線蕨	疫病	*Phytophthora palmivora*
變葉木	炭疽病	*Colletotrichum gloeosporioides*
	立枯病	*Fomes lamaoensis*
	煤病	*Phaeosaccardinula javanica*

CHAPTER 14

臺灣綠化樹種百大疫病蟲害之評選 *

一、樹木對保護地球的重要性

二、樹木醫學的內涵

三、樹木健康檢查的重要性

四、綠化樹種百大疫病蟲害之評選

五、結論及建議

* 摘錄自：

陳文華、曾勝志、陳學弘、蔡鎮宇、孫岩章（2015）。臺灣綠化樹種百大疫病蟲害之評選。樹木疫病蟲害之醫療及健檢研討會論文集。臺灣植物及樹木醫學學會。2018.01，修訂。

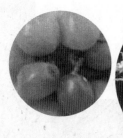
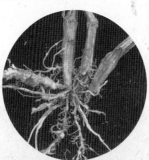

一、樹木對保護地球的重要性

地球陸地表面最重要、數量也最多的生態成員並非人類，也不是飛禽走獸，而是綠色植物。從天空鳥瞰陸地，除了沙漠及兩極冰封地區之外，大多為綠色植被所覆蓋。而工業革命以後，人類族群大肆擴張，並慢慢形成動輒以千萬計人口聚集的「超級城市」（Mega City），其因大量人口聚集，導致各類環境汙染叢生，例如：空氣汙濁、水體變色、土壤藏汙、噪音刺耳、輻射繚繞、垃圾滿目、毒物充斥等，正逐漸帶來各種過度開發的惡果。

尤其人類需求之無度，導致工業的普及與擴充，正使工廠數量大幅增加。工業的目的即在利用機械及能源，從大量之原料，產製產品，再透過日以繼夜的運輸及物流，送達龐大消費者族群。而大量之消費者使用及消耗產品之後，又再產生或排放巨量的廢棄物、廢水、廢氣等等。如此多重夾擊之下，形成惡性循環，終於使人類賴以維生的地球不再舒適、不再健康。

這些人人皆可感受到的汙染及地球升溫、氣候變遷等威脅，讓國際間有識之士及聯合國開始得到警訊，然後才有「地球高峰會」、「蒙特婁公約」、「華盛頓公約」、「京都議定書」、「巴黎協定」等之締結與誕生，並用以規範全球人類的衣食住行等細節行為。

如上所說，地球陸地表面最重要、數量也最多的生態成員是綠色植物。因為人類及飛禽走獸都是食物鏈中的消費者，只有綠色植物是「吸光、吸熱、造氧、除汙、降溫、固碳、保水、護土、供糧、供棲」之生產者。所以要救回地球之舒適與健康，必需依賴地球表面這些綠色植物。其實地球表面如果只剩植物和微生物兩大類就可生生不息，人類可歸納為「多餘物種」。綠色植物對保護地球的重要，由此可知一斑。當然所謂「吸光、吸熱、造氧、除汙、降溫、固碳、保水、護土、供糧、供棲」等功能中，目前最最吃重的應該是固碳、降溫及淨化空氣汙染等項。

二、樹木醫學的內涵

樹木本身是一種宇宙上天賜給地球舞臺的生命體，就如人和動物一樣，其體積

雖然既高且大，但仍同樣是由微小的細胞所組聚而成。是生命者，自難脫離「生、老、病、死」。而人生病有醫生幫忙照護，寵物動物生病也有獸醫幫忙照護，想當然，植物生病也該有「植物醫生」、「樹醫生」幫忙看病才算合理。

唯植物種類繁多，單以小小臺灣，估計即有至少 4,085 種本地植物，加上自外國引進者約 6,000 種，種數上萬是一事實，對一位植物醫生、樹醫生而言，當然負擔比獸醫、人醫都要沉重。一位獸醫約看 10 種動物即可，而人醫只看一種，甚至於只看一種之一局部器官、系統之科別而已。

以居家或鄉野常見之樹種 100 種計之，若每一樹種平均約有 5 種重要之疫病蟲害，則一位樹木醫生至少要對總計 100×5 共 500 種樹木疫病蟲害之 80%，共 400 種的疾患，培養出熟練之「診斷」、「處方防治」及「健康管理」之能力才能勝任。

當然，這不是一般人可以「不學自通」。我們估且把一位樹木醫生對一棵植物或樹木的六類病因，列如表 1。

表 1　樹病依據病蟲草藥營養逆境上的分類及病例

疫病分類	常見病因	重要病例
病害	真菌、細菌、病毒、線蟲、菌質、原蟲、寄生植物	褐根病、白粉病、銹病、疫病、腐黴病、炭疽病
蟲害	各種昆蟲、蟎類	金花蟲、蚱蜢、果實蠅、白蟻、椿象、黃毒蛾、蚜蟲、介殼蟲
草害	雜草、小花蔓澤蘭	牛筋草、小花蔓澤蘭
藥害	殺草劑、殺蟲劑、殺菌劑	巴拉刈藥害、嘉磷塞藥害
營養障礙	營養缺乏症、元素過量症	缺鐵症、缺錳症、缺鎂症、缺硼症
逆境類	立地環境不良、人為傷殘、光線異常、溫度異常、水分異常、缺氧、酸鹼度異常、營養異常、遺傳異常、生理異常、汙染公害、毒化物危害、重金屬危害、鹽害、風害、旱害、寒害、雷擊	浸害、旱害、水銹、裂果、寒害、氟害、緣枯、日灼、白化、不稔、落果、消蕾

以病害而論，最主要的病原菌及非生物病因，就可再分成下列六類：

1. 真菌性病害：由近 10 萬種之真菌（Fungus）中的數千種所引起，多危害根、

莖、葉、花、果,多為局部感染,亦有系統性感染者。占植物病害種類之大部分。

2. 細菌性病害:由約數十種之植物病原細菌(Bacteria)所引起,可危害根、莖、葉、花、果等,多為局部感染,但亦有系統性感染者。

3. 病毒性病害:由數百種植物病毒(Virus)或類病毒所引起,病毒為體積最小之生命體,如流行性感冒病毒者,多為系統性感染。感染後常無法恢復原狀。

4. 線蟲性病害:由數十種植物線蟲所引起,一般感染根、莖及心芽,多為外寄生,少數為內部寄生。

5. 菌質性病害:由數百種植物菌質所引起,多為系統性感染。感染後常無法恢復原狀、其病徵與病毒病害較相似。

6. 非傳染性病害:包括光線異常、溫度異常、水分異常、缺氧、酸鹼度異常、營養異常、遺傳異常、生理異常等,另有藥害、肥傷、空氣汙染危害、水汙染危害、土壤汙染危害、毒化物危害、重金屬危害、鹽害、風害、旱害、寒害、雷擊、蟲毒危害等,多屬「疑難雜症」類,臨床上出現率約占一般疫病蟲害之三成左右。

三、樹木健康檢查的重要性

我們身為植物醫生,經常為老樹看診,但發現一般機關、團體或市民,常常看到老樹病情嚴重到已枯黃、衰頹,才趕緊「掛急診」,求救兵。有多次皆證明早已沒有救回的機會,成為開立「死亡證明」善後處理之角色而已。也因此,要呼籲各相關單位兩件事:其一請務必加強執行「樹醫平日健康檢查」,強化健康之管理與照護。其二是:請植病學界努力研究出「褐根病、白紋羽病」等之防治處方,莫讓這些絕症一再奪走寶貴老樹的生命。

樹病之特性有二:(1) 傷口多無法自行恢復。(2) 多具傳染性。故「預防絕對勝於治療」,是樹木醫學的鐵則。茲將老樹或巨木早期健檢與發病後治療,在效果與成本上加以分析及比較,如表 2。

表 2　老樹或巨木早期健檢與發病後治療在效果與成本之分析與比較

比較項目	發病後治療者	早期定期健檢及治療者
1. 早期發現、早期治療之可行性	極低，因缺定期之診斷及檢查，故無法早期發現、早期治療	極高，因有定期之診斷及檢查，故能早期發現、早期治療
2. 老樹健康維護之成本	次數少，但一旦發生，則極高，因為其體積龐大，治療成本極高，且十分費時、費力	次數多，但總成本較低，因為較能保持健康，可省發病後治療之費用。估計其總成本為「發病後始治療者」之 1/2 至 1/10
3. 老樹健康維護之可行性或容易度	較困難，因為發病後，多數已經無法恢復原狀，例如病毒病害多為全身發病，而褐根病者則為重症	較容易，因為平常健康檢查者工作內容單純，較不會發生無法恢復原狀之病變，也較能預防疾病於機先
4. 老樹健康或生活品質之優劣	樹木本身之健康或生活品質較劣，常缺乏營養，無法預防疾病	樹木本身之健康或生活品質較優，連營養都能顧到，也能預防疾病之發生
5. 老樹因重大傷病甚至死亡之發生率	較高，因缺定期之診斷及檢查，故無法早期發現重大傷病、無法早期治療	較低，因有植醫定期之診斷及檢查，故能早期發現重大傷病、施加治療

　　由表 2 可比較得知：老樹有樹醫平常定期健檢者，較能早期發現各種疾病、害蟲等，早期治療之可行性也自然較高。而在有樹醫平常定期健檢之下，不論營養、樹容都較健康，其生命亦有「較高的生活品質」。在維護成本上雖然「有樹醫平常定期健檢」者會增加付費之次數，但卻可省下「一旦發生重大傷病，龐大的治療費用」。故從健康保健之成本上比較，估計「有樹醫平常定期健檢」者之總成本應為「發病後始治療者」之 1/10 以下。

四、綠化樹種百大疫病蟲害之評選

　　鑑於目前樹醫制度推動最大的關鍵在於「樹醫生人數不足」，以及「樹木醫療科學及技術之不足」。故特由「臺灣植物及樹木醫學學會」，啟動「綠化樹種百大疫病蟲害之評選」。其目的是希望將臺灣、香港、澳門、華南等地區，評選出最需

努力加以防治的「疫病蟲害」。這些最重要的「百大疫病蟲害」，自也是有志成為「樹醫」者，最最優先該學會「診斷、處方、管理」的對象。

我們參考國內外之樹木疫情資料、親自診斷之資料、建國假日花市診所問診之資料等，依據其「經濟重要性」，或「有防治之必要者」，將綠化樹種之「百大疫病蟲害」，加以臚列，結果如表1。

表1　臺灣植物及樹木醫學學會 Ptms 版樹木百大疫病蟲害

樹種	Ptms 版樹木百大疫病蟲害							
	1	2	3	4	5	6	7	8
小葉南洋杉	褐根病	白蟻	木材腐朽					
肯式南洋杉	褐根病	白蟻	木材腐朽					
溼地松	松材線蟲	木材腐朽						
落羽松	立枯							
琉球松	松材線蟲							
大王椰子	褐根病	芽腐病	紅胸葉蟲					
黃椰子	褐根病	紫蛇目蝶	黑星弄蝶					
海棗	紫蛇目蝶	黑星弄蝶						
榕樹	褐根病	南方靈芝	石牆蝶	膠蟲	黑斑擬燈蛾	青黃枯葉蛾	介殼蟲類	螺旋粉蝨
	榕樹薊馬	榕透翅毒蛾	韋伯靈芝					
垂榕	褐根病	金花蟲	木材腐朽	圓翅紫斑蝶				
印度橡膠	褐根病	木材腐朽						
雀榕	褐根病	木材腐朽						
菩提樹	褐根病	黑脂病						
樟樹	褐根病	輪斑	樟白介殼蟲	樟葉蜂	樟巢螟	黑翅土白蟻		
牛樟	褐根病	捲葉蛾	炭疽病					
臺灣櫸	褐根病	天牛	韋伯靈芝					
黃連木	靈芝	褐根病	南方靈芝					

| 樹種 | \multicolumn{8}{c}{Ptms 版樹木百大疫病蟲害} |
	1	2	3	4	5	6	7	8
光蠟樹	褐根病	腐朽	茶角盲椿象	介殼蟲				
印度紫檀	褐根病	葉蟬類	靈芝					
楓香	褐根病							
烏心石	褐根病							
臺灣欒	褐根病	荔枝椿象	紅姬緣椿象					
欖仁樹	褐根病							
小葉欖仁	褐根病	韋伯靈芝	南方靈芝					
白千層	褐根病							
木麻黃	褐根病	南方靈芝	黑角舞蛾	星天牛	介殼蟲類	大避債蛾	蝙蝠蛾	木蠹蛾
苦楝	褐根病							
水黃皮	褐根病	癌腫病						
雨豆樹	木材腐朽							
茄苳	白翅葉蟬	黑角舞蛾	青枯葉蛾					
鳳凰木	褐根病	南方靈芝	鳳凰木夜蛾	韋伯靈芝	熱帶靈芝			
泡桐	簇葉病	瘡痂病	葉蟬類					
相思樹	褐根病	銹病	靈芝	毒蛾類	熱帶靈芝			
榔榆	褐根病	靈芝						
羊蹄甲	褐根病							
艷紫荊	褐根病	螺旋粉蝨						
九芎	白粉病							
阿勃勒	褐根病	淡黃蝶	水青粉蝶					
臺灣土肉桂	褐根病	浸害立枯						
陰香	褐根病							
大花紫薇	木材腐朽							
鐵刀木	木材腐朽	靈芝						
水柳	褐根病	韋伯靈芝						
柳樹	褐根病	二點葉蟎	紅擬豹斑蝶					

樹種	Ptms 版樹木百大疫病蟲害							
	1	2	3	4	5	6	7	8
烏桕	木材腐朽							
杜英	木材腐朽							
木棉	褐根病	潰瘍病						
美人樹	褐根病							
蒲桃	褐根病							
青剛櫟	褐根病							
莿桐	褐根病	釉小蜂						
黑板樹	褐根病							
桉樹	褐根病	角斑病						
青楓	褐根病							
石栗	褐根病							
麵包樹	木材腐朽	褐根病						
槭葉翅子木	褐根病	潰瘍病						
黃楊樹	褐根病							
桃花心木	褐根病	莖潰瘍	流膠病					
無患子	褐根病							
錫蘭橄欖	褐根病							
海檬果	褐根病							
盾柱木	褐根病	木材腐朽	南方靈芝					
大葉合歡	木材腐朽	南方靈芝						
火焰木	褐根病	靈芝						
朴樹	木材腐朽	靈芝						
香楠	褐根病	靈芝						
大葉山欖	褐根病							
瓊崖海棠	褐根病							
掌葉蘋婆	褐根病	南方靈芝						
黃槿	褐根病							

註：百大疫病蟲害的列表，係依據可能造成經濟損失之重要性加以排列。

159

五、結論及建議

　　鑒於樹木疫病蟲害在亞熱帶及熱帶經常發生，一旦染上病蟲多無法恢復，即預防絕對勝於治療，而目前樹醫生人數十分不足，以及樹木醫療的科學及技術也不足。故特由「臺灣植物及樹木醫學學會」，發起「綠化樹種百大疫病蟲害之評選」初步已有一些成果。

　　本報告之目的，是希望於臺灣、香港、澳門、華南等地區，評選出最需努力加以防治的「疫病蟲害」。這些最重要的「百大疫病蟲害」，自也是有志成為「樹醫」者，最最優先該學會「診斷、處方、管理」的對象。

　　但本項工作仍屬初創，仍希望各界惠予針砭，希冀未來更為充足。

CHAPTER 15

臺灣景觀及果樹樹種百大疫病蟲害之評選 *

* 摘錄自：

蕭文偉、陳榮裕、曾勝志、王主焰、孫岩章（2016）。臺灣景觀及果樹樹種百大疫病蟲害之評選。植栽及樹木之醫療及健檢研討會論文集。臺灣植物及樹木醫學學會。2018.01 修訂。

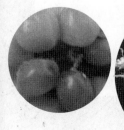
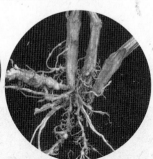

一、城市樹木對保護都市環境的重要性

如前述，地球陸地表面最重要、數量也最多的生態成員是綠色植物。而近年來，世界人口慢慢形成動輒以千萬計人口聚集的「超級城市」，其因大量人口聚集，導致空氣汙濁、水體變色、土壤藏汙、垃圾滿目、毒物充斥等，加上大量之消費、耗能，產生或排放巨量的廢棄物、廢水、廢氣、廢熱，使得城市微氣候逐漸改變，環境品質日愈惡化，影響到舒適及健康。

而有識之士也都知道，要改善城市環境之舒適與健康，必須依賴城市之綠化及樹木。因為只有綠色植物是「吸光、吸熱、造氧、除汙、降溫、固碳、保水、護土、供糧、供棲」之貢獻者、生產者。而此所謂城市樹木之「吸光、吸熱、造氧、除汙、降溫、固碳、保水、護土、供糧、供棲」等功能中，當以水土保持、遮陰降溫、及淨化空氣汙染等最為重要。

二、城市樹木醫學的內涵

「城市樹木」因通常有龐大的身軀、超長的壽命，其枝葉茂密者在夏天乃成為遮蔭、降溫之要角。城市綠色樹木更負有吸收廢氣、淨化空氣之保健功能。但樹木本身體積雖然龐大，卻仍是由微小的細胞所組聚而成。且是生命者，皆難脫離「生、老、病、死」之命運輪迴。因此，「城市樹木」一旦生病，也該有「城市樹木醫生」幫忙進行「診斷、處方、管理」之服務。

又「城市樹木」常因龐大的身軀可能在強風之下倒伏，輕者或可造成人類生命、財產之威脅。重者，卻可能釀成人體之傷亡或財產之損害。這些都構成另類的「城市安全議題」，其重要性不亞於「城市樹木」本身的「功能性」。

另外，城市中的老樹，有甚多是與城市的脈動、發展、文化、宗教、歷史、交通、社會、景觀、習俗等密不可分。是以人類更為此些老樹或特具意義之樹木，制定法律加以保護，是如「受保護老樹」或「古樹名木」之身分。

簡言之，城市樹木或重要老樹，都與市政建設、城市景觀、市民生活、宗教文化等息息相關，地位宛如「第二市民」一般，例如都市之行道樹、公園樹木、受保護老樹等等。

唯因植物種類繁多，種數上千是一事實，對一位城市樹木醫生而言，以城市常見之樹種 100 種計之，若每一樹種平均有 5 種重要之疫病蟲害，則城市樹木醫生至少要對總計 100×5 共 500 種樹木疫病蟲害之 80%，共 400 種的疾患，培養熟練之「診斷」、「處方防治」、及「健康管理」之能力，方能勝任其職。

我們估且把城市樹木的 6 類病因，列如表 1。

表 1　城市樹木依據病蟲草藥營養逆境分類之病因及病例

疫病分類	城市樹木主要病因	城市樹木重要病例
病害	真菌、細菌、病毒、線蟲、菌質、寄生植物	褐根病、靈芝根基腐病、疫病、腐黴病、炭疽病
蟲害	各種昆蟲、蟎類	白蟻、金花蟲、椿象、黃毒蛾、蚜蟲、介殼蟲、蟎類
草害	雜草、菟絲子	菟蒜子
藥害	殺草劑、殺蟲劑、殺菌劑	人為藥害、殺草劑藥害
營養障礙	營養缺乏症、元素過量症	缺鐵症、缺錳症、缺鎂症、缺硼症
逆境類	立地環境不良、人為傷殘、光線異常、溫度異常、水分異常、缺氧、酸鹼度異常、生理異常、汙染公害、毒化物危害、重金屬危害、寒害、雷擊	盤根、浸害、旱害、立枯、寒害、熱害、緣枯、日灼

三、城市樹木健康檢查的重要性

我們在過去經常為老樹看診，一般城市主管機關、團體或市民，常常都等到病情嚴重才趕緊「求醫、掛診」，結果常證明已沒有救回的機會。故一樣要呼籲兩件事，其一要有「平日樹木健康檢查」，其二應重視「褐根病、靈芝根基腐病、腐朽病」之防治，莫讓這些嚴重疫病蟲害一再危害寶貴老樹的生命，間接威脅市民生命財產的安全。

四、景觀及果樹樹種百大疫病蟲害之評選

有謂預防絕對勝於治療，而樹醫生的首要工作便是病因診斷，故特由「臺灣植物及樹木醫學學會」，啟動「景觀及果樹樹種百大疫病蟲害之評選」。其目的是希望於臺灣、香港、澳門、華南等地區，評選出最需努力加以防治的「疫病蟲害」。這些最重要的「百大疫病蟲害」，自也是有志成為「城市樹醫」者，最最優先該學會「診斷、處方、管理」的對象。

我們參考國內外城市樹木之疫情資料、親自診斷之資料、建國假日花市診所問診之資料等，依據其「經濟重要性」，或說「有防治之必要者」，將景觀及果樹樹種之「百大疫病蟲害」，加以評選臚列，結果如表 2。

表 2　臺灣植物及樹木醫學學會 Ptms 版城市樹木百大疫病蟲害

樹種	Ptms 版樹木百大疫病蟲害							
	1	2	3	4	5	6	7	8
蘇鐵	白輪盾介殼蟲	東陞蘇鐵小灰蝶	咖啡硬介殼蟲	萎凋病				
黑松	松材線蟲東方松蚜	葉震病靈芝	松毛蟲	松綠葉蜂	松斑天牛	介殼蟲（針枯）	大象鼻蟲	吉丁蟲
五葉松	松材線蟲	東方松蚜	靈芝	根腐病				
廣葉杉	柳杉赤枯病							
龍柏	莖腐病	枝枯病	木材腐朽	葉蟎				
真柏	立枯							
肖楠	褐根病	銹病						
側柏	枝枯病	靈芝	大蚜					
羅漢松	羅漢松蚜	橙帶藍尺蛾						
大花紫薇	褐根病							
唐竹	嵌紋病	銹病	細菌萎凋病	盲椿象	捲葉蟲類	蚜蟲類		

樹種	Ptms 版樹木百大疫病蟲害							
	1	2	3	4	5	6	7	8
杜鵑	立枯	褐斑病	白粉病	餅病	葉蜂	葉蟬類	軍配蟲	
九重葛	炭疽病	細菌性葉斑病						
金露花	棉絮粉蝨	赤衣病	角蠟介殼蟲					
桂花	褐斑病	立枯	銹病					
馬拉巴栗	莖基腐	褐根病						
月橘	白輪盾介殼蟲	白粉病						
流蘇	木材腐朽	癌腫病						
竹柏	羅漢松蚜							
風鈴木	褐根病	棉絮粉蝨						
福木	咖啡硬介殼蟲							
緬梔	銹病							
油桐	褐根病	南方靈芝						
黃槐	褐根病							
玉蘭	褐根病	南方靈芝						
櫻	浸害立枯	流膠病	白紋羽病	穿孔性褐斑病	木材腐朽			
白水木	逆境立枯							
朱槿	褐根病	茶角盲椿象						
山茶（茶）	枝枯病	咖啡木蠹蛾	茶蠶	捲葉蛾類	蟎蜱類	茶毒蛾	避債蛾	尺蠖
	小綠葉蟬	木材腐朽	臺灣白蟻	金龜子類	薊馬類			
穗花棋盤腳	金龜子	金花蟲						
筆筒樹	萎凋病							
咖啡	褐根病	根腐立枯	銹病					
椰子	芽腐							

樹種	Ptms 版樹木百大疫病蟲害							
	1	2	3	4	5	6	7	8
柑桔	黃龍病	立枯病	蚜蟲類	黑星病	鋸腐病	潰瘍病		
	介殼蟲類	葉蟎	木蝨	椿象	捲葉蛾類	星天牛	鳳蝶	潛葉蛾
芒果	褐根病	炭疽病	白粉病	黑斑病				
	蟆蛾	薊馬類	介殼蟲類	葉蟬類	木蝨	柑桔毒蛾		
梨	褐根病	衰弱症	白紋羽病	黑星病	黑斑病	赤星病	輪紋病	
	梨木蝨	介殼蟲類		蚜蟲類	星天牛	捲葉蛾類	葉蟎類	
番石榴	立枯病	介殼蟲類	粉蝨類	薊馬類				
蘋果	莖潰瘍	黑星病	葉蟎類	蚜蟲類	捲葉蛾類	白紋羽病		
桃	白紋羽病	縮葉病	穿孔病	流膠病	銹病			
	蟆蛾	葉蟬類	桃蚜	捲葉蛾類	介殼蟲類	葉蟎類		
李	白紋羽病	桃蚜	葉蟬類	介殼蟲類	葉蟎類			
梅	褐根病	白紋羽病	白粉病	介殼蟲類	葉蟬類	捲葉蛾類	黑星病	
柿子	褐根病	灰黴病	長金龜	小白紋毒蛾	柑桔毒蛾	角斑病		
蓮霧	褐根病	捲葉蛾類	蓮霧細蛾	毒蛾類	介殼蟲類			
楊桃	褐根病	細菌性斑點	毒蛾類	花姬捲葉蛾				
荔枝	荔枝椿象	褐根病	膠蟲	銹病	銹蜱	黑角舞蛾		
釋迦	褐根病	疫病	斑螟蛾	神澤葉蟎	介殼蟲類			
枇杷	褐根病	白紋羽病	葉蟬類	毒蛾類				
棗	毒蛾類	輪斑病						
龍眼	褐根病	膠蟲						
楊梅	褐根病							
桑樹	褐根病	南方靈芝						
橄欖樹	褐根病	黑翅土白蟻						

註：百大疫病蟲害的列表，係依據可能造成經濟損失之重要性加以排列。

五、結論及建議

鑒於城市環境中樹木在生態平衡上具有十分重要的地位，故現今各國皆強調都市之生態綠化建設，而城市樹木也需進行平常之健康檢查，一旦染病也應早期防治。故特由「臺灣植物及樹木醫學學會」，發起「景觀及果樹樹種百大疫病蟲害之評選」，目前已有初步成果。

我們希望於臺灣、香港、澳門、華南等地區，針對城市樹木，評選出最需努力加以防治的「疫病蟲害」。這些最重要的「百大疫病蟲害」，自也是有志成為「樹醫」者，最最優先該學會「診斷、處方、管理」的對象。

唯本項工作仍屬初創，故仍希望各界續予斧正，以求未來更為完整及充足。

CHAPTER 16

環境汙染病害之診斷與因果之鑑識

一、摘　要

農林作物公害糾紛鑑定最重要的內涵是建立「正確因果關係」，此從近年來環保署公害糾紛裁決的案例可以得證。筆者在臺灣大學從事多年的農林作物公害鑑定，對於因果的判斷一向不敢輕忽，本文乃將臺灣近年來造成糾葛的農林作物公害糾紛案例加以整理與分析，包括酸雨是否危害農作物之因果鑑定、石化工業區空氣汙染是否造成農作物減產、電廠黑煙汙染海芋的鑑定案等。在此呼籲社會大眾應多尊重科學鑑定的證據，也希望環保署及各級環保單位，早日建立公害鑑定系統，並多多支持公害鑑定的科學研究。

二、前　言

「因果關係」的驗證是公害鑑定最重要的目標，唯有能夠證明汙染與受害者間的因果關係，才能讓後續的公害糾紛處理順利進行。筆者在 1989 年離開環保署，轉回臺灣大學任教，即將教學、研究、服務的標的列出三大項：(1) 公害因果之鑑定，(2) 汙染生物指標，(3) 利用植物淨化汙染。其中公害之因果鑑定是自 1989 年起「環境病害研究室」最主要的研究領域，平均每年約進行兩件至三件之科學鑑定、調查或評估，重要的有：

1. 臺北盆地第一次發現的光化煙霧 PAN 危害植物案。
2. 臺灣地區臭氧對蔬菜植物之傷害鑑定。
3. 燃燒重油黑煙微粒之顯微鏡鑑定。
4. 燃煤飛灰微粒之顯微鏡鑑定。
5. 酸雨尚未足以造成植物可見病徵之鑑定。
6. 臺北萬里海芋花黑煙汙染源之調查比對。
7. 陶瓷工廠排放氟化物傷害植物之鑑定。
8. 中油出磺坑燃爆油汙汙染農林作物之鑑定及損害評估。
9. 苗栗頭份石化工業區危害作物及減產量之鑑定評估。
10. 石化工廠排放鹽酸氣體傷害植物之鑑定。

11. 冷凍工廠排放氨氣傷害植物之鑑定。

12. 臺北盆地首報光化煙霧 PPN（過氧硝酸丙醯酯）之鑑定。

13. 石化工廠排放氯氣傷害植物之鑑定。

14. 石化工廠排放黑煙汙染生活環境之鑑定。

15. 玻璃纖維工廠排放氟化物傷害植物之鑑定。

16. 南部磚廠排放氟化物傷害香蕉植物之鑑定。

17. 南投集集磚廠排放氟化物傷害香蕉植物之鑑定。

18. 四大都會區 PAN 危害敏感植物之鑑定。

19. 南高屏大氣中過氧化氫含量之分析。

20. 石化工廠排放乙烯氣體傷害植物之鑑定。

21. 室內甲醛汙染之分析鑑定。

22. 安康垃圾焚化廠排氣是否危害鄰近農作物之鑑定評估。

23. 臺北市鹽沫入侵增加金屬腐蝕之鑑定。

24. 全省鹽沫危害植物之鑑定。

25. 北投垃圾焚化廠排氣是否危害鄰近農作物之鑑定評估。

26. 大氣中彩色微滴來源之鑑定。

27. 大陸長途傳送沙塵暴微粒之顯微鏡鑑定。

28. 煤場揚塵微粒之顯微鏡鑑定。

29. 燃燒稻草微粒之顯微鏡鑑定。

30. 重金屬銅鋅鎳鉻鉛危害水耕植物之鑑定。

31. 重金屬鋁錳危害水耕植物之鑑定。

32. 重金屬鎘危害水耕植物之鑑定。

33. 空氣汙染危害市區地衣之鑑定。

34. 都市汽機車排放乙烯氣體傷害植物之鑑定。

35. 臺灣地區臭氧危害松樹針葉之鑑定。

36. 不同汙染源排放不同黑煙微粒之鑑定。

37. 水泥工廠排放鹼性飛灰傷害植物之鑑定。

38. 耗氧有機物為害水稻之鑑定。

39. 光碟製造廠有機氟化物為害景觀植物之鑑定。

40. 氨氣汙染危害香草植物之鑑定。

41. 含氟廢液燃燒廢氣汙染農林作物鑑定案。

42. 大蒜葉片黑色煤塵汙染來源鑑定案。

43. 中部科學園區氟化物為害農林植物鑑定案。

筆者在臺灣大學從事之公害鑑定，對於因果的判斷一向極其謹慎，近年來，更從觀察社會錯置因果的故事中一再體會它的重要。因此，乃將臺灣近年來造成糾葛的農林作物公害糾紛案例加以整理與分析，冀望能提供各界參考，也對需要它的人能有所幫助。

三、酸雨對農林植物影響之因果鑑定

筆者在 1979 年開始進行環境汙染的研究工作，那是在 1978 年服役於桃園觀音時，看到有七八千公頃的農田每年都遭受到「不明公害」的危害，才引發這個意念。當時，放眼這七八千公頃受到苦難的稻田，心中激盪不已，只希望儘快捉到汙染的原兇。

最早時，由先前受過的病理學訓練告訴自己，假說要周延、實驗要客觀。所以在 1979 年秋天開始提出各種初測項目，包括：了解水稻每天或每週是否受害？受害水稻含有何種過量成分？受害的發生與強風降雨成分及降雨是否相關？土壤及灌溉水有無異常成分等等。這些都暫時列為可能加害的「假說」名單，然後開始逐一加以科學調查與驗證，如果發現有正的相關性，就進一步進行修正版「柯霍式法則」之驗證，如果完全無相關或是負相關，則可將之從「假說名單」中剔除，假以時日，範圍會逐漸縮小，目標逐漸集中，將不難找到殺害水稻及大片防風林的兇手。

這一尋兇的工作，最開始有結果的是發現災情與強風及降雨密切相關，因為最先幾次的觀察，發現在強烈東北季風吹襲之後才出現水稻稻苗的枯萎，而且枯萎的速度快得驚人。這東北季風更同時挾帶毛毛細雨或海霧。為了了解這毛毛細雨或海霧的成分，即設計了一組可以綁在柱子上的「隨風轉向採雨器」，並在災區放了 10 個採雨器，採回的雨水發現都是 pH 約 4.0 到 4.4 的酸雨。

　　但隨後用災區的雨水以噴霧器造霧去噴灑水稻秧苗，卻未見災害的發生，說明雨水的酸化與水稻及防風林的災害有時間同步性或相關性，卻沒有加害之因果相關性。

　　後來因為筆者在隔年發表了「臺灣地區的酸雨」論文，並被中國時報刊登於三版頭條，一夕之間讓農民都以為全臺灣都有酸雨在危害作物。而從那以後，筆者每次參加農作物不明災害之會勘或調查時，農民最常提出的懷疑或假說，都脫離不了酸雨。他們常直覺地發現下雨時植物最易死亡，所以認為植物之死是酸雨造成的。甚至也有學術界「一口咬定」桃園改良場旁邊幾千公頃的防風林枯萎是酸雨造成的。結果大批當地農民都相信這一套不正確的因果，科學真理與社會公平正義也一再被扭曲。由於農民相信了不正確的因果，也因此一直沒有針對真正鹽沫害因加以防治，結果既無法真正改善水稻減產的問題，又平白投入時間、金錢、人力、物力，用於對假的加害者（臺電公司）進行抗爭、索賠，最後是空手而回。

　　在社會公益與社會經濟的立場，如果這假的加害者屈服於沒有科學基礎的抗爭，隨意賠錢了事，則對社會的影響是極負面的。其一是浪費了國家預算及稅收，其二是鼓勵了沒有科學基礎的抗爭，讓大家養成「只要會吵，就有糖吃」的敗壞心態，也削弱了國家競爭力，其三是淪喪了科學真理、社會正義。

　　到 1995 年及 1996 年，行政院環境保護署委託中興大學進行了酸雨對臺灣地區農業影響之整合型研究，結果證明水稻（良質米臺梗九號）在 pH 2.4 的酸雨處理下才會造成影響，即在葉片上出現黃化及白化斑點，pH 3.4 者則對開花盛期至穀粒充實期間之生育無負面影響。這又再度證明以目前 pH 3.8～4.0 的酸雨酸度，是不會造成水稻或防風林受害的。否則，全臺灣的酸雨酸度目前皆在 pH 3.8～4.0，則全臺農林植物早就哀鴻遍野矣。

　　在行政院環境保護署同一計畫有關土壤酸化之調查中，則發現以臺南縣永康鄉之砂頁岩沖積土而言，要以目前之酸雨淋洗導致酸化到對植物有害的程度，估計需要數十年至一百年時間。所以，酸雨的危害並非迅速，否則，全臺灣的農林植物早就遍地枯竭。

　　綜合上述，就目前已知之資料，加上國外之研究調查結果，目前臺灣最酸在 pH 3.8 之酸雨應不至於危害一般栽培之農林作物。先前有很多主觀的因果推測，迄

今都證明是錯誤的。這錯誤的因果推斷不只違背科學真理良知,也會扭曲社會的公平正義、傷害社會經濟,從事科學研究者因此不可不慎。

四、石化工業區空氣汙染與農作物減產的因果調查

筆者曾應苗栗縣環境保護局之委託,進行前後兩年之公害研究,以驗證苗栗縣頭份工業區附近農作物,是否因工業區 7 家工廠排放空氣汙染而造成減產,並評估其受損程度,進一步並謀求估算各家工廠所應負擔之責任比例。

自 1996 年 12 月開始執行至 1997 年 6 月止,計在工業區下風區設妥 4 個開頂式燻氣箱測試點,每點各設 6 個開頂式燻氣箱,其中 3 個為經活性炭過濾者,另 3 個為未經過濾者。第一點自 2 月 27 日至 3 月 26 日對芹菜測試之結果,發現二者在株高及溼重上並無顯著差異,但在乾重上有 20% 之減產。其他三點在 5 月中測試的結果,發現在宏衡下風區、恆誼下風區及華夏下風區,蔬菜作物之乾重重量皆有顯著性差異,範圍約 15% 至 26%。又取第一次 2 月 27 日之芹菜當指標植物之結果,發現未經活性炭過濾者氟含量比經活性炭過濾者高至 3.56 倍,顯示氟化物之汙染仍舊存在。又在 1997 年 1 月對 7 家工廠調查之結果,發現恆誼、宏衡、氯乙烯、華夏等在製程上已有重大之改變,致其排放氟化物之可能性已大幅降低。在 6 個月之執行期間並未接獲農民反應出有重大汙染公害案件之發生。

計畫之第二年,自 1998 年 3 月開始執行至 1998 年 12 月止,計在工業區下風區 4 個測試點進行 5 階段之測試。每點各設 6 個開頂式燻氣箱,其中 3 個為經活性炭過濾者,另 3 個為未經過濾者。結果發現在不同季節、測點及作物品種情況下,減產率皆有一定程度差異,此應與汙染之擴散及作物之敏感度密切相關。若取各站各階段之測試結果加總平均,則各站之平均減產率分別為 T1 = 20.1%,T2 = 19.4%,T3 = 20.9%,T4 = 23.6%。另針對以往較乏資料之乙烯進行危害力之測試,發現 2 ppm 經 5 至 10 分鐘即已對某些植物如金桔、蝴蝶蘭造成葉片黃化及葉片外捲等病徵。

又經查頭份工業區 7 家工廠中,與植物損害有關之汙染物共有二氧化硫、二氧化氮、氯化氫、氯氣、氨、氟化氫及乙烯等 7 項,有關此 7 項之個別危害力比約為

1：1/10：1/10：5：1/50：100：1/2。據此並配合環保局提供之各廠排放量統計，可計算出6家工廠之危害力小計，建議在分攤賠償責任時可依據此相對比例計算之。在9個月之執行期間，曾於10月2日發生中化公司氨氣外洩之突發性重大汙染公害案件，並造成菠菜、高麗菜、青蔥、蘿蔔、萵苣等之傷害，可見病徵分布範圍約為200公尺，建議以個案方式協調此案之賠償事宜。

以上是國內第一次進行有關農作物因石化工業區汙染減產量之評估與研究，按公害的鑑定有三個範疇：原因鑑定、責任鑑定及程度鑑定，本案是針對責任與程度兩者而進行。其中責任鑑定在調查汙染者有幾個，且各汙染者應擔負之比例各為多少。而程度之鑑定乃在評估受害者之受害程度及損失之金額，這些一定要在田間實際方能進行。所幸筆者以前曾赴美擔任訪問教授，故能引用美國之「開頂式熏氣箱」，配合筆者研發之自動滴灌灌溉系統，才順利完成兩年之鑑定評估工作。

這兩年之鑑定評估結果，證實當地的汙染已經比20年前（約民國64年）減輕很多，但仍有輕微不可見之危害及減產情形，另外也有偶發性之氣體外洩事件發生。這些石化工業的汙染當然與附近農作物之減產有因果關係。只是作物的減產亦可能由當地汽機車的汙染所造成，因此如何扣除汽機車的汙染的影響，實有待進一步之探討。

而本項鑑定工作最大的意義在於「開頂式熏氣箱」首次之應用，即實測兩組之產量差異，這對於公害糾紛之「裁決」極有助益。但很遺憾的是，本案的糾紛事後並未獲妥善之調處與解決。

五、電廠黑煙汙染海芋的因果鑑定

筆者是在1990年接到臺北縣金山農會的邀請，進行「臺北萬里海芋花黑煙汙染源之調查比對」鑑定，發現萬里及金山地區植物及住家表面都染上一層黑煙，這黑色煙塵可以讓海芋花在3天內由白色變灰色，用手一摸連手指都會染黑。

這樣嚴重的公害至少已發生了10年以上，而陳情的海芋花農民是在1985年開始種花，受到汙染已持續了6年以上。農民曾向環保局及農委會農藥所陳請調查鑑定，結果無人可以作出結論，並未查出汙染源所在。

　　筆者於是在萬里受害區設立兩個採樣站，利用顯微鏡對加害之黑煙微粒加以觀察比對，確定加害之黑煙微粒皆屬黏性甚強之粉狀黑煙加上一種 1～3 微米之指標球形黑煙，並開始「汙染源」之追蹤調查。方法是對方圓 10 公里內的大型工廠排煙加以採樣，進行黑煙或微粒之顯微鏡鑑定比對，結果顯示：海芋田東北方 10 公里外的一家燃燒重油的火力發電廠是唯一的汙染源。

　　在臺灣我們都知道電力公司是國營的，要把汙染責任歸咎於電力公司也是極大的挑戰。但因為「科學是可一再重複的真理」、「科學是社會公平正義的基礎」、「受害者的權益需要保護」等緣故；筆者乃再以極精密（價值 190 萬臺幣）的「能量分散型 X 光微量分析儀」對受汙葉片上之黑煙微粒加以化學分析，然後對電廠黑煙也同樣加以分析，結果證明兩者中粒徑相同的 1～3 微米指標球形黑煙有完全相同的化學組成。隨後即著手將研究鑑定結果予以投稿，發表於學術性雜誌以昭公信。

　　公害的鑑定到此筆者能做的都已做了，並認為只要加害與受害雙方依據已發表於「植物病理學會刊」之報告去進行公害糾紛之處理應該就會順利解決。但未料隨後的「科學論戰」及「法律論戰」仍難避免。相關的細節無法占用篇幅詳述，但最後經過受害人約 12 年的公害糾紛調處、裁決、民事訴訟，在筆者因果關係確立的基礎上，最終獲得 503 萬元之賠償。

　　首先的「科學論戰」，是由電力公司轉來一份與筆者同校但不同院之教授兼所長（以下以 A 君稱之）對筆者鑑定報告之指摘，他引用了國外的資料，認為筆者以「能量分散型 X 光微量分析儀」對受汙葉片上之微粒加以化學分析之結果，因為「所含主要成分為矽和鋁，而矽和鋁為一般塵土的主要成分，所以他認為葉片上的微粒都是塵土」。但 A 君卻很明顯地犯了許多錯誤，第一是他主觀地認為受汙葉片上的微粒是塵土，卻從來未曾到公害現場去實地觀察。如果他曾去現場看過，斷不至於錯把油膩膩的黑色煙塵一口咬定是「塵土微粒」。第二是他引用國外資料，相信國外教科書所述的結論是：燒重油的黑煙應該都含釩，而非含矽和鋁，但他並未實際動手做實驗，所以不知道原來在更仔細的分析下，粗大的顆粒會含釩，而 1～3 微米的黑煙細顆粒卻不含釩，而是含矽和鋁。

　　這場「科學論戰」其實前後拖延很久，甚至是到民事訴訟的法官，分別傳請

A 君及筆者到臺北地方法院，當庭交互辯論，才告結束這前後約五年的「科學論戰」。

接下來的是農民依據筆者鑑定報告向電力公司求償的「法律論戰」。由於這是臺灣司法界前所未見的案例，所以社會媒體也對判決結果十分重視。按理這糾紛的處理已非筆者之責任，但在我國司法制度中，「從事鑑定者有出庭作證之責任」，所以筆者還是要被傳著出庭，報告筆者的鑑定結果或任何對案情有幫助之證據資料，直到判決確定。

唯筆者對本案相關的鑑定與調查還是持續的，本案後來經一位研究生陳武揚君於 1996 年發表「植物葉表沉降性微粒之鑑定及植物對微粒之淨化作用」之碩士論文，證實當地植物受汙染之範圍廣達 20～40 公里，且以電廠下風區汙染級數最高，連臺北市國立臺灣大學也都在受害範圍內，由其分布圖亦可再次證實電廠是黑煙汙染的主要貢獻者。

六、結　語

在農林作物公害糾紛的處理中，仍然是以公害之鑑定最難進行，因為所謂因果關係的成立是極其嚴謹的，要經過四個柯霍氏法則條文之驗證，才具有科學上的因果關係。在上述三個案例中，我們可知有些因果關係是不正確的，最常看到的是把相關都看成因果，結果就會造成誤判。

然「誤因為果、倒果為因、害因診斷錯誤」的結果，必定造成糾紛處理的錯誤，所以筆者在此要呼籲：希望社會多尊重科學鑑定的證據，也希望環保署及各級環保單位，應建立公害鑑定的系統，並支持公害鑑定的科學研究。

CHAPTER 17

一般非傳染性病害之診斷

一、摘　要

　　植物經常會發生的非傳染性病害，主要有光線不足、日灼、低溫傷害、高溫傷害、缺水、浸水、缺氧、營養不足、元素過量、酸鹼危害、空氣汙染、水汙染、土壤汙染、鹽害、藥害、遺傳病變、耕作不當等，其病因十分龐雜，故在診斷上亦十分困難。唯若能從作物栽培史、氣象條件、土壤條件、施肥狀況、用藥史、可能之汙染源等資料之收集，配合臨床病徵型態、病徵分布、田間病株分布等資料，加以分析，一般應可追查出主要病因。但在具爭議性的病例方面，仍需仰賴流行病學、組織化學分析、人工模擬試驗等加以驗證及確認。基本上非傳染性病害在「植物健康管理」上，占有十分關鍵性的角色，亦是一位適格植物醫師應該擁有的專業素養之一。唯國內有關之研究一般尚不充足，極待學界多加努力。

二、前　言

　　從植物健康管理（Health management）的立場，我們應知農作物從萌芽開始到採收為止，皆可能遭受種種逆境（Stress）的衝擊或病蟲害的侵擾，故現代化或企業化經營的農業，勢必強化整個生產過程中的健康管理，俾使作物有最大的產量兼具有最高的品質。又由於人工成本高昂，生產管理也愈來愈趨向於整合（Integration），亦即必須集種苗管理、營養管理、灌溉管理、病害管理、蟲害管理、環境管理於一身，配合種種監測或監視作業，隨時測知逆境或病蟲，並立即據以研判管理策略，於最適當時機採取防治或改進之措施，作物之產量方可預期，並可維持穩定之生產，以符合市場之需求。

　　因此，植物健康管理不外乎是一連串密集的監測、監視加上防治措施所組成。換一個角度看，就如同醫師或獸醫們在照顧一個嬰兒或寵物一樣，最主要的工作即是監察及防治。

　　我們常把植物病害分成生物性病害（Biotic disease）及非生物性病害（Abiotic disease），又叫傳染性病害（Infectious disease）及非傳染性病害（Noninfectious disease）。其實二者只要會造成損害，則在植物健康管理者的觀點上應具有同樣的

地位。唯二者發生的概率一般皆因植物種類或品種之不同而異，其發病嚴重度亦各隨環境之變遷而有所不同。

　　本文下列所述者皆指植物非生物性病害之診斷與鑑定，尤其著重在汙染性病害之診斷方面，希冀對植物健康管理者能有一些助益。

三、環境性病害及營養性異常之診斷

　　一般由於環境因子或營養因子不適合作物生長導致之病變主要有下列各項：

（一）光線不足或過量

　　光線為植物製造生質（Biomass）之所必須，在不足之情況下會有營養不良、生長不良、徒長甚至逐漸枯死之情形發生。而光線之過量則會間接因溫度過高造成葉片灼傷，一般叫做日灼（Sun scald），其診斷一般可從其發生部位恰在受光最強之部位加以研判。

（二）溫度過低或過高

　　植物生長生殖皆需有適當之溫度範圍，低溫常會導致寒害（Chilling injury）或甚至在零度以下造成凍害（Freezing injury）。此在作物採收後之人工貯藏期間更常見發生，而其診斷多可從急性之水浸狀壞疽加以研判。至於高溫所造成之傷害一般多與日灼有關，在此不贅述。

（三）缺水性傷害

　　一般旱害常導致萎凋、葉片下垂、後期則有類似鹽害之病徵，此乃十分容易以肉眼辨識的傷害。

（四）缺氧或浸水性傷害

　　植物根系的發育最怕缺氧之逆境，尤其鬚根系甚易因窒息而呈壞疽。一般植物若置於純氮而無氧之環境中 24～48 小時，即會發生缺氧傷害，唯貯藏性組織是屬例外。缺氧或浸水的病徵一般有葉片萎凋、根系壞疽、中央組織褐變、水銹（Edema）等，嚴重者則會全株枯死。

（五）營養缺乏或過量

較常見者有下列諸項：

1. 缺鎂：鎂為葉綠體葉綠素最重要之金屬元素，又因其甚易移轉，故缺鎂時病徵多從老葉開始，呈葉尖、葉緣之脈間黃萎。

2. 缺硼：影響糖之移動及鈣之利用，故植株呈矮化，生長點畸形或壞疽，中央組織（如肉質果實、塊根、塊莖）壞疽、褐變、畸形。

3. 缺鈣：屬細胞壁果膠質之主要成分，故缺鈣者幼葉扭曲變形、邊緣壞疽，頂芽亦呈壞疽或枯死，幼果末端亦可能發生壞疽，如典型之番茄尻腐病（Blossom end rot）。

4. 缺鐵：屬合成葉綠素之酵素成分，缺乏時幼葉嚴重黃化，唯若噴以鐵劑，又會恢復，此乃診斷上一大特點。

5. 缺錳：錳為呼吸作用與光合作用多種酵素之成分，缺錳者幼葉常呈輕微黃化，有時呈網紋狀。

6. 缺鋅：鋅屬生長素合成酵素之成分，又屬糖代謝氧化酵素之成分，故缺鋅者葉片變小，節間短，葉呈簇生，葉緣葉尖黃化或白化，嚴重者枝梢枯死。

7. 缺鉀：鉀為生化反應重要之催化劑，故缺鉀者植株矮小，莖部及葉片變小，老葉常呈尖枯、緣枯，其病徵似旱害、鹽害及氟化物中毒者。

8. 缺磷：磷為 DNA、RNA、ADP、ATP、NAD、NADP 之主要成分，缺磷者植株矮小，葉色常由綠變藍綠或紫色，老葉緣枯，結果不良。

9. 缺氮：缺氮者全株生長不良、黃化，老葉易枯死。

以上元素之缺乏症在診斷上常須行組織化學分析，但亦可從其初發部位、病徵分布等加以初步之鑑別。

（六）酸鹼度異常

一般植物之生長介質皆有其適當之 pH 值範圍，在酸土中植物常間接導致缺磷、缺鈣等症狀。而在鹼土中，則因土壤團塊之破壞而令植物生長不良。此一 pH 值之診斷因可用簡易之儀器測知，故診斷上十分容易，問題的解決也不難。但一般需要長期觀察逐步調整土壤 pH 值或改植其他適合之農作物種類。

（七）藥害問題

此問題發生頻度可能隨著農用藥劑使用之增加而與日俱增，而其複雜度也日益增高。但一般宜從施藥史加以調查分析，若農民或健康管理者能於平時保持用藥紀錄，並於施藥中保留一小部分做為對照組，或行初步測試試驗，將有助於追蹤調查藥害發生之眞相。

（八）耕作不當造成之異常

如栽培季節不當、栽培方法不當、嫁接導致品質變化、缺乏授粉樹導致不稔、碰上雨期導致結果不良等，皆可從種種紀錄或觀測資料加以研判。

（九）遺傳性病變

對於幼苗及多年生果樹影響較大。但此些突變枝、突變苗多有其發生之概率，且屬非傳染性，其分布皆屬局部性，故在診斷上一般並不困難。

四、空氣汙染對植物危害之診斷與鑑定

（一）危害農林作物的主要空氣汙染物

空氣汙染物種類繁多，其中可能危害農林作物的汙染物種類，計有：

1. 二氧化硫（SO_2）：多自燃料中之硫氧化而來，為強的還原劑，比重為空氣的 2.2 倍。

2. 氟化物（HF，SiF_4，H_2SiF_6）：係自原料中氟化物因高溫氣化而成氟化氫等氣體，例如冰晶石（Cryolite, Na_3AlF_6）、螢石（Fluorspar，CaF_2）、氟磷灰石及土壤中之氟化物皆為氟化氫主要來源。

3. 氯氣（Cl_2））：主要來自工業或氯氣貯槽，其比重為空氣 2.4 倍。

4. 氮氧化物（NO、NO_2、N_2O_5、N_2O 等，總稱 NO_x）：其中 NO 為無色氣體毒性較低，NO_2 為紅棕色劇毒氣體，一般來自燃料中的氮，但亦可來自空氣中之氮，經高溫引擎而產生。

5. 氯化氫（HCl）：即為鹽酸氣體，主要來自工業及含氯物品的焚燒。

6. 氨氣（NH_3）：主要來自肥料廠及冷凍工廠等，另有微量來自天然界。

7. 水泥飛灰（Cement dust）：為帶鹼性的水泥顆粒，遇水會凝結成水泥殼。

8. 臭氧（O_3）：是光化學煙霧的主要成員，乃因大氣中氮氧化物及碳氫化物在陽化催化下經複雜反應而產生，一般十分活潑，極易與受體作用，故大氣中的濃度是其生成量減去消耗量後的殘留者，在白天其濃度才會累積至致害程度，在晚上則多消耗殆盡。

9. 過氧硝酸醯酯（$CH_3COO_2NO_2 = PAN, C_2H_5COO_2NO_2 = PPN$）：包括過氧硝酸乙醯酯（Peroxyacetyl nitrate，即 PAN）與過氧硝酸丙醯酯（Peroxypropionyl nitrate 即 PPN）等，亦屬光化學煙霧的重要成員，早年以美國洛杉磯地區濃度最高，目前則在臺灣四大都會區皆常有達對植物有害之濃度，即在臺北、臺中、高雄、嘉義之市區及郊區，皆常可見植物受害之病徵。PAN 主要為碳氫化物及氮氧化物經複雜光化反應而產生。

10. 硫化氫（H_2S）：為工業汙染或自然界沼澤地區，厭氧發酵地區、下水道系統所產生，另外亦可自火山口排出。

11. 乙烯及丙烯等（C_2H_4，C_3H_6）：為植物之荷爾蒙，但在石化工廠是最重要之產品與原料。過多的乙烯或丙烯會使植物提早成熟、落葉、落果、喪失頂端優勢、矮化等。

12. 黑煙微粒等（Particulates）；主要為燃燒不完全所產生之黑色微粒或其他粒狀汙染物。

13. 酸雨、酸霧及酸微滴（Acid rain、Acid fog and Acid mist）：酸雨是二氧化硫、氮氧化物及氯化氫在大氣中變成稀硫酸、稀硝酸及稀鹽酸所組成，一般 pH 值在 3.8 至 5.6 之間。酸霧則是指酸微滴構成霧狀者，尤其是在山頂所接觸之酸性雲海。酸微滴則是指各種工業製程排出之強酸微滴，如硫酸微滴。

（二）植物對空氣汙染的感受性

早在 19 世紀末德國的科學家便已發現有些空氣汙染物，如：氟化物、二氧化硫等會造成植物生長的障礙，當中以二氧化硫危害植物的情形被研究最多，後來美國科學家 O'gara 等詳細研究過二氧化硫劑量與危害力之關係，利用熏氣試驗，比

較一百多種植物對二氧化硫的相對感受性（Relative sensitivity），其標準係以二氧化硫 1.25ppm 處理一小時，即會使苜蓿（Alfalfa）出現可見病徵爲基準，將其感受度訂爲 1.0，其他植物之相對感受度再依下列公式計算之：

$$相對感受度 = 熏氣時間 1 小時之最低致害濃度 /1.25$$

O'gara 等已注意到相對溼度會影響到植物的相對感受度，且某些植物如針葉樹、唐菖蒲、玫瑰等，會因植物品種（Variety）之不同而有不同的相對感受度，另外在不同的株齡、營養狀況及氣候條件下，植物對汙染反應亦會有很大差異，所以上述之相對感受度並非一絕對值，而應爲一上下限包含的範圍。

在各種汙染物中，植物對氟化氫最爲敏感，因爲例如唐菖蒲（Gladiolus）在 0.1 ppb 的氟化氫之下經過 20 日就會出現病徵。而對臭氧較敏感的 Bel-W3 煙草在 40 ppb 下就會受害。對於過氧硝酸乙醯酯，報告顯示在 15 ppb 下 4 個小時，敏感的植物如萵苣、荼菜等會受害。其他幾種較不常見的氣體中，植物對於氯氣的敏感度約爲二氧化硫的 5 倍，較敏感者在 0.1 ppm 之下便出現病徵。至於二氧化氮、氯化氫、氨等，則一般要比二氧化硫高 10 倍以上之濃度才具危害性。

（三）空氣汙染危害植物的綜合病徵

植物葉片都有許多氣孔（Stoma），這是氣體交換的場所，平常植物進行光合作用，孔外之二氧化碳由此以擴散的方式進入孔內，孔內之氧氣亦然，只是方向相反。在無光照或平常時間，植物進行之呼吸作用亦皆利用氣孔傳送氣體。當空氣中有不純汙染物時，汙染氣體藉由擴散作用亦會進入氣孔，並由葉肉吸收，若這些氣體是具有毒性的，則在吸入過多的劑量之後，植物細胞便會受害，顯現受害病徵。但除了氣孔之外，有些汙染物及溶解性汙染物也可能經由角質層（Cuticle）、水孔進入植物體內，只是這些所占的比例皆很低。

植物受到汙染性氣體侵害後其病徵之表現，以反應之快慢、可見程度、直接與間接性而分成下列各類：

1. 急性病徵（Acute symptom）：指在受侵襲後立即或數日內出現的病徵，一般在較高濃度的氣體會造成此類病徵。例如：二氧化硫常造成脈間漂白（Interveinal

bleaching）或脈間褐化等。氟化物常造成葉尖枯萎（Tip necrosis）或葉緣焦枯（Marginal scorch），臭氧則造成細點斑（Fleck）或漂白斑，氯氣亦常造成細點漂白斑及落葉（Defoliation）、落果（Fruit drop）等，氯化氫則造成葉尖或葉緣枯萎與脈間漂白的混合型病徵，氨氣則多形成鮮豔顏色的塊斑或變色，過氧硝酸乙醯酯則常造成葉下表面的亮銅斑（Bronzing）、亮光斑（Glazing）與銀白斑（Silvering）。

2. 慢性病徵（Chronic symptom）：指在受到氣體侵害後，緩慢出現或造成長期影響的病徵，其可能由高濃度氣體侵害造成，亦可能係低濃度氣體長期影響所致。例如臭氧可以造成老葉黃化、早落；又如氟化氫亦可造成葉片的萎黃（Chlorosis）等。

3. 不可見危害（Symptomless injury）：指在受到氣體侵害後，植株只出現生長不良、矮化現象，卻未見特殊症狀者。一般這需要與健康對照組相比較方能驗出差異。

4. 間接危害（Indirect injury）：指經過前述急性或慢性危害後，進一步造成其他之影響者。例如，某些受汙染物危害過之植物會減少開花、減少結果，某些則會使病蟲害加重，尤其是某些植物在受氣體危害後，有吸引昆蟲嚼食的現象。另外亦有些汙染物會間接造成植物產品品質之劣變。

五、水及土壤汙染對植物危害之診斷與鑑定

（一）危害植物之水汙染及土壤汙染物

所謂水汙染乃指水體因人為因素導致物理、化學、生物性質之改變致有害於水生物、生態系、破壞環境景觀、影響正常用途或危害人體健康等者而言。

一般常見的水汙染項目依據受體之不同可區分為：海洋汙染、湖泊汙染、河川汙染、地下水汙染、飲用水汙染、灌溉水汙染、養殖水汙染等等。而若依其汙染物種類來分，則能改變水體物理、化學、生物性質者，例如，熱、酸、鹼、鹽、懸浮固體、氯離子、硫酸根、硝酸根、亞硝酸根、磷、碳酸根、有機質、氨氮、油脂、清潔劑、氰酸、硫化物以及重金屬離子或金屬離子等。

在早期，水汙染公害多來自含有重金屬成分的礦場廢水。但目前則以工廠、都市、礦場、畜牧場、養殖場排出之廢水最具汙染性。由於人們生活中皆會產生許多廢水，故家庭廢水、化糞池廢水、商店廢水、市場廢水等等也都具有水汙染之潛力。

而所謂土壤汙染乃是指，人為因素造成土壤物理、化學或生物特性的改變致影響其正常功能與用途者而言。土壤汙染的來源，主要的有水汙染物殘存土壤中者，有因空氣汙染降落而累積於地面者，亦有農業施用而殘存土壤中者，另外還有廢棄物堆置而帶來者。

自水汙染而來的土壤汙染種類，大部分乃如上一節所述，但是有許多水汙染物在土壤中是會迅速被分解、被植物吸收或被水體移除的，因此並非每一種水汙染皆會累積於土壤中造成土壤汙染。長期累積於土壤中的汙染物會影響土壤的功能與結構，例如，鎘、汞、銅、砷等重金屬。工廠空氣汙染行為亦可能導致土壤的汙染，例如，本省有些煉銅工廠，曾因含銅粒子的排出沉降導致附近農田中銅含量超過數千 ppm，致造成植物的生長不良，嚴重者甚至全面死亡。

土壤汙染物亦有部分是因農民的耕種過程所造成的，例如，早期農民使用含汞農藥及有機氯劑如 DDT、地特靈、阿特靈、BHC 等，這些難以被分解的農藥會積存於土壤中，間接造成農產品的汙染而損害到農民的利益。

至於廢棄物棄置，尤其是工業廢棄物亦會造成嚴重的土壤汙染。蓋因現代化學工業所產生的廢棄物中可能含有許多有毒物質，如重金屬等等，若它們未經安全處理，便可能汙染了當地的水土環境。

（二）水及土壤汙染物對植物之影響及診斷

各種水及土壤汙染物對植物之影響，實際上可以從植物營養學或生理學的觀點去推斷，因此只要汙染水含有大量對於植物具有毒性之元素或化合物，而這些元素化合物又能經過水系進入土壤層，最終被植物根部大量吸收，即可造成影響或危害。

此外，水汙染中的大量有機質亦會進入水土溶液中，導致大量微生物分解者繁殖，耗盡土壤中的氧氣或使根部附近土壤溶液呈無氧或還原狀態，同時產生大量有

害物質殺死根部，此乃間接危害。

　　由於被汙染的灌溉水是先被引流入土壤，才到達植物的根部，因此水汙染影響植物的問題實與土壤汙染、土壤質地、土壤原有養分等密切相關；即汙染水先與原有土壤水及土壤反應後，最後所得土壤溶液，才直接作用於植物根部。

　　汙染灌溉水與各種土壤間之反應本甚複雜；譬如許多水汙染物可能會暫時被土壤膠體（Colloid）吸附，再緩慢釋放出來；有些水汙染物可能在土壤水分揮發後逐漸濃縮，由原本無害達到有害的濃度；另有一些則可能逐漸改變土壤的物理、化學、生物狀態，致間接危害到作物的生長。例如，有機質太多將導致還原狀態或缺氧狀態而造成植物中毒，又如鈉之累積常致土質劣變而終阻礙植物生長等。

　　又水及土壤汙染物常是多種汙染物共同存在的，此多種汙染物對植物之影響可能與單一汙染物存在時有所不同，是謂交感作用（Interaction），其主要可分成下列 3 種：

　　1. 拮抗作用（Antagonism）：指 2 種元素或汙染物共同存在時，其總作用或危害力有相互抵消或抑制狀況者。例如，適當鈣的存在，可以避免鉀離子對於植物的危害。又如鈣對硼的毒性亦具拮抗作用，即適量的鈣，可以防止硼過量的吸收而降低中毒程度。另外在銅、鋅、鎘、鎳之間，亦常見彼此間具有拮抗之交互作用。

　　2. 協力作用（Synergism）：與拮抗作用相反，乃指 2 種元素或汙染物共同存在時，其總作用或總危害力比二者單獨作用時為大者。例如，酸性過高若同時有大量錳或鋁存在，則因為酸性會促進錳、鋁的溶解性，便發揮更強的危害力。

　　3. 中性反應：2 種元素或汙染物共存時，既不互相拮抗，也不互相協力者叫之，大部分的元素或汙染物係屬於此一類別。

　　有關水汙染造成植物受害之診斷一般宜從田間受害分布、病徵比較及組織化學分析三方面著手。茲分述如下：

　　1. 田間受害分布之調查：由於水汙染由汙染源至排水系統再入受害區，皆循著水文系統在進行，故受害區之分布與水文系統密切相關。在田間鑑定時一般可自水文系統配合病徵分析等加以進行。

　　2. 病徵學鑑定：因不同之水汙染可能產生不同之病徵，故自病徵之比較亦可提供診斷鑑定之參考。

3. 組織化學分析：有相當多之水汙染物屬於累積性汙染物，即在植物體內會呈累積現象，此些汙染之診斷即可由組織化學分析進一步加以驗證。

六、結　論

農林植物之健康管理必須能即時掌控植物由種苗至收成各階段可能發生之各種情況，故須一面進行即時監視與診斷，一面採取防治或改進措施。在傳統的生物性病害及蟲害之外，我們亦須要將非生物性、環境性病害、營養異常、汙染傷害等納入考慮，才能確保作物有最大產量及最佳品質。而此類非傳染性病害之診斷相信亦是一位適格植物醫師應具備的專業素養之一。

CHAPTER 18

柑橘主要病蟲害及其防治策略

一、柑桔健康管理簡介

柑桔為臺灣最重要的常綠果樹，依據農委會之統計，臺灣柑桔類之栽種面積達 3.5 萬公頃，占所有果樹面積 22.4 萬公頃之 16% 左右。而全年產量達 44 萬公噸，占所有果樹產量約 20%，其產值約為 76 億元，由此可見柑桔產業之重要。

唯柑橘本非高單價之作物，若以單位面積加以平均，則我國平均每公頃之產值只為 21.7 萬元，其值偏低。若分析其偏低之主因，則應可歸咎於：(1) 行銷欠當，(2) 品種過於集中，(3) 病蟲害之猖獗。有關前二者當請農政單位加強研究改進，但儘管有好的品種而缺乏「最佳化」之病蟲害管理，則一切仍將不保。

為達成病蟲害「最佳化」之管理，若只靠農民之經驗累積並不可行。柑桔為多年生果樹，從初種到採收往往要 5～10 年，如果病蟲害未妥善管理，常有果園到了大量量產之前，果樹已開始失去健康，嚴重者開始萎凋枯死，對農民及農企業來說都是最無情的打擊。

在講究「優質、安全、外銷」之農業時代，以往放任由農民自行診斷、自行處方之時代已經過時，取而代之的是「植醫」時代之來臨。植醫利用其對「病、蟲、草、藥」等學識專業，使診斷處方都可「最佳化」，包括有效、安全、經濟、環保、優質，讓作物損害減至最低，品質提至最高。

其實臺灣每年約有 28 萬公頃之農田處於休耕、廢耕之狀態，但許多臺灣特有「優質、安全」農產品之外銷量卻又嚴重不足。這顯示政府及農民、農企業皆有成長之空間，若能以企業化經營之方式進行轉作，相信能讓臺灣「農業技術第一」之美名名揚四海。

二、影響果樹健康之因素

果樹之健康與人一樣是需要保護的，而導致果樹不健康之因素甚多，重要的應可分成下列：

1. 營養失調：一般植物需有約 17 種元素才能正常生長，若有缺乏或過量，將導致嚴重之生長不良與歉收。

2. 環境逆境及公害。

3. 草害：過多之雜草不但競逐有限之營養，有些會傳播病蟲害，但有些雜草則可具有水土保持、生態平衡之功能。

4. 病害。

5. 蟲害。

三、環境逆境、公害或營養失調問題

不論何種植物，都可能因環境逆境、公害或營養失調，導致植物發生病變，若對此些加以細分，則可分成如 Chapter 17 所述各項：

1. 光線不足或過量

2. 溫度過低或過高

3. 缺水性傷害

4. 缺氧或浸水性傷害

5. 營養缺乏或過量

6. 酸鹼度異常

7. 藥害問題

8. 耕作不當造成之異常

9. 遺傳性病變

10. 空氣汙染：如「環境汙染與公害鑑定」一書所述者。水汙染：如「環境汙染與公害鑑定」一書所述者。

11. 土壤汙染：如「環境汙染與公害鑑定」一書所述者。

12. 鹽害：如「環境汙染與公害鑑定」一書所述者。

四、柑桔病害問題

柑桔病害種類甚多，且會因品種而有不同之重要性。然綜合之評估概可將病害依「重要程度」排出，此可參考 Chapter 13 所列之「臺灣作物百大病害列表」。

本文特將重要之柑桔病害介紹如下：

（一）柑桔黃龍病

本病為不能培養之特殊細菌（Fastidious bacteria）*Libaerobacter asiaticum* 所造成，病徵之顯現與感病性因品種、接穗及砧木品種而異。此病為系統性病害，一般罹病株共同病徵為葉片黃化，易落葉，梢枯，再生葉片變小、硬化、萎黃，樹勢衰弱，開花異常，鬚根腐爛等。一般病葉有硬化外捲病徵，並以椪柑及橙類之葉脈黃化較為明顯，而桶柑病葉則由葉尖開始向中肋黃化。在多種柑桔上有葉脈隆起、破裂、木栓化之情形。病株常提早開花，但易落花，果實多成長為畸形小果。全株樹勢衰弱，停止生長，約 2～4 年後逐漸枯萎死亡。本病在田間受感染是由柑桔木蝨傳染，往往從 1～2 枝條開始發病，而後波及其他枝條，終全株枯萎。另外帶病母樹之接穗亦為此病傳播之重要途徑。

（二）柑桔萎縮病（南美立枯病）

本病為病毒病害，病徵最早為根端崩潰，而後葉片黃化或捲曲，如受嚴重型病毒危害者，樹勢逐漸衰弱，包括葉片黃化、落葉、枯死等。病株常有微量元素缺乏病徵出現，在感病品種之枝條上會出現木質凹陷（Stem pitting）。本病病毒之指示植物為墨西哥萊姆（Mexican lime），在此植物上葉片會出現葉脈透化（Vein clearing）及木質凹陷。本病病徵之顯現與感病性因品種、接穗及砧木品種而異。傳染主靠蚜蟲及人為之嫁接，共有六種蚜蟲可以傳播此病毒，中以大桔蚜傳播最多，次為棉蚜、捲葉蚜、小桔蚜等。大桔蚜可以半永續性（Semipersistent）方式，取食（Acquisition）5 分鐘以上，即可傳毒 24～48 小時。目前臺灣之柑桔多有此病，但多數無顯著之病徵。

（三）柑桔鱗砧病

本病為病毒病害，主要危害感病之砧木，如枳殼、枳橙、廣東檸檬，病徵都在嫁接之砧木基部，其樹皮呈鱗片狀脫落，因而導致葉片稀疏、黃化、落葉等。本病指示植物為 Etrog citron Arizona 861 品種，經嫁接後 3～6 月可出現病徵，但快速之偵測需仰賴聚合酶連鎖反應（PCR）之技術。本病之傳染主為嫁接，帶病毒之嫁接

工具可傳染此病毒。

（四）柑桔瘡痂病

　　本病為真菌性病害，病菌主要侵犯幼葉、枝梢或果實等，發病初期呈水浸狀小點，之後變為灰白色至灰褐色，斑點隆起，表面木栓化而呈粗糙。在葉片上之病斑會稍為突出，成圓堆狀，反面則凹陷成畸形葉。被害枝梢常萎縮呈瘡痂狀，果實上之病斑則成瘤狀突起，並造成果皮變厚、粗糙、易落果。

（五）柑桔黑星病

　　本病為真菌性病害，有潛伏感染現象，即幼果期侵入，至成熟期方出現病徵。在果實近成熟時，果皮上初呈紅褐色圓形小斑，後轉黑色，中央稍凹陷呈淡褐色。病斑呈不正圓形，漸次擴大至 2～3 公厘，周邊紫褐色，中央淺褐色，後期在中心區著生小黑點，是為本菌之柄子殼，柄子殼內有分生孢子。又果實在貯藏期間若數個病斑融合，可形成大病斑，但本病菌只危害果皮，很少深入果肉內。本病主危害果實，葉上病徵極少見，但可在葉內潛伏，並在枯葉上出現許多小黑點，是本菌之子囊殼，降雨過後，子囊孢子會主動釋放，成為初次感染源。一般在 25～28℃ 及梅雨季節皆有利於本病之發生。

（六）柑桔裾腐病

　　本病為疫病菌真菌性病害，通常發生於靠近地面之樹幹基部與主根，被害部皮層變色，有少量流膠現象，樹皮軟化、龜裂，部分樹皮脫落、木質部暴露。被害株因枝幹受害而有葉片萎黃、脫落、樹勢衰弱，甚至梢枯等病徵。本病常發生於排水不良地區，可嚴重爆發，造成廢園。

（七）柑桔潰瘍病

　　本病為細菌性病害，病斑發生於葉片、枝梢及果實等部位。葉片最初發生於幼葉，呈細小透明水浸狀暗綠色斑點，再逐漸擴展變為白色、黃色或灰色之圓形病斑，邊緣有黃色暈圈，最後表皮破裂，成鮮褐色海綿狀木栓化，表面粗糙堅硬。多數病斑常連成不規則之大斑，分布於葉之兩面。病斑大小隨柑橘品種而異。在枝梢上之病斑與葉片者相似，但其病斑邊緣缺少黃色暈圈。在果實上之病斑亦缺乏鮮明

之黃色暈圈，但表面木栓化更甚，外觀甚為粗糙。本病細菌是由氣孔或傷口侵入，發病適溫為 20～30℃，風及雨可促進病害發生，尤其颱風季節發病最烈。

（八）柑桔蒂腐病

本病為真菌性病害，計有兩種，其一為褐色蒂腐病，另一為黑色蒂腐病。皆是真菌危害果蒂部所造成，被害部先變軟，再轉為淡褐色、深褐色或黑色，可延展危害果實全面，使其腐敗，若為黑色蒂腐病，爛果上會長出黑色細點，是其柄子殼。但此些真菌亦可侵入生長衰弱枝條或枯枝，於上面著生小黑點，是其柄子殼，內有分生孢子是為傳染源。唯黑色蒂腐病菌在枯葉上亦可長出子囊殼（Perithecia），遇雨季可釋出子囊孢子。本病之黑色蒂腐病菌為 *Botryosphaeria rhodina*，為多犯性，可危害並殘存於香蕉、芒果等作物。褐色蒂腐病之病菌 *Diaporthe citri*，與黑點病相同，故在黑點病猖獗之果園發生較多。

（九）貯藏性綠黴病與青黴病

本病為真菌性病害，主要為害貯藏果實，果面初呈水浸狀，隨後長出白黴粉狀物，向四周擴大，同時轉綠或轉藍綠，綠色或藍綠色是為本菌分生孢子，最後整個果實長滿綠色或藍綠色粉狀孢子，果實完全腐爛。本病多發生於採收後的貯藏期及運輸期，因粉狀孢子極易被風吹散，如落在有傷口之新柑橘果實表面，即可侵入危害，但本病在田間採收期亦可見於樹上之鮮果，足見其並非只是貯藏性病害。

（十）柑桔線蟲

本線蟲 *Tylenchulus* 為寄生性線蟲，往往大量密集侵染根部造成根部褐變；根群生長勢減弱、發育不良，地上部則表現慢性衰弱症，嚴重者頂芽枯死、葉片黃化、枝條乾枯。經中興大學蔡東纂教授調查之結果，目前各地土壤帶蟲率達 75%。

（十一）柑桔根腐線蟲（南方根腐線蟲）

本線蟲 *Pratylenchus* 為多犯性，主害根系，根系外表初為紅棕色，漸呈棕褐色、敗根。植株因而生長不良，表現慢性衰弱、葉片黃化、枝條乾枯等。經中興大學蔡東纂教授調查之結果，目前各地土壤帶蟲率達 59%。

（十二）柑桔赤衣病

本病為擔子菌真菌性病害，主要侵害枝條或主幹，初期病徵為少量樹脂滲出，隨後乾枯龜裂，上著生白色蜘蛛網狀菌絲，嚴重時菌絲沿著枝幹上下蔓延，侵染整個枝幹，並轉為淡紅色。罹病部上方枝葉因而萎凋，本病菌為多犯性，亦害梨、枇杷、茶、荔枝、楊桃等，多發生於夏秋高溼、通風不良之處。罹病部之粉紅色物質即為本菌擔孢子，可隨風雨傳播，造成新感染。

（十三）柑桔白紋羽病

本病為子囊菌真菌性病害，危害主幹附近的粗根及樹冠下之細根，屬多犯性。被害根部可見附著白色或灰白色菌絲，如網紋狀纏染於根皮，可引起根部腐爛。地上部因而整株葉部黃化、落葉、勢衰，終至枯死。子實體為深褐到黑色之不規則碳化物形態子囊殼。亦可危害梨、枇杷、龍眼、茶、蘋果、竹、桑、樹薯等，分布於高山及中高海拔各地區，可藉被害根部殘存土壤多年。

（十四）柑桔黑點病

本病為真菌性病害，主要危害柑桔嫩葉、嫩枝條及果實，呈現紅褐色至黑色針頭狀的突起斑點，其對果實品質有甚大之影響。本病對幼果及採收前的果實都有感染能力，亦會引起貯藏時的褐色蒂腐病。但葉片及果上之病斑多不帶孢子，只有受感染之枯枝是本病主要之接種源，一般枯枝在適宜環境下經 1 個月，就會產生病原菌孢子。最適發病溫度為 25℃，高於 30℃，或低於 20℃，發病皆減緩。本病原菌可在枯枝上生存數年之久，在本省發病期以 8～9 月發病最嚴重。

五、柑桔蟲害問題

柑桔蟲害種類甚多，綜合評估後可依重要性排出重要蟲害。以下將重要之柑桔蟲害介紹如下：

（一）介殼蟲類

1. 黑點介殼蟲：習性及發生與黃點介殼蟲相似，近年來已少發生，多為黃點介

殼蟲所取代。

2. 褐圓介殼蟲：為黑褐介殼，下方蟲體黃色，蟲體可固著於枝、葉、果上。春季雌蟲產卵孵化後固定於嫩枝、葉或果皮上，吸食養液，被害部變黃，亦常危害果實，降低其商品價值。

3. 黃點介殼蟲：又名糠片介殼蟲，因外表似糠殼，近年盛行率高於褐圓介殼蟲，蟲體死亡後介殼仍固著於枝、葉、果上。

4. 綠介殼蟲：成蟲淡綠色，殼軟，體長 2.0～2.8 公厘，棲息於柑橘嫩葉、嫩枝。被害枝葉覆蓋成蟲及若蟲分泌之蜜露及其所誘發之煤煙病，阻礙光合作用，植株生育受阻。

5. 球粉介殼蟲：被害枝變畸形，幼果亦畸形，因分泌蜜露，誘發煤煙病，沾染黑色，不易擦除。卵孵化後若蟲自囊內爬出，隨即分散，群集在嫩枝和葉柄之間危害，並分泌白色臘粉覆蓋在體背。

6. 桔粉介殼蟲：成蟲和若蟲聚集在果蒂、果柄、枝葉等部吸食汁液，分泌大量蜜露，誘生煤病，使果實發育受阻。產卵前分泌白色綿絮狀臘質卵囊，產卵其中，若蟲孵化後爬出卵囊與成蟲群集在枝葉上，吸食汁液危害。陰溼和通風不良的柑橘樹上發生較多。

7. 吹棉介殼蟲：成蟲及若蟲先在葉背中脈處，後遷移至枝幹上固定危害。成蟲和幼蟲並分泌蜜露，誘引螞蟻、蜂和蠅類等，並引起煤煙病。

（二）蚜蟲類

1. 捲葉蚜：成蟲和若蟲群集在柑橘新梢和嫩葉吸取汁液，受害嫩葉捲縮，新梢生長受阻，又分泌蜜露，誘引螞蟻，並誘發煤煙病，更為柑橘毒素病之媒介昆蟲。成蟲體呈綠色，體長 1.4～1.8 公厘，夏芽期發生密度最高，此後因有多種天敵寄生或捕食，發生密度逐漸下降，本蟲能傳播柑桔萎縮病。

2. 大桔蚜：成蟲、若蟲除吸食柑橘養液外，更分泌蜜露，誘發煤煙病，阻礙果樹光合作用，是柑橘毒素病的媒介昆蟲。成蟲體長 1.6～2.0 公厘，本省終年行胎生繁殖，無越冬現象。本蟲能傳播柑桔萎縮病。

3. 小桔蚜（茶蚜）：成蟲及若蟲在已經全展開之嫩葉背面危害，被害葉有縱捲

趨向，但不若捲葉蚜危害的嚴重。成蟲體呈暗褐色，長 1.3～1.6 公厘，常與大桔蚜相伴出現，於 12 月間發生，至 4 月中旬發生達高峰，夏季發生極少。

4. 桃蚜：體形微小，無翅型成蟲體長 1.5～2.0 公厘，體色多種，通常爲淡黃綠色，但也有帶紅色者，角狀管細長，淡綠色末端稍呈暗色，而末端一半稍紅膨大，觸角基部內有瘤狀突起，體長約 2 公厘。有翅型桃蚜可傳播菸草脈綠嵌紋病及其他多種作物之嵌紋病等。本省 10 月至次年 3 月之氣候極適桃蚜生長。

（三）木蝨類

柑桔木蝨：若蟲成群吸食嫩芽汁液，被害嚴重之芽即乾枯脫落，或發育成畸形枝條，若蟲分泌白色臘質物和蜜露，並且誘生煤煙病。除直接危害柑橘外，也是柑橘黃龍病的媒介昆蟲。

（四）粉蝨類：

刺粉蝨：若蟲孵化就近固著於葉面吸食汁液，常使葉片布滿刺粉蝨的各期蟲體，並分泌蜜露誘發煤病，使樹勢衰弱。夏、秋季節刺粉蝨發生密度最高，在陰暗不通風的果園發生更爲普遍。

（五）潛葉蛾類

柑桔潛葉蛾：雌蛾產卵在嫩芽或新葉之中肋附近。幼蟲孵化後蛀入嫩葉葉肉危害形成中空之曲折隧道，以致新葉捲縮不展，成爲粉介殼蟲、螞蟻、蜘蛛之棲所，又爲潰瘍病菌侵入之門戶。老熟幼蟲多潛食到葉片邊緣，吐絲結繭化蛹。成蟲體長約 0.2 公分，兩翅展開時約 0.5 公分。

（六）椿象類

1. 角肩椿象：成蟲及若蟲喜吸食果實汁液，影響果實品質外，或引起落果。高溫時非常活躍，晚秋羽化的成蟲當年不交尾而行越冬。若蟲或成蟲受驚時，常分泌臭液。

2. 南方綠椿象：體長 14～17 公厘，體色一般爲綠色，但亦有黃帶型、綠色型、褐色型及綠斑型者。本蟲與草綠椿象極類似。在柑橘等果樹上以危害果實爲主。

3. 黃斑椿象：成蟲及若蟲以刺吸式口器刺入葉片或幼嫩枝條及果實內吸取汁液，尤以刺吸果實危害較爲嚴重。母蟲喜產卵於寄主植物之葉背，年發生 4～5 代，唯發生量不多。

4. 茶角盲椿象：成蟲體呈黑色，頭小而短，複眼向兩側突出。觸角細長，約爲體長的兩倍。成蟲及若蟲均棲息在葉面或葉背，在嫩葉吸取養分，留下褐色食痕，嚴重時嫩葉捲縮。

（七）天牛類

星天牛：成蟲體黑色，觸角自鞭節起，每節基部白色，前胸與翅鞘有白色星狀斑點。幼蟲先在樹皮下方危害形成層、樹皮及邊材等處，老熟時則鑽入木質部，咬成隧道。本蟲一年一世代，成蟲一般於每年 4 至 7 月出現，多在距地面約 0.5 公尺處以口器咬破樹皮產卵於裂縫內，每處一粒，每雌蟲可產 70 至 80 粒。防除方法爲在樹幹自地面至一公尺高度處塗布石灰乳或包紮塑膠布或網，以防產卵。

（八）金龜子類

1. 白點花金龜：成蟲常見於寄主植物上食害葉片、花蕊、花序、幼果及熟果，尤其果實之幼果及熟果受害較爲嚴重。本蟲成蟲多在 4～6 月間發生，幼蟲在土中生活，以腐植質爲食。

2. 臺灣青銅金龜：成蟲寬卵形，長 25～30 公厘。背面爲亮麗之綠色並帶橘紅之金屬光澤，腹面墨黑藍色。幼蟲在土中生活，俗稱雞母蟲。

（九）果實蠅類

東方東實蠅：成蟲體長 7～8 公厘，形如蜂類。雌蟲將卵產於生長中鮮果之果皮內，幼蟲孵化後即在果肉中縱橫蛀食，造成果實腐爛乃至落果。

（十）鳳蝶類

無尾鳳蝶（黃花鳳蝶）：幼齡幼蟲取食柑橘嫩葉，老熟幼蟲多食老葉，苗木和未結果樹受害較烈。成蟲翅黑色具淡黃色斑紋，卵產於柑橘嫩芽和葉上，卵球形散產，1～3 齡幼蟲之胴體呈灰褐色，有白色斑紋，像鳥糞，4～5 齡時轉變呈綠色，具保護和擬態作用，受到干擾時，常突然翻出臭角，並放出臭味，具有防衛作用。

在臺灣危害柑樹之鳳蝶尚有柑橘鳳蝶與玉帶鳳蝶兩種，其成蟲、幼蟲期之形態與無尾鳳蝶有明顯差異，但危害特徵大致相同。

（十一）蛾類

1. 臺灣黃毒蛾：初孵化幼蟲群集棲息葉表，剝食葉肉，僅留表皮，二齡後分散，取食葉肉、果實。也會危害花朵部分。孵化幼蟲常群聚於葉背，幼蟲具毒毛，觸及皮膚紅腫發痛。

2. 小白紋毒蛾：其危害狀與黃毒蛾很難區分，但花穗期危害者，常為此蟲。

3. 大避債蛾：嚙食柑橘葉片，嫩枝皮層及幼果，往往在短期內將葉片吃光。卵孵化後幼蟲從袋口爬出，吐絲懸垂，隨風飄送，幼蟲將碎葉細枝做成巢袋，居於袋內。

4. 茶避債蛾：後齡幼蟲體呈紫黃色，幼蟲取食葉片，並以細小枝梢縱綴而成蟲袋，蟲即棲於袋內。

（十二）薊馬類

1. 茶黃薊馬：又名小黃薊馬，本蟲週年發生，於柑桔幼芽時，由其他寄主飛來，銼破葉表，吸取汁液。

2. 花薊馬：體型外觀與另一種臺灣花薊馬頗為相近。觸角褐色。成蟲與幼蟲均危害花部，取食、產卵均造成花部之傷斑。花苞時期之危害，可能波及幼果，造成嚴重變形。

（十三）葉蟬類

茶小綠葉蟬：成蟲體細長，黃綠色，翅膀半透明，體長約 3 公厘。若蟲、成蟲在幼嫩芽葉吸收養液，使發育受阻。

（十四）蟋蟀類

臺灣大蟋蟀：成蟲、稚蟲常危害幼小作物，由根部嚙斷，將幼莖搬入洞穴內取食。為多犯性，為害葡萄、茶、柑橘等植物。

（十五）白蟻類

臺灣白蟻：常見受害部位覆蓋一層泥土，可向莖上延伸 1 公尺以上。

（十六）蟎類

1. 柑桔葉蟎（柑桔紅蜘蛛）：蟲體紅色，族群密度常在 2～6 月間和 10～12 月間出現兩個高峰。年發生 25～30 代，成蟲體長 0.3～0.5 公厘，卵主要產於葉背，成蟎與若蟎危害柑橘葉片的兩面，被害部呈現小形密集的灰白色斑點，嚴重者使柑橘整株黃萎，導致落葉、落果，甚至有不正常的開花和發芽現象。其族群密度於乾燥季節密度較高。

2. 柑桔銹蟎：成蟲、若蟲會刺傷果皮，破壞果皮外層的油質細胞，柚子和文旦的果皮被害呈流淚狀褐色條紋；檸檬被害果皮則變為銀白色；椪柑、桶柑及柳橙的果實被害則呈黑褐色斑紋，俗稱象皮病或火燒柑。葉部被害多在下表呈現褐色斑紋。本蟲可週年發生，常於四、五月出現危害果實、枝條及葉片。

六、疫病蟲害需要定期健康檢查及整合防治

柑桔果樹之健康與人一樣，會導致不健康之因素甚多，若果樹發現有任何問題，應首重正確之診斷，再為「最佳化」之處方，終又需「追蹤」、「評估藥效」、「評估成本效益」。

診斷的工作雖然有些農民已很有經驗，但單憑外表之病徵常不足以準確判斷病原，又有很多屬於「微觀」之病徵、病兆、細小昆蟲等，所以延請「植醫」定期「詳細診斷」，或進行「健康檢查」是十分必要的。尤其在植物病蟲害方面，很多病害有潛伏期，等肉眼見到病變，若再延誤一週兩週，病害可能已無法收拾，錯失最佳防治時機。健康檢查目的是「提早偵知」初期病變，甚至檢出潛伏之病害、病原，俾能即早防治、讓疫病蟲害由大化小，消弭至不影響產量及品質之範圍。

若確實有疫病蟲害發生，植醫將可開立「最佳化」之處方，基本上會依據或參考農委會已發布之合法藥劑，但也應儘量採用耕作防治、物理防治、生物防治、非農藥處方，這樣才能減低農藥之用量，讓農產品更為安全、優質。

疫病蟲害一旦有多種共同存在或一起發生，則植醫將會以整合之方式進行處方，一方面可減低施藥工資之成本，另也希望透過整合處方減低「藥量」。在過去，農民或農藥店為求一網打盡疫病蟲害，常混加多種藥劑，總希望其中至少一種有效，但因專業知識不足或「行銷」之考量，相信有一半之藥是多餘的。這樣的處方一方面是浪費用藥、增加成本，另一方面也增加「農藥殘毒」過量之機會，讓農產外銷存在風險。這樣的健管模式早應揚棄，取而代之的是「植醫」的「健康檢查」、「預測預警」、「非農藥之防治」及「整合最佳化」之處方防治。

又平常之保健與有病「就診」是一樣重要的，有關柑桔園之「保健要領」介紹如下：

1. 勿用來源不明的接穗：若接穗攜帶病毒病原，可潛伏一兩年，甚至 10 年以上，病害一經傳入，將無法去除。

2. 施用充分醱酵的有機肥：未充分醱酵的有機肥會造成毒害，應適量施用禮肥，使植株恢復生力，儲蓄次年萌芽、開花、抽梢等所需的養分。

3. 做好土壤酸鹼度之調整：土壤酸鹼度影響肥力甚鉅，應不定期進行土壤酸鹼度之檢測，以維生力。

4. 維持田間衛生：平常應清除罹病枝條，且勿棄置於果園四周。果園附近應清除中間寄主、雜草及媒介昆蟲。

5. 應於冬季或休果期徹底清園：冬季休果期進行整枝修剪，去除罹病蟲枝條，清理環境並噴施藥劑，滅絕殘存樹體的病蟲。

6. 小心使用新藥劑及生長調節劑：不當施用植物生長調節劑如勃寧素、激勃素軟膏及益收生長素，容易造成畸形果、裂果。部分 NAA、2-4-D 或 BA 等會刺激枝條過度生長，造成多量徒長枝，降低抗病蟲之能力。

7. 做好嫁接工具的消毒與衛生：避免工具之傳毒，一般可用 75% 之酒精進行消毒。

8. 注意水分之管理：缺水固然會影響生長，長期之浸水為害更烈，尤其長期下雨後會損害植株，降低甜度，影響品質甚鉅。增加畦高及適度之覆蓋，應可解決水分長期浸根之問題。

七、未來展望及建議

　　柑桔產業是農業中極其重要的一環，農民對此產業應持「企業經營」之理念，設法更新改種優勢品種，配合最佳化之健康管理，則在多年種植之後，將有機會成為龐大利潤之來源或稱「金雞母」，帶來永續之財富。

　　另一方面，柑桔對人體健康十分有益，政府應大力推廣「一日五蔬果」之運動，讓國民之健康向上提升，也讓農產品之需求提高，自可增進農民之收益。

　　在病、蟲、草、逆境、營養失調等方面之管理，則「一鄉鎮一植醫」無論如何都是最佳之選擇，因為健康管理之兩層面，包括消極之防治病蟲與積極之促進健康如「健康檢查」者，都需要有專業植醫之駐診與服務。

CHAPTER 19

梨樹主要病蟲害及其防治策略

一、高接梨健康管理簡介

臺灣地處亞熱帶地區，冬季低溫期短，故無法在低海拔地區種植高需冷性之高品質梨，但近年來在低海拔地區以橫山梨徒長枝高接經低溫冷藏後之高需冷性梨如新世紀、豐水、新興品種之花芽枝條，即能生產高品質梨果，即所謂的高接梨。

但高接梨除了接穗及嫁接工資成本較高外，病蟲害的管理也有所不同，尤其在目前講究「優質、安全、外銷」之時代，以往放任由農民自行診斷病蟲害、自行處方之時代已經過時，取而代之的應是「植醫」時代之來臨。因為包括「病、蟲、草、藥」等之學識事實上和人醫、獸醫一樣專業，診斷處方都得「最佳化」，包括有效、安全、經濟、環保、優質，唯有如此才能讓損害減至最低，品質提至最高。

是以本文擬從植醫之角度，介紹「最佳化」健康管理之觀念與制度，希望能對「優質、安全」之高接梨產業有所幫助。

二、影響果樹健康之因素

各類果樹之健康與人一樣是需要保護的，而會導致果樹不健康之因素甚多，重要的各項，可參考 Chapter 18 柑桔的部分。但主要者仍不外乎：

1. 適當的營養：一般植物需有約 17 種元素才能正常生長，若有缺乏或過量，將導致嚴重之生長不良與欠收。

2. 避免環境逆境。

3. 疫病蟲害的預防及治療。

三、梨樹病害問題

梨樹病害種類甚多，經綜合之評估可將病害依「重要程度」排序，此可參考 Chapter 13 所列之「臺灣作物百大病害列表」。唯本文仍將重要之梨樹病害介紹如下：

（一）梨赤星病

　　本病爲眞菌性病害，常於早春新生梨葉出現淡紅色小點，擴大後成紅褐色，表面稍凸出，產生精子腔。不久其背面突出數公厘毛絨狀淡色銹子腔，頗爲醒目。至後期病斑處轉黑，嚴重時引起落葉。腔內銹孢子隨後傳至附近之龍柏並危害龍柏。本病屬銹病之一，病菌在梨及龍柏上輪迴寄生，缺一不可。第二年龍柏枝條生出銹色錐狀物，遇雨膨大爲黏質膠狀體，是本菌之冬孢子堆。冬孢子在水中發芽，生出小生子，被風吹至梨樹幼葉上，即發生赤星病。

（二）梨黑星病

　　本病爲眞菌性病害，春天常見葉脈上呈現黑色絨毛狀物爲本病菌分生孢子堆。除葉片外可危害葉柄及幼果，被害果後期被害處呈瘡痂狀而失去商品價值。本病初期係在葉脈上出現短條形水浸斑點，不久即出現黑色黴狀物，病斑也出現於中肋及葉柄上，葉片其他部位亦可出現不規則圓形病斑並有黑色黴狀物，但不及葉脈上者明顯。幼果被害者，果實被黑色黴狀物覆蓋，可致落果。病果常畸形，失去商品價值。當年生出之枝條頂端部分亦可被害，嚴重時枝條枯死。一般以氣溫 20℃ 左右及陰雨最有利於黑星病之發生。本病接種源主要爲帶菌之枝條及葉片。

（三）梨黑斑病

　　本病爲眞菌性病害，可危害葉、新梢及果實。葉片上由小黑點擴大呈輪紋斑，具黃暈，葉縐曲而呈不規則形。枝條由黑色圓斑擴大呈黑褐色橢圓形，與健康部相界處常見裂開，幼枝受害呈粗糙狀。果實亦由黑色圓斑擴大，幼果由此部裂開，成熟果被害時不致裂開，病斑深褐色，提早成熟並易轉黃，收穫期被感染時全面生小黑點。高溫時發生嚴重，品種間感病性差異極大。二十世紀梨最易被害，其他品種有抗性。本病發生於低海拔爲多，氣溫 24～28℃ 爲發病適溫。接種源主要爲帶菌之枝條及葉片。

（四）梨輪紋病

　　本病爲眞菌性病害，危害果實、葉片及枝幹。果實長大後易被害，初呈黑色斑點，後擴大呈輪紋狀大斑，肉質軟化，切片時易看到本菌之粗糙菌絲。葉片上亦呈

現黑褐色輪紋，枝幹上則呈粗皮狀。本病最明顯之病徵為果實腐爛，也是損失最大之原因。一般 7 月開始，至 9 月達到高峰。又在成熟收穫前，常造成嚴重落果。本菌屬多犯性，接種源主要為帶菌之枝條及葉片。

（五）白紋羽病

本病為子囊菌真菌性病害，危害主幹附近的粗根及樹冠下之細根，屬多犯性。被害根部可見附著白色或灰白色菌絲，如網紋狀纏染於根皮，可引起根部腐爛。地上部因而整株葉部黃化、落葉、勢衰，終至枯死。本病菌有性世代為深褐到黑色之不規則碳化物子實體，內有子囊殼。本病菌亦可危害柑桔、枇杷、龍眼、茶、蘋果、竹、桑、樹薯等，分布於高山及中高海拔各地區，可藉被害根部殘存土壤多年。本病初期為幼根受害而見白色菌絲纏繞，菌絲並向上蔓延，嚴重時侵害至主根。如接觸空氣，白色菌絲會轉為褐色至黑色。當病原菌到達莖基時，白色菌絲可露出土面而呈扇狀生長。

（六）梨衰弱病

本病為入侵之外來菌質病害，植株呈現嚴重生長不良病徵，受害植株呈現急速衰弱、慢性衰弱與葉片轉變成紅紫色等 3 種類型病徵。葉片下捲，夏秋缺水或乾旱及過熱時最易發生急速衰弱症。受害株結果率差，果實變小，甜度下降。主要是由嫁接帶病接穗所產生。

（七）梨褐根病

本病為土壤傳播之真菌性病害，植株生育衰弱，葉變色且較稀少，呈慢性衰弱的現象，2～3 年後逐漸枯死。發病嚴重者急速衰弱，2～3 月後即告死亡。死亡後葉片及果實仍留樹上，植株受害根部表面有褐色菌絲易粘著土粒，剖開時，材質變白，有褐色紋路鑲嵌其間，大小植株均可受害。主要為土壤中之病菌為害，目前缺乏公告之治療方法，但 Chapter 25 已列有預防及治療之注射防治新方法。

（八）梨胴枯病

本病為真菌性病害，主要發生於枝條及樹幹上，多由傷口侵入邊材部，被害病斑呈淡紅褐色，在樹皮上凹陷乾枯，被害部位後期處著生黑色小粒狀物，在病健交

界處有龜裂現象，最後受害枝條枯死。樹幹部被害擴大後，可使植株衰弱。

（九）梨白粉病

本病為真菌性病害，主要發生於葉片，被害葉片有白色至灰白色黴狀物覆蓋，一般於 5 月中旬至 6 月開始發生，至 9 月梨果採收後，未加管理時發生愈趨嚴重。罹病植株，因葉片受害或常落葉，果實的品質較差。

（十）梨炭疽病

本病為真菌性病害，主要危害果實、葉片及枝梢。被害葉部會泌出粉紅粘狀物，被害果實最初於果皮出現綠褐色水浸狀斑，隨後轉為暗褐色，微凹陷，病斑亦有粉紅粘質泌出，罹病果實會落果。被害枝梢最初表面產生綠褐色水浸狀病斑，慢慢轉變為淡紅色且稍有凹陷，病斑表面也分泌出粉紅色的粘質，新梢停止生長，最後萎縮枯死，病原菌在病枝及病果上越冬。

（十一）梨葉緣焦枯病

本病為不能培養之特殊細菌（Fastidious bacteria）所造成，病株在每年 7 月左右開始出現葉片邊緣及葉尖褐化現象，褐化部分逐漸轉為焦枯，並向中肋方向擴大，會造成提早落葉。徒長枝之葉片稍晚在八九月才開始病變。病株果實較小，嚴重者全枝乾枯，約 3～5 年後造成死亡。

四、梨樹蟲害問題

梨樹蟲害種類甚多，綜合評估後可依重要性排出重要蟲害。以下將重要之梨樹蟲害介紹如下：

（一）介殼蟲類

1. 梨桑擬輪盾介殼蟲：又名「梨圓介殼蟲」，多犯性，可害桑、泡桐、山櫻花、梅、桃、破布子等，主要發生於枝條、葉背及果實上，以枝條發生密度最高，初齡若蟲色黃白，脫皮 3 次後變成蟲，體褐色，介殼為灰白至灰褐色。年發生 5 至 6 世代，週年繁殖，危害植物甚多。成蟲及若蟲均以刺吸式口器吸取寄主汁液，常

重疊成一片白色，使被害植物生育受阻。

2. 梨齒盾介殼蟲：亦爲多犯性，可害柑桔、榕、葡萄、草莓、李、梅、桃、杏、柿等，主要發生於枝條、葉柄、葉背及果實，以刺吸式口器吸取寄主汁液，受害後枝條常呈深灰色，果實則呈凹陷、龜裂，並在蟲體周圍形成一圈紅暈，蟲體太密時呈大片紅色區。

3. 吹棉介殼蟲：成蟲及若蟲先在葉背中脈處，後遷移至枝幹上固定危害。成蟲和幼蟲並分泌蜜露，誘引螞蟻、蜂和蠅類等，並引起煤煙病。

（二）蚜蟲類

1. 梨柑桔捲葉蚜：又名「梨綠蚜」，成蟲和若蟲群集在新梢和嫩葉吸取汁液，受害嫩葉捲縮，變黑，新梢生長受阻，又分泌蜜露，誘引螞蟻，並誘發煤煙病。成蟲體呈綠色，體長 1.4～1.8 公厘，夏芽期發生密度最高。雌成蟲行單性生殖，成、若蟲均喜棲息於嫩芽葉背吸食汁液，繁殖甚速，遇雨季族群即下降。嚴重發生時，葉變黑皺縮，生育受阻。

2. 梨瘤蚜：雌成蟲行卵生單性生殖，成蟲喜產卵於陰暗之樹皮裂縫下、果蒂及果臍內側，以及套袋內之果實，卵堆孵化後幼蟲及成蟲均吸食果實汁液，無果期則以枝幹爲食。套袋果被害最嚴重，未套袋果被害較輕微，暖冬後翌年之結果期發生常較嚴重。接穗爲傳播源之一，果實採收後多數隱藏於樹皮裂縫中、新梢腋芽凹陷處與接穗部位之膠布及支柱之綁帶內側空隙處越冬，翌春遷出至新穗果實上繼續繁殖危害。主要危害果實，致引起果皮粗糙、褐變、腐爛，影響品質及產量。

3. 桃蚜：體形微小，無翅型成蟲體長 1.5～2.0 公厘，體色多種，通常爲淡黃綠色，但也有帶紅色者，角狀管細長，淡綠色末端稍呈暗色，而末端一半稍紅膨大，觸角基部內有瘤狀突起，體長約 2 公厘。有翅型桃蚜可傳播菸草脈綠嵌紋病及其他多種作物之嵌紋病等。本省 10 月至次年 3 月之氣候極適桃蚜生長。除吸收汁液影響寄主外，分泌之蜜露亦會誘發煤煙病。

4. 蘋果蚜蟲：雌成蟲體爲黃綠色，成蟲及若蟲多寄生於幼嫩枝條新芽及心葉上危害。被害新芽生育受阻，心葉皺縮，致使植株生長不良。

5. 棉蚜：體形微小，體色多種，通常爲淡綠色，然也有帶紅色者，角狀管細

長，淡綠色末端稍呈暗色，觸角基部內有瘤狀突起。一般群集於嫩葉部吸取營養液，並分泌蜜露誘發煤病。被害嚴重葉片常捲縮或萎凋，生長不良。直接危害外亦可傳布毒素病。

6. 大桔蚜：成蟲、若蟲除吸食養液外，更分泌蜜露，誘發煤煙病，阻礙果樹光合作用，是毒素病的媒介昆蟲。成蟲體長 1.6～2.0 公厘，本省終年行胎生繁殖，無越冬現象。

（三）木蝨類

梨木蝨：梨木蝨爲入侵之外來物種，主要產卵於梨樹徒長枝的新葉葉脈中肋兩側或葉梗處，孵化後若蟲吸食嫩葉及嫩芽等幼嫩組織汁液，造成葉片向後反捲，嚴重者變形，若蟲有群聚現象，並產生大量蜜露，以致於部分受害葉片或幼果出現煤煙病病徵。防檢局已推薦 9.6% 益達胺溶液 1,500 倍及賜諾特等多種防治藥劑供農友使用，請農友參考防治曆進行防治工作。

（四）天牛類

星天牛：成蟲體黑色，觸角自鞭節起，每節基部白色，前胸與翅鞘有白色星狀斑點。幼蟲先在樹皮下方危害形成層、樹皮及邊材等處，老熟時則鑽入木質部，咬成隧道。本蟲一年一世代，成蟲一般於每年 4 至 7 月出現，多在距地面約 0.5 公尺處以口器咬破樹皮產卵於裂縫內，每處 1 粒，每雌蟲可產 70 至 80 粒。防除方法爲在樹幹自地面至 1 公尺高度處塗布石灰乳或包紮塑膠布或網，以防產卵，另亦可以藥劑注入幼蟲隧道進行防治。

（五）蛾類

1. 茶捲葉蛾：初孵化的幼蟲頭部黑色，體淡黃色，成長後頭呈黃褐色，體暗綠色。幼蟲常吐絲將兩三片葉一層層綴在一起，棲於內面取食葉肉，留下表皮呈紅褐色。該蟲之危害在成葉上較多。

2. 咖啡木蠹蛾：本蟲爲害莖部及枝條，造成被害部以上枝條之枯萎，可由蛀入孔堆積的糞便或掉落地上的糞便判定該蟲的危害。初孵化幼蟲由幼嫩枝條或腋芽間鑽入，幼蟲有遷移他枝繼續蛀食之習性，並沿木質部向上蛀食，造成枝條枯萎。老

熟幼蟲化蛹於食孔中。中部地區年發生兩世代，以 4～5 月發生密度最高，9～10 月次之。成蟲產卵於葉柄基部或枝幹表面隙縫間，每 20～30 粒一處，每一雌蟲可產300～800 粒。

3. 大避債蛾：囓食梨樹葉片，嫩枝皮層及幼果，往往在短期內將葉片吃光。卵孵化後幼蟲從袋口爬出，吐絲懸垂，隨風飄送，幼蟲將碎葉細枝做成巢袋，居於袋內。年發生 2 世代，第一世代在 4～7 月，第二世代在 8～11 月。

（六）薊馬類

1. 茶黃薊馬：又名小黃薊馬，本蟲週年發生，於果樹幼芽時，由其他寄主飛來，銼破葉表，吸取汁液。

2. 花薊馬：體型外觀與另一種臺灣花薊馬頗為相近。觸角褐色。成蟲與幼蟲均危害花部，取食、產卵均造成花部之傷斑。花苞時期之危害，可能波及幼果。

（七）蟎類

二點葉蟎：二點葉蟎為世界性最重要經濟害蟎之一，可危害蔬菜類、觀賞作物、果樹、雜糧、棉花、草莓及雜草等。春、夏期蟲體呈深綠色，體側各具一大型墨綠色之斑點，秋季後，體色逐漸變為黃色至桔紅色。冬季成蟎常群集於果蒂內，在梨樹樹幹基部樹皮縫隙間越多或遷移至雜草上繼續危害。來春梨樹發芽後，再爬回葉上危害。雌蟲每日平均產卵 8 枚，每雌一生可產卵 100 枚左右。此蟎對溫度之適應範圍甚廣，並對殺蟎劑具甚強的抗藥性，為溫帶果樹之大敵。各期個體均聚集在葉背危害，危害輕者，每使葉片凹陷畸型；嚴重者葉片呈灰白色而脫落。

六、疫病蟲害需要定期健康檢查及整合防治

梨樹一年四季的重要病蟲害及防治曆，可如下圖。

有關高接梨果園之健康管理仍不外乎整合性之診斷、流行病之預測，及最佳化之處方，其大原則與 Chapter 18 之柑桔健康管理相同。

有關梨園之「保健要領」，則介紹如下：

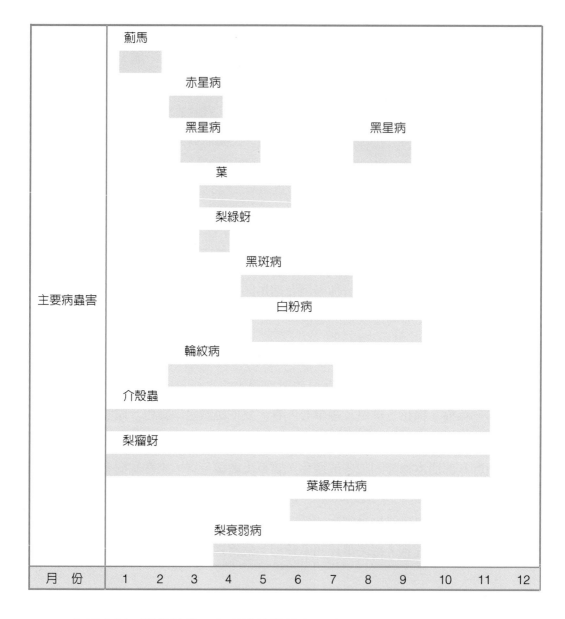

1. 勿用來源不明的接穗：若梨接穗攜帶病毒病原，可潛伏一兩年，甚至十年以上，病害一經傳入，將無法去除。

2. 做好土壤酸鹼度之調整：土壤酸鹼度影響肥力甚鉅，應不定期進行土壤酸鹼度之檢測，以維生力。

3. 維持田間衛生：平常應清除罹病枝條，且勿棄置於果園四周。果園附近應清除中間寄主（如赤星病之龍柏）及媒介昆蟲（如衰弱症之葉蟬等）。

4. 應於冬季休眠期澈底清園：冬季休眠期應整枝修剪，去除罹病蟲枝條，清理樹皮並噴施藥劑滅絕殘存樹體的病蟲。

七、未來展望及建議

高接梨產業是目前臺灣農業中極其重要的一環，農民對此產業應持「企業經營」之理念，設法更新改種優勢品種，配合最佳化之健康管理，以求永續之經營。

梨等水果對人體健康十分有益，政府應大力推廣「一日五蔬果」之運動，讓國民之健康向上提升，也讓農產品之需求提高，自可增進農民之收益。

CHAPTER 20

慣行農業最佳用藥之選擇策略及應用 *

* 摘錄自：

孫岩章、陳怡如、陳均岳、丁善焉（2009）。慣行農業最佳用藥之選擇策略及應用。植物醫師與優良處方研討會論文集。臺灣大學植物醫學研究室。

 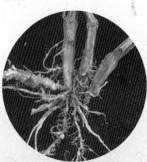   

一、前　言

國立臺灣大學是從 1994 年 5 月開始推動「植物醫師」的制度，希望有朝一日，第三類醫生（植物醫師）能為社會所接受，能廣泛為農作物、植物、樹木服務，造福農民及農企業。其重要里程如下：

1. 自 1994 年 7 月首倡植物醫師制度。
2. 於 2005 年通過植物醫學培訓要點。
3. 2005 年起輔導花蓮無毒農業迄今。
4. 2006 年成立植物醫學研究中心。
5. 2008 年起創設建國花市植醫診所。
6. 2009 年創辦臺大百大老樹健檢及初級照護。
7. 2009 年起創辦植醫巡迴診療。
8. 2009 年 10 月校務會議通過植醫碩士學位學程，2010 年獲得教育部通過開始招生。

在他校方面，屏東科技大學已於 2008 年 8 月改名成立「植物醫學系」，中興大學已於 2014 年設立「植醫暨安全農業碩士學位學程」，嘉義大學則於 2012 年設立「植物醫學系」。

按所謂醫生之工作內容不外乎：「診斷」、「處方」、「健康管理」3 件事。然在多年來推動植醫的過程中，我們發現「診斷」其實是較單純的工作，因為假以時日，多做探索，終究會找出病因。「處方」及「健康管理」才是最大的挑戰。

二、植醫處方學的三大難題

我們多年來，已深刻感受到在「植醫處方學」上經常面臨的三大難題，其一是「農藥角色的紛亂」，讓我們不知該如何開出無害於環境與食品安全之處方，其二是「最佳農藥處方何處尋」，其三則是「我國農藥尚無足夠藥效資料提供處方依據」。

且先談農藥角色的紛亂，目前社會普遍談農藥而色變，使得農藥的功過都一直處於「姿身不明」的狀態。究其根本原因，乃可歸納出目前農藥帶有 3 個負面形

象，其一是「農藥殘留」，其二是「農藥中毒與被用於自殺」，其三是如「寂靜的春天」所敘述的「生態浩劫」。其中有關「如何讓農藥無法成為自殺的工具」可參考 Chapter 7。

事實上上述 3 個「負面形象」根深蒂固，如作者於 2008 年參加臺北市植物保護公會聚會時，領導者都自嘲是「合法的販毒集團」。而更諷刺的現象還有下列諸端：(1) 大多數讀植物病理學系、昆蟲系、植物保護系的師生都不曾碰過農藥及處方，無法服務農民及農企業，(2) 臺北市政府對行道樹噴藥，結果是受輿論大肆抨擊、市長立即喊卡，(3) 某大學生農學院院長竟然規定校內不可使用農藥，包括農藥試驗在內，(4) 雖然環境衛生用藥與農藥很多屬於相同成分，環境衛生用藥就廣為市民接受，但農藥卻有如過街老鼠般的人人喊打。

而在「最佳農藥處方何處尋」及「我國農藥尚無足夠藥效資料以供處方依據」等二大問題上，我認為正是當今「植物醫學」及產、官、學界最需努力的地方。以人醫及獸醫為例，藥物的最佳化都已有非常完整的資訊，針對每一疾病的最佳用藥都有強力的臨床醫學根據，而國科會或科技部及衛福部也都努力支持相關的研究。唯獨在植物保護及植物醫學這一塊卻是讓人汗顏，產、官、學三方都不曾努力過。

先說產業這一方，國內在農用化學藥劑上雖有百多家大的製造、進口、調製、批發等農藥公司，可惜自顧推銷自己的強項產品，努力爭取每年百億的商機，無暇思考「最佳用藥」的評選問題。而在官方這一方，因為長期以來一直有不可圖利廠商之顧慮，所以連「植物保護手冊」都只簡單列出各個病蟲害的「候選用藥名單」，要問說像黃條葉蚤共 12 種藥中何者最優？則未能提供答案。而廠商原先送交政府機關申請登記的原始資料也因「不得洩密」而被「深鎖櫃中」，外人無法窺其究竟。至於第三方的學術界，全臺灣共有四個大學有植醫、植保相關科系、研究所，卻總共只有三五位多少參與「農用藥劑」研發與研究的師資，即便是國科會或科技部也無加強「最佳農藥處方評選」的研究規劃。就是因為產、官、學三方都不曾努力過，以致最佳處方資訊一直付之闕如。

而我們認為要讓農藥科學重新注入活水，首先是要化解「農藥的負面形象」，即需先洗除農藥汙名，讓社會把「人類用藥」、「動物用藥」及「植醫用藥」等同看待，讓植醫系師生都不排斥「試用農藥」、「使用農藥」、「推廣用藥」。另一

方面應是推展「植醫處方學」，評選「最佳處方」，將植醫效益最大化。簡言之，不懂植醫用藥及最佳處方，哪能稱得上是「植物醫生」？

三、植醫研究室對重要病蟲草害優良處方的初步評選

自 2008 年起，作者即結合修習「植物健康管理」的師生，在約半年的討論與嘗試後，決定開始進行「最佳處方之評選」工作，其過程是首先討論，並經由團隊作業，包括初稿提出、逐一評估，逐漸統計確立「評選參數及權重」，再大膽地對目前「植物保護手冊」所列的所有藥劑進行「優劣點數（+5～-5）」之評分，然後計其加權後之總優劣點數，對各個藥劑加以排序。

上述第一步，是對農藥優劣的「評選參數及權重」做出決定，其方法是參考作者參與多年之「環境影響評估」中的專家評定法。專家成員就由 6 至 8 位師生所組成，過程是先提出「評選參數」，再以 1,000 分之總分進行各參數權重之分配及統計，共經過兩次之討論、評分及統計後，所得到的結果列如表 1 及表 2。

表 1　臺大植醫研究室以專家評定法選定最佳處方評選依據之參數及權重

最佳農用處方評選依據之參數及權重					
參數（大項）	藥效	毒性	環境安全	經濟性	便利性	小計
權重	250	233	225	167	125	1000
說明	以上為 6 位準植物醫師之評估均值					

因上述「環境安全」大項內容不只一端，經討論後認爲應再分成如表 2 所列的4 細項，而其權重經過 6 位準植物醫師之評估後其均值列如表 2。此表 2 之權重值即被用以進行各藥劑之「環境安全」大項之細部評選之用。

表 2　臺大植醫研究室以專家評定法推定「環境安全」細項之評選參數及權重

最佳農用處方評選依據在「環境安全」上之參數細項及權重					
細項	殘留	蜂毒	魚毒	環境汙染	小計
權重	358	257	118	267	1000
說明	以上為 6 位準植物醫師之評估均值				

在得到表1及表2之「參數及權重值」之後，第二步即開始對「植物保護手冊」所列的所有藥劑進行「優劣點數（+5～-5）」之評估，然後計其加權後之總優劣點數，對各個藥劑加以排序。在近半年的作業中，共對6種病害、蟲害及草害分別進行「個別藥劑優劣順序之評分與排名」。

例如對黃條葉蚤現有藥劑最佳處方之評選結果，乃如表3所列者。由表3可知，現有12種藥劑中是以「50% 馬拉松乳劑」獲得最高之加權優劣點數941.4，獲得最佳處方之頭銜，第二及第三名則分別為「50% 培丹水溶性粉劑」及「20% 達特南水溶性粒劑」。

表 3　臺大植醫研究室對黃條葉蚤現有藥劑最佳處方之評選結果

登記藥物	優劣點數（+5 ～ -5）					
大項	藥效	毒性	環境安全	經濟性	便利性	小計
權重	250	233	225	167	125	1000
6 位準植物醫師之評估均值						
20% 達特南水溶性粒劑	1	0.8	-2.4	0	3	271.4
20% 亞滅培水溶性粉劑	3	-1.5	-2.6	0	2	65.5
43% 布飛松乳劑	3	-1.5	-3.5	0	3	-12
2% 阿巴汀乳劑	3.5	-3	-3.4	0	3	-214
50% 培丹水溶性粉劑	5	-2	-2.3	0	2	516.5
10% 毆殺滅溶液	3	-3	-3.2	0	1	-544
6% 培丹粒劑	2	-2	-2.3	0	4	16.5
50% 馬拉松乳劑	3	0.8	-2.2	0	4	941.4
50% 加保利可溼性粉劑	3	-1.5	-3.7	0	3	-57
10% 美文松乳劑	2	-3	-3	0	3	-499
10% 美文松溶液	2	-3	-3	0	1	-749
85% 加保利可溼性粉劑	3.5	-1.5	-3.7	0	3	68

同樣地，對葡萄露菌病現有藥劑最佳處方之評選結果，乃如表4所列。由表4可知，現有21種藥劑中是以「73% 鋅波爾多可溼性粉劑」獲得最高之加權優劣點數2165，獲得最佳處方之頭銜，第二及第三名則分別為「18.7% 達滅克敏水分散性粒劑」及「71% 鋅錳比芬諾可溼性粉劑」。

表 4　臺大植醫研究室對葡萄露菌病現有藥劑最佳處方之評選結果

登記藥物	優劣點數（+5 ～ -5）					
大項	藥效	毒性	環境安全	經濟性	便利性	小計
權重	250	233	225	167	125	1000
6 位準植物醫師之評估均值						
18.7% 達滅克敏水分散性粒劑	3	4	-0.8	0	3	1877
52.5% 凡殺克絕水分散性粒劑	3	0.8	-0.9	0	3	1108.9
9.4% 賽座滅水懸劑	2	5	-0.8	0	3	1860
80% 福賽快得寧可溼性粉劑	4	0.8	-2.3	0	3	1043.9
29.69% 三元銅克絕水懸劑	3	1	-0.2	0	3	1313
64% 甲鋅毆殺斯可溼性粉劑	3	0.8	-3.2	0	3	591.4
23% 亞托敏水懸劑	3	5	-2.3	0	2.5	1710
50% 達滅芬可溼性粉劑	3	4	-2.8	0	3	1427
48% 快得克絕可溼性粉劑	3	4	-2.5	0	3	1494.5
93% 克絕波爾多可溼性粉劑	3.5	0.8	-1.4	0	3	1121.4
71.6% 銅右滅達樂可溼性粉劑	3	0.8	-3.1	0	3	613.9
35% 腈流克絕可溼性粉劑	2	0.8	-2.8	0	3	431.4
71% 鋅錳比芬諾可溼性粉劑	3	5	-3.3	0	3	1547.5
80% 福賽得水分散性粒劑	4	0.8	-2.7	0	3.5	1016.4
80% 福賽得可溼性粉劑	4	0.8	-2.7	0	3	953.9
73% 鋅波爾多可溼性粉劑	2.5	5	0	0	3	2165
65% 松香酯酮乳劑	2	-3	0	0	3	176
76.5% 銅滅達樂可溼性粉劑	3	0.8	-2.8	0	3	681.4
72% 鋅錳克絕可溼性粉劑	3.5	0.8	-3	0	3	761.4
33.5% 快得寧水懸劑	2.5	4	-2	0	3	1482
58% 鋅錳滅達樂可溼性粉劑	4	4	-3	0	3	1632

　　再對甘藍園雜草現有藥劑最佳處方之評選結果，乃如表 5 所列。由表 5 可知，現有 15 種藥劑中是以「44.5% 三福林乳劑」獲得最高之加權優劣點數 2,958，獲得最佳處方之頭銜，第二及第三名則分別爲「50% 滅落脫水分散性粒劑」及「5.66% 固殺草溶液」。

表5　臺大植醫研究室對甘藍園雜草現有藥劑最佳處方之評選結果

登記藥物	優劣點數（+5 ～ -5）及權重										小計
	藥效	權重	毒性	權重	環安	權重	價格	權重	便利	權重	總分
79% 汰滅草乳劑	4	250	1	233	-1.6	225	0	167	3	125	1248
50% 滅落脫水分散性粒劑	5	250	5	233	-1.2	225	0	167	-1	125	2020
5.66% 固殺草溶液	3	250	0.8	233	1.47	225	0	167	4	125	1767.15
43.1% 滅草胺水懸劑	2	250	0.8	233	0.6	225	0	167	-3	125	446.4
10.6% 甲基合氯氟化劑	5	250	-1.5	233	-1.3	225	0	167	3	125	983
34.3% 畢克草溶液	4	250	-5	233	-0.6	225	0	167	4	125	200
17.5% 伏寄普乳劑	5	250	0.8	233	-0.6	225	0	167	3	125	1676.4
25.6% 畢克草粒劑	4	250	0.8	233	-0.6	225	0	167	5	125	1676.4
10% 拉草粒劑	3	250	0.8	233	-0.9	225	0	167	5	125	733.9
44.5% 三福林乳劑	5	250	5	233	0.75	225	0	167	3	125	2958.75
50% 大芬滅可溼性粉劑	2	250	0.8	233	-0.6	225	0	167	-4	125	51.4
34% 施得圃乳劑	4	250	0.8	233	-0.3	225	0	167	3	125	1493.9
22% 復祿芬乳劑	5	250	1	233	-0.9	225	0	167	3	125	1655.5
23.5% 復祿芬乳劑	5	250	1	233	-0.9	225	0	167	3	125	1655.5
35% 伏寄普乳劑	5	250	0.8	233	-0.6	225	0	167	3	125	1676.4

四、結論及建議

　　自 2008 年起，我們的「植物健康管理」終於第一次邁入植醫用藥「最佳處方之評選」的里程碑。其過程是經過討論、團隊作業、初稿提出、逐一評估等，逐漸統計確立「評選參數及權重」，再對目前「植物保護手冊」所列的所有藥劑進行「優劣點數（+5～–5）」之評估，然後計其加權後之總優劣數，對各個藥劑加以排序。相信這是目前最為可行的評選程序。

　　當然，相信一定會有人十分質疑上述評選的公平性，但要強調，這樣的評選仍只是起步。也由衷地希望產、官、學各界能提供寶貴的意見。更更希望類似的評選可以公開討論，或逐年進行重新檢討。目標是希望最佳處方經得起一再的考驗與驗證。並希望各界包容些許的利益衝突，庶幾可讓植醫處方學有較快的進步。

CHAPTER　21

植醫及樹醫友善用藥及優良用藥之定義及歸類 *

* 摘錄自：

孫岩章（2014）。植醫及樹醫友善用藥及優良用藥之定義及歸類。植醫及樹醫友善用藥與優良處方研討會論文集。臺灣植物及樹木醫學學會。2018.01 修訂。

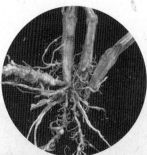

一、植物醫學元年之開啓

2011 年是臺灣大學正式招收「植物醫學碩士學位學程」學生的第一年，共有 12 位大學畢業之學生進入此一植物醫學碩士班，需修滿 50 學分含實習及論文才能畢業，並可取得「植物醫學碩士」學位。回想這是作者從 1994 年開始推動「植物醫師」理念共 16 個年頭，方才看到它略見開花結果。而 2011 年也是「植物醫學」領域豐收的一年，因爲國內嘉義大學向教育部申請成立「植物醫學系」已經獲准，將成爲繼屏科大及臺大之後的第三個植物醫學系所。而美國除了在 1999 年佛羅里達大學首設「植物醫學學程」之外，也在 2009 年由中西部之內布拉斯加大學（University of Nebraska）設立了「植物健康學程」，此一「植物健康學程」開宗明義是要培養「植物開業醫師」（Plant Practitioners）。

記得作者在 2011 年 9 月「植物醫學碩士學位學程」第一次開學上課時，將 2011 年稱爲「植醫元年」，學生們也與有榮焉，並成立一個「植醫元年」之臉書社團，以求互相交流與學習。而我也宣示：會當植物醫學永遠的義工及捍衛者，希望學生都能逐步在植醫學習及工作中感受到它的「使命與榮耀」，未來在充當「植物醫師」時，也能體會它的樂趣，更能擁有如美國「植物醫學學程」開宗明義所揭示的「美好的出路」。

然後於 2013 年，基於國內植醫及樹醫科學領域日漸成熟，吾等參與及學習「植物健康管理」15 年的師生，乃發起成立「臺灣植物及樹木醫學學會」，先於 2013 年 4 月 28 日召開成立籌備會議，再於 2013 年 10 月完成籌備，即向內政部申請立案，順利於 2013 年 12 月奉內政部 102 年 12 月 26 日臺內團字第 1020381287 號函准予籌備，並於 2014 年 5 月 3 日召開第一次會員大會，也選出第一屆理事、監事、理事長。作者受此「第一屆理事長」之重託，當竭盡心力，希望逐步提升植醫與樹醫之科學及技術之水平，也希望未來有更多之「植醫及樹醫診所」之開設，用以造福農民、農企業及全體國民。

茲舉「臺灣植物及樹木醫學學會」之設立宗旨，以爲共勉。按學會章程第五條，列有本會之任務如下：

1. 舉辦植物及樹木醫學演講及研討會。

2. 提倡植物及樹木醫學之研究及發展，並設法籌募研發經費。

3. 辦理植物及樹木醫學有關之研究及服務計畫。

4. 研究植物及樹木醫學之用藥，以求植醫與用藥之結合及應用。

5. 配合政府有關植物及樹木醫學之政策，協助解決相關問題。

6. 發行有關植物及樹木醫學研究書刊。

7. 訓練及推薦植物及樹木醫學專門人才。

8. 促進國際植物及樹木醫學之交流與合作。

9. 辦理其他有關植物及樹木醫學事項。

二、樹木醫學的發展

在科學史上，「森林病理學」（Forest Pathology），本來就是「植物病理學」（Plant Pathology）的一分支。例如，最早有關森林病理學的專書，包括「An Outline of Forest Pathology」在 1931 年即出版於美國，另一「Forest Pathology」則在 1938 年印行於美國。

因為「樹木或森林」通常有龐大的身軀、超長的壽命，在城市中的樹木因枝葉茂密而在夏天成為遮蔭、降溫之要角。另外綠色樹木都賦有吸收廢氣、淨化空氣之保健功能。而重要的老樹、綠地都與市民的健康、財產息息相關，例如，行道樹、公園老樹、鄰里老樹等等。

如前所述，樹木和人及動物一樣，都有生老病死的里程，而樹木的種類又特別龐大。在臺灣的本土植物即超過 4,085 種。若以其重要樹種納入樹醫服務的對象，負擔也是十分繁重。例如以常見 100 種為對象，每種針對 5 種重要疫病蟲害，則至少要對其中總計 100×5 共 500 種樹木疫病蟲害，學習熟練之「診斷」、「處方防治」、及「健康管理」。

若把一位植物醫生、樹木醫生對一種作物或一棵老樹看病的三大作業與六類病因繪圖，結果乃如圖 1。由圖可知，這是一整合度及精確度皆要求很高的科學及技術。而服務的對象就是作物及樹木。而樹木醫學依據六類病因（病蟲草藥營養逆境）上的分類及其常見病例，則參考 Chapter 14 及 15 之列表。

六類病因	病害	蟲害	草害	藥害	營養	逆境
	×	×	×	×	×	×
三大作業	診斷		處方		經營管理	

圖 1　植醫與樹醫的作業對象及內涵關係圖

有關樹病之診斷及防治報告，作者與蕭文偉君係於 2001 年 6 月首先參與臺大實驗林主辦之「巨木（老樹）保護研討會」並發表論文，詳如 Chapter 23。在此一研討會之後立即有立法院劉光華委員邀集作者研商「樹木醫師法」之立法，以求設立此一專門之職業，但獲悉要立法必須各縣市皆有足夠之「樹木醫師」方可，因為要有「各縣市樹木醫師公會」之制度才能有專門職業「樹木醫師法」。

三、樹木醫療的實例

近年來作者身為植物醫生，經常為老樹看診及醫療。茲舉重要案例，介紹如下。

（一）樹木健康檢查及安全評估案例

本案係由國立臺灣師範大學公館校區委託，進行「國立臺灣師範大學公館校區肯氏南洋杉及樟樹健康檢查及安全評估」，針對校區主要通道種植之肯氏南洋杉共 45 株及樟樹 3 株，進行各株之樹木健康檢查及白蟻蛀蝕之安全評估。

1. 實施地點及株數：臺北市汀州路，即國立臺灣師範大學公館校區。由汀州路校門進入校區主要通道之樹木群，可細分成：(1) 中央列共 35 株，(2) 右列共 3 株，(3) 左列共 9 株，(4) 操場區共 1 株，合計共 48 株。

2. 樹木健康檢查：內容包括：(1) 外部檢查及聽診，(2) 生長錐鑽探取樣檢查，(3) 必要時進行生長錐鑽探樣本之鏡檢及病菌分離培養。

3. 風倒安全性評估：方法包括：(1) 外部檢查及聽診，(2) 生長錐鑽探檢查。一般以樹幹基部或胸高部位為對象，先進行外部檢查及聽診，量測胸高直徑，再由聽診決定可疑部位每株 2 處，各以生長錐進行鑽探及檢查，並由鑽探檢查之腐朽程

度，評估其風倒可能性。一般以樹幹橫切面全面積若有 1/3 以上發生腐朽或遭白蟻蛀蝕，即認定為「具中度風倒可能性」；若以樹幹橫切面全面積有 1/2 以上發生腐朽或遭白蟻蛀食，即認定為「具重度風倒可能性」；若以樹幹橫切面全面積有 2/3 以上發生腐朽或遭白蟻蛀食，即認定為「具極重度風倒可能性」。

4. 結果：本項結果共進行 48 株風倒安全性評估，由總計 48 株中，共有 2 株有超過 1/2 之心材腐朽，屬「具重度風倒可能性」。另有 2 株有超過 1/3 之心材腐朽，屬「具中度風倒可能性」。其他有 9 株雖有輕微腐朽，但範圍在 1/3 以下。剩餘的 35 株，則皆無為心材腐朽情形。

5. 樹木維護建議：主要分級為：

(1) 風險零級即安全級：當樹幹內部未發現有腐朽或白蟻蛀蝕，即不具風倒可能性，可繼續保留此些健康樹木。

(2) 風險一級：當樹幹內部有輕微腐朽或白蟻蛀蝕未達 1/3，達到「輕度風倒可能性」時，建議應密切觀察病情演變、設法防治蛀蝕之白蟻或病菌、設立安全性警告標誌，但可暫時不必移除該病株。

(3) 風險二級：當樹幹內部有輕微腐朽或白蟻蛀蝕達 1/3 以上，達到「中度風倒可能性」時，建議應密切觀察病情演變、設法防治蛀蝕之白蟻或病菌、設立安全性警告標誌，但可暫時不必移除該病株。

(4) 風險三級：當樹幹內部有腐朽或白蟻蛀蝕達 1/2 以上，達到「重度風倒可能性」時，建議應密切觀察病情演變、設法防治蛀蝕之白蟻或病菌、設立安全性警告標誌，另如經評估恐無法耐受颱風，即可進行事前之移除。

(5) 風險四級：當樹幹內部有腐朽或白蟻蛀蝕達 2/3 以上，達到「極重度風倒可能性」時，建議應予立即移除該病株。

（二）樹幹重建及樹洞修補以增進樹幹的抗風性

基於樹木風倒，必因物理支撐力之不足，當風力達到一臨界點時，只要再多一點側風即可能造成不可逆之「風倒」。因此，雖然一般認為「樹洞之修補多無法恢復其健康」，但「樹幹重建或樹洞修補若能增進樹幹的抗風性」，則對珍貴樹木之保護即具有意義及價值。故本項即立基於此，由臺大植醫研究室針對新北市明志科

技大學及臺北市青田街 2 處之大王椰子樹，進行「樹幹重建或樹洞修補」計畫。其步驟包括：(1) 評估樹勢及樹幹修復之必要性與可能性，(2) 病竈清理與除病除蟲，(3) 施用殺菌防蟲藥劑，(4) 病竈緩衝性填充及修補處理，(5) 樹洞以加強型鋼筋水泥支撐處理，(6) 恢復自然外表之處理。

本項結果，於 2012 年，共完成 8 株受傷大王椰子樹之「樹幹重建及樹洞修補」，迄今成果尚屬良好，因歷經多年之颱風季節，皆有達成預期之目標。

（三）臺大校園百大老樹健康檢查及初級照護第一期工作計畫

1. 計畫目的

臺大為我國第一學府，隨著李校長嗣涔「八十臺大、前進百大」之呼籲，學校不唯應在學術研究、教學、服務上有所突破與精進，對於校園內歷史悠久、價值不菲的老樹，實也到了該有積極照護、列名表彰之時候。另一方面，校內經由臺北市政府文化局依「樹保條例」列管之珍貴樹木目前已達98株，其數量將會逐年增加。此些多數與臺大共同走過 80 年歷史歲月之老樹，不唯為本校無價之資產，其在形塑校景、美化環境、淨化空氣、棲育動物、提供教學研究等亦具有無可替代之實質功能。近年來，由於病蟲害及缺乏照護等因素，已讓本校損失甚多之珍貴老樹（平均每年有數株），由於植物疫病蟲害之傳染性及不可恢復性，若平常缺乏「老樹健康檢查」之預防性措施，一旦發現如「褐根病」、「白紋羽病」、「根腐病」、「白輪盾介殼蟲」、「釉小蜂」等，常已「延誤病情」、或已「病入膏肓」，多無法救回老樹珍貴之生命。

為此，本校負責校樹維護之總務處，特與生農學院於 2006 年成立之「生農學院植物醫學研究中心」，共商「校園百大老樹健康檢查及照護計畫」。希冀經由分期、逐年之「定期健檢」、「早期診斷、早期防治」、「生長環境改善」、「分級照護」等，讓臺大校園近乎無價、珍貴無比之老樹，得獲「樹木醫生」專業、細心的健檢及照護，得免於疫病、蟲害、逆境、傷殘之侵擾，確保永續之生機與綠意，則鬱鬱蔥蔥之老樹們將永遠伴隨臺大而成長、蔭庇全校師生。

2. 結果

本計畫已將本校「百大老樹」納入健康檢查、防病防蟲之照護行列，對於臺北

市政府文化局及本校內審列管之珍貴樹木，皆可有效排除逆境或改善其生長環境、預防重大疫病蟲害之發生，並可永續促進百大老樹之健康。

3. 建議

因珍貴老樹是公共資產，其價值不菲，故呼籲，除了上述之「平常定期健康檢查」以外，也應按其生病之狀況，施以「分級照護」。依作者之意見，建議依人醫之分級，共分成 5 級，分別施行照護或救治，詳如表 1 所示。

表 1　臺大植醫中心建議之生病老樹照護或救治之分級

級別	名稱	適用老樹健康或生病狀況	照護或救治之內容	所需設備
O 級	老樹定期健檢	老樹尚屬健康，樹勢尚無受損之情況	維持約每年 1～2 次之定期健檢	定期健檢所需儀器及設備
初級	老樹初級照護	老樹有營養不良、生育地有人為障礙或干擾	應補充營養，排除或減少人為障礙或干擾，並維持每年 1～2 次之定期健檢	營養注入管、排除基地障礙之機械
一級	老樹一期發病照護（一期）	老樹因病、蟲、藥物、逆境而有初期發病之狀況，樹勢受損在 1/3 以下。或樹幹受損在 1/3 以下，屬「輕度風倒可能性」時	立即實施疫病蟲害之醫療防治，並應追蹤其恢復狀況，同時實施每年 1～2 次之評估與健檢	疫病蟲害醫療防治設備及資材
二級	老樹二期發病照護	老樹因病、蟲、藥物、逆境而有二期發病之狀況，其樹勢受損在 1/3 以上。或樹幹受損達 1/3 以上，屬「中度風倒可能性」時	立即實施密集之疫病蟲害醫療防治，並應追蹤其恢復狀況，同時實施每年 1～3 次之評估與健檢	疫病蟲害醫療防治設備及資材
三級	老樹嚴重發病救治（三期）	老樹因病、蟲、藥物、逆境而有嚴重發病之狀況，其樹勢受損在 1/2 以上。或樹幹受損達 1/2 以上，屬「重度風倒可能性」時	立即評估病情及預後情況，如評估尚有救治之機會，應立即實施加強型之疫病蟲害醫療防治，並應追蹤其恢復狀況，同時維持每年 1～4 次之評估與健檢	疫病蟲害醫療防治設備及資材

級別	名稱	適用老樹健康或生病狀況	照護或救治之內容	所需設備
四級	老樹末期發病救治（四期）	老樹因病、蟲、藥物、逆境而有危害生命發病之緊急狀況，其樹勢受損在 2/3 以上者。或樹幹受損達 2/3 以上，屬「極重度風倒可能性」時	立即評估病情及預後情況，如評估尚存有救治之機會且樹主同意嘗試救治，再立即實施緊急型之疫病蟲害醫療防治，並應追蹤其救治狀況，同時維持每年 1～4 次之評估	疫病蟲害醫療防治設備及資材

（四）臺大校園喬木褐根病健檢及篩檢第一期計畫

1. 計畫內容

本計畫「臺大校園喬木褐根病健檢及篩檢第一期計畫」，對象為校總區舟山路以北及水源校區共約 13000 株之喬木。全面進行「健檢及篩檢」。第二期則俟第一期完成後，再針對其他如舟山路以南、醫學院、徐州路法學院、教職員宿舍等進行「健檢及篩檢」。

(1)「褐根病健檢」方面：主要係由受過診斷訓練之「實習植物醫生」或「研究生」，逐一對每株喬木進行「外觀及病徵診斷」。

(2)「褐根病篩檢」方面：主要係針對上述「健檢」後發現恐有「綜合樹勢衰弱」或「疑似褐根病」者，進行進一步之取樣、病菌鏡檢、病菌分離及培養等，以求確定是否為「褐根病病株」。

2. 計畫結果

(1)本計畫於半年內共健檢校園舟山路以北共 95「建物區號」，總共健檢 13060 株之喬木，由外觀診斷發現染患褐根病者共 22 株。

(2)本計畫針對過去發生過褐根病之「建物區號」，並對病株鄰近之健康喬木或可疑植株進行根部採樣，以供「褐根病選擇性培養基之早期篩檢及鑑定」。結果總共採樣檢驗 240 株喬木，其為陽性者並不高，顯示要以選擇性培養基對可疑植株進行早期篩檢並非容易。

(3)總結論，發現目前本校舟山路以北，共 95「建物區號」中，確定染患褐根病者共為 22 株。分布於傅園區、一號館區、黑森林區、操場區、文學院區、教職

員宿舍區、農業工程區、水源校區等，發病已算十分嚴重。

（五）臺大樹木褐根病預防性防治第一期試驗計畫

1. 計畫工作內容及實施方法

本計畫「臺大樹木褐根病預防性防治第一期試驗計畫」，於 2014 年 11 月 1 日起開始實施，對象為校總區黑森林區、教職員宿舍區（含發揚樓基地）及水源校區等 3 地區可行植株進行「預防性防治試驗計畫」。第二年期將視第一年期之執行成果擴大實施，並嘗試其他更具潛力之藥劑。第三年期將視第二年期之執行成果，研擬更大範圍之防治試驗，並增加其他更具潛力之藥劑。

2. 執行狀況

目前已實施完成，因已研發出預防性及治療性藥劑注射防治技術，故已得到預防及治療成功的成果，詳如 Chapter 25。

（六）臺北市鄰里公園樹木健康檢查初期計畫

1. 計畫背景及目的

臺北市現有的公園綠地面積約為 1374 公頃，這些「都市之肺」直接間接都對市民的休閒、健康及財富提供了有形或無形的貢獻，包括形塑景觀、美化環境、淨化空氣、降溫減碳、棲育動物、水土保持、生態平衡、資產增值等。因此這些鄰里公園的樹木都是市民的寶貝，也是全體國民的資產。但因樹木也是生命，是生命就難免會生病，一旦發生嚴重疫病蟲害，甚至死亡，對市民及市府都是鉅大的損失。在樹木醫學上，因樹木生病有 2 特性，其一是傷口必無法恢復，另一是病蟲常會快速傳染及蔓延。

故「早期診斷、早期治療」乃是「樹木健康管理」、「防治疫病蟲害」的不二法門。也因此，基於愛樹、護樹之目的，臺北市政府民政局特別委託國立臺灣大學植物醫學研究中心及植物醫學研究室，進行「臺北市鄰里公園樹木健康檢查初期計畫」。其主要工作內容即在普查各鄰里公園樹木之健康狀況，如發現疫病蟲害，則立即記錄及建檔，並提出診治或管理之建議。

2. 執行狀況

本計畫執行一年後，共對 374 鄰里公園，總計 24,000 棵喬木進行健檢及記錄，

發現有 33 棵感染樹木褐根病，另有其他病蟲害，皆已提出診治或管理之建議。

四、植醫及樹醫友善用藥及優良用藥的定義

在本書 Chapter 8 已詳述了一日五蔬果可化解農藥及空汙造成的癌症憂慮，也說明我們過去對植醫及樹醫用藥（或一般農藥）使用的功與過，應該全面重新加以檢視及評定。即應納入「一日五蔬果可以大幅度減少癌症（包括肺癌），平均達三成」之功勞，則使用植醫或樹醫用藥，因可大幅增產蔬果，間接防癌、增進健康，故當可完全抵銷微量殘留之負面影響。

基於此一極其重要、顛覆過去看法之變革論述，臺灣大學植醫及樹醫團隊，乃創新提出「植醫及樹醫友善用藥」、「植醫及樹醫優良用藥」兩組新名詞，希望接受各界之公評，也希望獲得各界之支持，並加以擴大、推廣、應用。茲將此些創新之名詞定義分列如下：

1. 植醫及樹醫友善用藥

係指經由專業植醫或樹醫對疫病蟲害問題，親自做出正確評選，從近乎無毒之藥劑中評選出「比氯化鈉還不毒」、對人體及環境皆友善，且施用於農作物可讓蔬果大幅增產，該增產之蔬果可大幅減少癌症之發生者。簡言之，它們仍是「農藥管理法」規範下之藥劑，只是該等是屬於「即使觸摸也無害人畜」，且在植醫或樹醫專業處方後，對植物及人體健康皆極有貢獻、可以「友善用藥」稱呼之藥劑。

2. 植醫及樹醫優良用藥

係指經由專業植醫或樹醫對疫病蟲害問題，親自做出正確評選，從輕毒或中等毒之藥劑中評選出「環境衛生用藥也可使用」、在正確使用下對人體及環境皆無害，且施用於農作物亦可讓蔬果大幅增產，該增產之蔬果可大幅減少癌症之發生者。簡言之，它們也是「農藥管理法」規範下之藥劑，只是該等是屬於「環境衛生用藥也可使用」的等級，且在植醫或樹醫專業處方後，對植物及人體健康皆極有貢獻、可以「優良用藥」稱呼之藥劑。

3. 一般農藥

凡不屬於上述「友善用藥」及「優良用藥」者，皆屬於傳統之「農藥」。即依

常用農藥或鹽類	白鼠口服半致死劑量（LD50）	原毒性等級＊	歸屬友善或優良用藥	補充說明
殺草類 1 巴拉刈	129～157	中等毒	建議列為禁用藥劑	中毒案例多，雖不屬劇毒，但對器官傷害大，是農藥致死者之第一名。（第二名為有機磷殺蟲劑）
2 嘉磷塞	＞5000	近於無毒	友善用藥	屬胺基酸抑制劑
3 丁基拉草	2000	輕毒	優良用藥	屬蛋白抑制劑，水稻田用多
4 施得圃	1050～1250	中等毒	優良用藥	屬胺基酸抑制劑
5 伏寄普	2451～3680	近於無毒	友善用藥	屬苯氧醋酸劑
鹽類 1 食鹽	2500	近於無毒	友善用藥	
2 氯化鉀	2500	近於無毒	友善用藥	

＊「近於無毒」係與食鹽相比而 LD50 大於食鹽者

在「植醫及樹醫優良用藥」之評選上，因臺大植醫研究室在 2009 年 11 月舉辦了第一屆之「植物醫師與優良處方研討會」，隨後在 2013 年又召集修習「植物健康管理」的研究生，進行第二屆之「最佳處方評選」，其在原列之「參數及權重」方面，重新經過師生之討論與評定後，其新的權重已產生，如表 4 之結果。

表 4　臺大植醫團隊在 2013 年以專家評定法選定最佳處方評選依據之參數及權重

最佳農用處方評選依據之參數及權重					
參數（大項）	藥效	毒性	環境安全	經濟性	便利性	小計
權重	247	260	245	128	120	1000
說明	以上為 6 位準植物醫師之評估均值					

一樣因上述「環境安全」大項內容不只一端，經討論後一樣應再分成如表 5 所列的 4 細項，而其權重經過 6 位準植物醫師之評估後其均值列如表 5。此表 5 之權重值即被用以進行各藥劑之「環境安全」大項之細部評選之用。其中「蜂毒及其他」是與第一屆評選略有不同之細項。

表5　臺大植醫團隊在 2013 年以專家評定法評定「環境安全」細項之評選參數及權重

最佳農用處方評選依據在「環境安全」上之參數細項及權重					
細項	殘留	蜂毒及其他	魚毒	環境汙染	小計
權重	270	265	212	253	1000
說明	以上為 6 位準植物醫師之評估均值				

而表 4 及表 5 各項參數之評分方法：皆由參與之專家採 +5～–5 之優劣點數評分法。其詳細定義及評分或「評選模式」，詳列如下：

1. 藥效：含抗藥性，高效（+5）、中效（+3）、低效（+1）、不穩定或微效（0）。

2. 毒性：依對小白鼠的 LD50 區分為極毒（<5）（–5）、劇毒（5-50）（–3）、中等毒（50-500）（0）、輕毒（500-5000）（+3）、無毒（>5000）（+5）。另查 USEPA fact sheet 等，以排除致癌可能性。若有致癌性，亦依 USEPA 之五級，各評為（–5）、（–3）、（0）、（+3）、（+5）。另如有慢性毒或致畸胎，可各加（–2）分。

3. 經濟（價格）：依據高價（–3）、中價（0）、低價（+3）、免錢（+5）。

4. 便利：依據 (1) 混用 (2) 有無使用限制 (3) 易施用。（限多（–3）、少限制（0）、無限制（+3）。

5. 殘留：依據安全採收期：>15 d（–5），11-15 d（–3），6-10 d（0），1-5 d（+3），0 d（+5）。

6.「蜂毒及其他」：包括對天敵及益蟲、鳥類、動物等之危害。分為極毒（-5）、劇毒（–3）、中等毒（0）、輕毒（+3）、無毒（+5）。

7. 魚毒：分為極毒（–5）、劇毒（–3）、中等毒（0）、輕毒（+3）、無毒（+5）。

8.「環境汙染」包括對水質、土壤、空氣品質等，長期或短期之汙染。分為極毒（–5）、劇毒（–3）、中等毒（0）、輕毒（+3）、無毒（+5）。

9. 環境安全指數：宜直接從四細項評分值計算。或再間接計算如 0～–500（0），–500～–1000（–1），–1000～–1500（–2），–1500～–2000（–3），–2000～–

2500（-4），>2500（-5）。

六、結論及建議

　　基於上述「蔬果可以大幅度減少癌症達三成，抵銷微量殘留負面影響」，加上將常用各種殺菌劑、殺蟲劑、殺草劑和食鹽的毒性互相比較之後，基本上可知大多數的植醫、樹醫用藥都是輕毒、低毒或比食鹽毒性還低之「近於無毒」。所以，臺灣大學植醫及樹醫團隊，乃創新提出「植醫及樹醫友善用藥」、「植醫及樹醫優良用藥」兩組新名詞，說明經過植醫及樹醫團隊選出的友善用藥及優良用藥，都是對人類健康極具正面貢獻的藥劑，也值得各界加以支持及使用。

　　在植醫及樹醫「最佳處方」的評選，本文已提出公平、客觀的「評選參數」及「權重」，盡到拋磚引玉之責，未來則希望「醫與藥」能有更密切之合作，選出更多的最佳處方。

參考文獻

1. 孫岩章（1993）。綠色植物淨化空氣的機能。科學農業 41（7, 8）：163-176。

2. 孫岩章（2008）。我國造林減碳策略之優劣分析。最佳減碳策略研討會。中華民國環境保護學會。

3. 孫岩章（2009）。臺大校園百大老樹健康檢查及初級照護第一期工作計畫報告。國立臺灣大學植物醫學研究中心。

4. 孫岩章（2011）。臺大校園喬木褐根病健檢及篩檢第一期計畫報告。國立臺灣大學植物醫學研究中心。

5. 孫岩章（2013）。環境汙染與公害鑑定。科技圖書。

6. 孫岩章（2014）。國立臺灣師範大學公館校區肯氏南洋杉及樟樹健康檢查及安全評估。國立臺灣大學植物醫學研究中心。

7. 孫岩章（2014）。綠與美的淨汙樹種。行政院環保署。

8. 陳彥志、孫岩章（1999）。常見行道樹植物對臭氧吸收能力之比較研究。環境保護 22：29-36。

9. 張東柱、謝煥儒、張瑞璋、傅春旭（1999）。臺灣常見樹木病害。臺灣省林業試驗所。

CHAPTER 22

評選植醫及樹醫用藥利用於蘇鐵白輪盾介殼蟲與小灰蝶之藥劑注射防治 *

一、植醫研究團隊 2017 年對植醫及樹醫用藥的評選

二、藥劑評選用於蘇鐵白輪盾介殼蟲及小灰蝶之防治

三、結論及建議

* 摘錄自：

王玊焰、黃炯睿、林立偉、梁臻穎、謝譯賢、方善玄、孫岩章
（2017）。評選植醫及樹醫用藥利用於蘇鐵白輪盾介殼蟲與小灰蝶之藥
劑注射防治。2017 植栽及樹木之健檢與醫療研討會論文集。臺灣植物及
樹木醫學學會。2018.01 修訂。

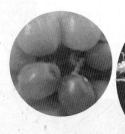
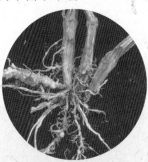

一、植醫研究團隊 2017 年對植醫及樹醫用藥的評選

有關 2017 年「植醫及樹醫用藥最佳處方之評選」，係於 2017 年 3 至 6 月進行。共有修習「植物健康管理」的師生 7 位，進行 6 類最常用藥劑之評選。所謂六類藥劑及其評選類別分述如下：

　　1. 樹醫常用殺菌藥劑評選。

　　2. 樹醫常用殺蟲藥劑評選。

　　3. 植醫常用殺菌藥劑評選。

　　4. 植醫常用殺蟲藥劑評選。

　　5. 田間常用殺草劑之評選。

　　6. 田間常用非農藥之評選。

其過程一樣是首先討論，並經由團隊作業，包括初稿提出、逐一評估，逐漸統計確立「評選參數及權重」，再針對目前「植物保護手冊」所列的所有藥劑進行「優劣點數（+5～-5）」之評估，然後計其加權後之總優劣點數，對各個藥劑加以排序。」。

上述 2017 年最佳處方評選依據之參數及權重，如表 1。而 2017「環境安全」大項內容，其權重經過 7 位準植物醫師之評估後其均值列如表 2。

表 1　臺大植醫團隊 2017 年以專家評定法評定植醫樹醫最佳用藥評選之參數及權重

最佳處方評選依據之參數及權重						
參數（大項）	藥效	毒性	環境安全	經濟性	便利性	小計
植醫用藥權重	274	219	183	190	134	1000
樹醫用藥權重	283	190	221	118	188	1000
說明	以上為 7 位準植物醫師之評定均值					

表 2　臺大植醫團隊 2017 年以專家評定法評定植醫樹醫用藥「環境安全」細項之評選參
數及權重

最佳處方評選在「環境安全」上之參數細項及權重					
細項	殘留	蜂毒及其他	魚毒	環境汙染	小計
植醫用藥權重	301	265	197	237	1000
樹醫用藥權重	160	292	175	373	1000
說明	以上為 7 位準植物醫師之評估均值				

　　由以上表 1 及表 2，可知植醫與樹醫在評選藥劑中各參數的權重是兩者不同
的，例如，環境安全大項內的「殘留」細項，植醫的權重是 301 分、樹醫只有 160
分，表示植醫用藥不希望有太多的殘留，但樹醫用藥卻希望有較高之殘效。另在經
濟性及便利性兩大項方面，植醫也希望較高之經濟性，樹醫則未必如此。

　　有關 2017 年「植醫及樹醫用藥最佳處方之評選」，共進行 6 類最常用藥劑之
評選，此 6 類藥劑及其評選之結果分述如下：

　　1. 樹醫常用殺菌藥劑評選：入選之 10 種常見樹醫殺菌劑，計有：菲克利、普
克利、三泰芬、撲克拉、護矽得、快得寧、待克利、免賴得、芬瑞莫、布瑞莫等。

　　2. 樹醫常用殺蟲藥劑評選：入選之 10 種常見樹醫殺蟲劑，計有：三福隆、因
滅汀、益斯普、益達胺、硫敵克、合成除蟲菊類、克凡派、汰芬隆、丁基加保扶、
蘇力菌等。

　　3. 植醫常用殺菌藥劑評選：入選之 10 種常見植醫殺菌劑，計有：滅達樂、腐
絕、甲基多保淨、嘉保信、亞托敏、鏈黴素、依普同、免賴得、得克利、鋅錳乃
浦、四氯異苯腈等。

　　4. 植醫常用殺蟲藥劑評選：入選之 10 種常見植醫殺蟲劑，計有：百利普芬、
培丹、益達胺、可溼性硫黃 、合成除蟲菊類、阿巴汀、丁基加保扶、大滅松、三
氯松、亞醌蟎等。

　　5. 田間常用殺草劑之評選：入選之 10 種田間常用殺草劑，計有：嘉磷塞、
固殺草、丁基拉草、丁拉免速隆 、滅芬免速隆、伏寄普、施得圃、草殺淨、本達
隆、達有龍、理有龍等。

　　6. 田間常用非農藥之評選：入選之 10 種常見非農藥，計有：亞磷酸、波爾多、

窄域油、石灰硫磺、性費洛蒙、甲殼素、蓋棘木黴菌、苦茶粕、枯草桿菌、液化澱粉芽孢桿菌等。

二、藥劑評選用於蘇鐵白輪盾介殼蟲及小灰蝶之防治

依據上述 2017 年「植醫及樹醫用藥最佳處方之評選」，其中樹醫常用殺蟲藥劑之評選，入選之 10 種常見樹醫殺蟲劑有：三福隆、因滅汀、益斯普、益達胺、硫敵克、合成除蟲菊類、克凡派、汰芬隆、丁基加保扶、蘇力菌等。因此針對「蘇鐵白輪盾介殼蟲」及「東陞蘇鐵小灰蝶」，選擇最適當之注射或噴施用藥，其結果如下：

1. 蘇鐵白輪盾介殼蟲之用藥：建議以系統性、持久性、低毒、低生態衝擊者為主，經過濾篩選，建議者有：丁基加保扶、益達胺等。而經過田間之初步試驗，發現以丁基加保扶加入一些輔劑等較具成效。

2. 東陞蘇鐵小灰蝶之用藥：建議以系統性、持久性、低毒、低生態衝擊者為主，經過濾篩選，建議者有：丁基加保扶、合成除蟲菊類等。而經過田間之初步試驗，發現丁基加保扶加入一些輔劑等略具效果。但針對蘇鐵之幼芽，仍以併用合成除蟲菊類之噴施，較具成效。

三、結論及建議

在 2017 年「植醫及樹醫用藥最佳處方之評選」，共進行 6 類最常用藥劑之評選，此 6 類藥劑及其評選，結果在樹醫常用殺菌藥劑方面，計入選 10 種常見樹醫殺菌劑，包括菲克利、普克利、三泰芬、撲克拉、護矽得、快得寧、待克利、免賴得、芬瑞莫、布瑞莫等。在樹醫常用殺蟲藥劑方面，計入選 10 種常見樹醫殺蟲劑，包括三福隆、因滅汀、益斯普、益達胺、硫敵克、合成除蟲菊類、克凡派、汰芬隆、丁基加保扶、蘇力菌等。這是樹醫用藥首次之評選，且明顯與植醫即農作物之用藥有差異。例如常見植醫殺蟲劑，會有百利普芬、培丹、益達胺、可溼性硫黃、合成除蟲菊類、阿巴汀、丁基加保扶、大滅松、三氯松、亞醌蟎等。常用植

醫殺菌劑,則會有滅達樂、腐絕、甲基多保淨、嘉保信、亞托敏、鏈黴素、依普同、免賴得、得克利、鋅錳乃浦、四氯異苯腈等。

　　相信會有人質疑上述評選的公平性,但這樣的評選是團隊進行的結果。也由衷地希望產、官、學各界能提供寶貴的修正意見。更希望可公開討論、逐年進行重新檢討、逐漸確立最佳處方。

CHAPTER 23

老樹病因的診斷與病例報告 *

* 摘錄自：

蕭文偉、孫岩章（2001）老樹病因的診斷與病例報告。巨木（老樹）保護研討會論文集。國立臺灣大學農學院實驗林管理處。2018.01 修訂。

一、摘　要

　　自 1999 年 9 月至 2001 年 3 月間，每月在臺灣各地進行老樹病蟲害調查，在18 個月來共累計有 104 個案例，受危害樹木種類計有 38 種，以榕樹、樟樹、鳳凰木、菩提樹、楓香、黑松所占的比例最高，分別占 28.8%、8.6%、5.7%、4.8%、3.8%、3.8%。將各樹的病蟲害發生原因分為：由立地環境所引起的生理問題、病原生物所引起的病害問題、有害昆蟲或節肢動物所引起的蟲害問題，及複合因子問題。發現計有病害 55 件、蟲害 11 件、生理因素 23 件、複合原因 15 件。所占的比例各別為 53%、11%、22%、14%。病害當中以褐根病、潰瘍病所占的比例最多，蟲害則以白蟻，蘇鐵白輪盾介殼蟲所占的比例最多，生理問題方面以不當覆土及不當設施為大宗。

　　因此建議今後有關巨木與老樹之保護，應有更多的科學家參與診斷與治療之行列。如此方可正確有效地診療病因，適時加以治療。甚至在平時，我們即應定期對珍貴老樹作健康評估及早注意不良環境、病菌、害蟲等因子，方可預防病蟲害於機先。由於老樹受害後不易恢復，故預防重於治療，是未來老樹保護的重要方針。

二、緒　論

　　老樹保護之研究工作和植物病理學、植物昆蟲學、植物生理學、植物營養學、肥料學、農藥學、植物解剖學、樹木學、環境科學、力學、物理學、社會學、心理學、造園景觀學甚至土木工程學等都有關聯性，是一門非常廣泛的應用科學，相信是任何個人窮其一生也無法徹底研究的領域。

　　故鄉當今的老樹在時代巨輪的變遷之下，生存環境已大受破壞，由於人們對樹木學、植物生理學、樹木病理學、植物昆蟲學以及環境科學等各種相關知識普遍缺乏，常無知的設立各種對植物不利的設施，威脅樹木的生命。例如，有些單位爭取大量經費鋪設水泥，或以硬土層覆蓋老樹根部，造成老樹樹勢衰弱。又當老樹生病時，常不經由科學系統請教植物病蟲害的專家予以診斷治療，反而迷信以各種不科學的方法加以處理，結果多屬誤診誤醫，嚴重者加速老樹之死亡，這真是令人難過

的實況。

　　植物病理學界，除了從事純學理的研究工作以外，也應該了解社會的需求；例如在農業地區，植保專家應從事植物病蟲害防治，幫農民診斷病蟲害並推薦防治處方。而對於高齡老樹，植病學家更應配合保護文化資產的政策，加強保護老樹，進而以專業知識教育民眾，避免其再做出傷害老樹而不自知的行爲，如此也才能提升保護老樹之成效。

三、國內外文獻回顧

（一）國外研究之情形

　　在早期或是城市未發展成熟之前，人類根本不知老樹保護的工作。即在文明曙光初露，神話或童話故事中的老樹或巨木，都離不開禁忌及神話的範疇，相信這是人類對自然界敬畏及崇拜所延伸出來的結果。故巨樹本身被當作神的化身或替身來崇拜，或者成爲族群信仰、聚會、祭祀的中心。

　　隨著文明的發展以及科學的進步，人類在 1850 年代開始了解植物生病是由微生物所造成的，這便是「植物病理學」的開端。而「森林病理學」乃是植物病理學的一分科，其研究的對象主要包括幼苗病害、林木病害以及採伐後木材的變色及腐朽等。事實上森林病理學的歷史可能更早於植物病理學。以年代來分，「森林病理學」史上重要的學者有：

　　1. 德國的 Johannis Coler（1600 年）曾記載樹木的腫瘍。

　　2. Heinrich Hesse（1690）在其著作中，記述關於樹木腐爛的原因。他認爲樹木的潰瘍病由於月亮與星座的關係。

　　3. J. C. Riedel（1751）在其園藝著作中，論述癌腫的治療法，其推薦方法爲割除患部並塗蠟，另一方面亦提及必須除去樹木過剩的有害汁液，這就是我們目前常提到的樹木外科手術法。

　　4. 法國人 H. L. Duhamel（1759）在其著作中論及榆樹發生萎凋病，即今日的荷蘭榆樹病，又提及小葉品種較難發病，可以說是最早提到樹木品種間有抗病性差異

的著作。

5. 德國人 C. Buchsted（1772）認爲樹木發生萎凋病以及潰瘍病，係在不適當土壤以及密植而發生。基本上 C. Buchsted 注意到樹木的健康和環境有密切的關係。

6. B.N.G. Schreger 記述樹木的枝枯病及潰瘍病係由於冰凍霜害及肥料所致，即氣候因子及肥料和樹木的健康有密切的關係。

7. 英國人 W. Forsyth（1791）提倡樹木及果樹的處理新法，稱爲 Composition，在當時引起廣泛的注意以及推廣。其方法係先切除病患部，再以其發明之糊狀配方，用毛刷塗布患部。發表後，甚獲好評。

8. William Chapman（1813）從事木材的菌害及白蟻爲害之防治法研究，爲此方面最早有關眞菌及昆蟲危害木材研究的文獻，應知在此時代自然發生說仍爲學術主流。

9. J. H. Kyan（1832）以昇汞液浸漬作爲木材防腐法。

10. 德國人 Theodore Hartig（1833）研究松材之腐朽。

11. William Burnett（1838）利用鋅化鹽作爲木材防腐劑。

至 1850 年代，由於巴斯德（Louis Pasteur）等人的努力，逐漸推翻自然發生說而確立了微生物致病的觀念。這時期也是植物病理學啓蒙的年代，而「樹病學」也在本期奠基發展。

1. 首先有德國人 M. Willkomm（1866）著「顯微鏡下的森林之敵害 -- 樹病的知識」一書，其中記述了多種樹病。

2. 次有丹麥學者 Anders Sandoe Orsted（1867）研究菌類的完全世代及不完全世代的關係，將龍柏類銹病菌接種至梨的葉片上，其結果發現了寄主輪迴現象。

3. 其後法國人 A. Darbois De Juvaiinvill 以及 Julien Vesque（1878）著述「果樹森林樹木病害論」，其中記載土壤、氣象、傷痍以及寄主植物等引起的各種病害。

4. 被尊稱爲樹病學或森林病理學之父的 Robert Hartig（1839-1901），即爲此時代的人。其祖父 George Ludwig Hartig 爲普魯士之森林總監，係德國當代林業學之奠基者。其父 Theodore Hartig 如前所述也是偉大的森林學、植物學及樹病學者，是發現腐朽木材內有菌絲存在的第一人，曾研究木材腐朽，但受到當代自然發生說的影響，認爲腐朽木材內之菌絲與腐朽係自然發生。

Robert Hartig 曾任 Munchen 王立林業試驗所植物部主任，在 1894 年發表重要著作 Wichtige Krankheiten der Waldbanme《森林樹木之重要病害》，以及 Die Zersetzungserscheinungen des Holzes der Nadelholzbaume und der Eiche《針葉樹及其材質腐朽現象》等二書，正確的診斷證明了腐朽木材中眞菌菌絲與樹木上之菌類子實體之關係，第二本書即今木材腐朽論之聖典，其中有特定的菌類出現特定的腐朽型之明確實驗結果。另在 1882 年出版的 Lehrbuch de Baumkrankheiten《樹病學教科書》，爲森林病理學從植物病理學分科的開始。由於他對現代森林病理學之奠基及偉大貢獻，H.H. Whetzel（1918 年）在其著作中稱 R. Hartig 爲森林病理學之父。

「森林昆蟲學」也是一門對老樹保護非常重要的科學，害蟲會造成樹體健康或結構的不良，造成重大的損失。因此了解這些害蟲的生態學特性及危害方式，對於探討其防治策略是重要的。樹木的主要害蟲危害方式有下列：

1. 蛀幹害蟲：此類害蟲蛀蝕植物樹幹或莖部的韌皮部或木質部，對植物造成的傷害甚大，嚴重時可造成植物體死亡；如鞘翅目中的天牛、象鼻蟲以及鱗翅目中的蝙蝠蛾、木蠹蛾以及透翅蛾等。

2. 食葉害蟲：此類害蟲是以咀嚼式的口器啃食植物的葉片，包括大部分鱗翅目的幼蟲、鞘翅目中的金花蟲、金龜子等等。

3. 切根害蟲：如螻蛄、夜蛾以及金龜子幼蟲，其會切斷植物根部造成皮層環剝導致植物死亡。

4. 刺吸式口器害蟲：以刺吸式口器吸食植物的汁液，如同翅目中的蚜蟲、介殼蟲、粉蝨、葉蟬以及半翅目中的軍配蟲、椿象，纓翅目中的薊馬，它們除了直接造成植物葉片枯萎變形更間接誘發煤煙病。

5. 病原媒介昆蟲：有些昆蟲與病原菌進行共同演化並充當媒介，幫助其傳播，如曾經造成松樹大量死亡的松材線蟲萎凋病其媒介昆蟲是松斑天牛，造成榆樹大量死亡的荷蘭榆樹病其媒介昆蟲是一種小蠹蟲。由於其傳播速率快，所以成爲世界流行性病害，其中松材線蟲萎凋病已經造成日本地區及臺灣地區甚多老松樹快速萎凋及枯死。

（二）國內研究之情形

臺灣的樹木保護在日據時代之研究報導非常少，當時多只限於病原菌之調查，只有臺灣大學前身的臺北帝國大學理農學部植物病理學研究室有研究報告。主要有：(1) 平根研究相思樹銹病。(2) 山本以及伊藤研究扁柏之抹香腐病。另外澤田兼吉（Sawada）調查臺灣病原眞菌，是臺灣最早期之重要基本資料。該調查報告中也有很多病原眞菌棲息或寄生在木本植物上，因此也可視爲日據時代最完整之森林病原菌紀錄資料。

臺灣光復後，臺灣大學植病系陳其昌教授接受美國農業部之資助，調查臺灣常見之森林病原眞菌，發現了很多新紀錄病原眞菌，包括臺灣竹類簇葉病。至 1980 年代臺大曾顯雄教授首先報導松材線蟲之危害。此病現已蔓延成爲臺灣北部地區琉球松及黑松的主要病害，更已蔓延到中南部的本土臺灣二葉松。又臺大蘇鴻基教授曾從事臺灣泡桐簇葉病之研究及防治，外加研究竹類嵌紋病。另一方面在中興大學植病系陳大武教授則從事森林病害之研究，主要以幼苗病害之研究爲主。

在臺灣其他有臺大植物系陳瑞青教授與植病系王國強曾從事森林病害之研究及防治。陳教授主研眞菌性病害及森林眞菌，而王教授曾研究杉木線蟲性病害。臺大植病系副教授謝煥儒則從事較廣泛之森林病害及森林眞菌之調查，彼對泡桐，摩鹿加合歡及銀合歡病害已有完整之研究報告，另外也報導臺灣木本植物新病害多種。林業試驗所保護系張東柱博士則從事較廣泛之森林病害及森林眞菌之調查，彼對褐根病菌的研究以及防治有相當多成果，臺中農業試驗所安寶貞博士曾發表多種新紀錄果樹褐根病。臺大森林系王亞男教授曾經從事和社樟樹神木的保護研究。筆者則對木本植物非傳染性病害之診斷有較深入的研究，近年來則研發多種病害之藥劑注射預防及治療技術，並推廣植物醫師、樹木醫師之培訓。

森林病理學的研究和樹木保護可說是息息相關，森林昆蟲學的知識也和樹木保護密切關聯。但是老樹保護的興起卻和國民生活水準的提升有關。臺灣地區係自民國 77 年 7 月至 86 年 6 月間，臺灣省農林廳開始編列經費進行全臺灣的珍貴老樹調查，並進行列管保護。近年來老樹保護之相關法令已通過者計有：(1) 文化資產保存法，(2) 臺北縣樹木保護自治條例，以及 (3) 臺北市樹木保護自治條例等。目前臺

灣各大都會皆已有老樹保護的地方自治法規，而立法院也於 2015 年通過森林法樹木保護專章，奠定了老樹保護的法律基礎。

四、老樹危害因子的診斷方法

（一）一般診斷流程

在進行診斷時係先由外觀診斷，再細部診斷，必要時應立即採集標本帶回實驗室進一步鑑定或檢驗。其診斷重點如下：

1. 了解健康植物的各項特徵、功能以及習性。

2. 在現場檢查是否有人為設施防礙老樹之生長，檢查土壤狀況及是否浸水。

3. 了解蟲害發生的可能性。

4. 注意有無病原菌的病兆及病徵。

5. 如係病害應注意其為原生病原或二次病原或腐生性真菌。

6. 儘可能長期觀察發病的過程。

7. 詳細觀察植物各部位的發病狀態及程度，判定其發病或健康級數。

8. 儘量收集以及了解當地氣候的變化。

9. 與健康植株作比對。

由病株採集標本進行診斷時之要領如下：

1. 儘量採集剛發病的部位，且從初期病徵到末期枯死的部分，每一階段皆要採取其病害標本。

2. 在採取枯死的枝條時，應採枯死部分和健康部分相連的病健相連部位。因已枯死的部分，常有雜菌混雜會影響到診斷。

3. 採取病根時，較小的樹木可以將整個根部掘取，而較粗大的樹木可以採取粗根的一部分以及地際部的樹皮。

4. 應記錄植物的種類、發生地點、採集日期、採集者姓名、病害發生狀況、調查有無使用藥劑以及藥劑種類、土壤質地以及當地氣象條件。

5. 如果標本要郵寄或運送，應將標本以紙袋或紙巾包裝，再裝入紙袋或紙箱

中郵寄，或裝在透氣的塑膠袋中。

（二）樹木全株健康度之評估方法

經參考相關資料，研擬下列表 1 做為評估全株健康指數之依據。

表 1　老樹健康級數之評估標準表

一：主幹有無腐朽			嚴重度級別
	1 無腐朽		0 級
	2 其腐朽程度	20% 以下	I 級
	其腐朽程度	20% 至 50%	II 級
	其腐朽程度	50% 至 80%	III 級
	其腐朽程度	80% 至 100%	IV 級
二：樹皮有無損傷			0 級
	1 無		0 級
	2 其損傷程度	20% 以下	I 級
	其損傷程度	20% 至 50%	II 級
	其損傷程度	50% 至 80%	III 級
	其損傷程度	80% 至 100%	IV 級
三：枝條有無枯萎			
	1 無		0 級
	2 有其枯萎程度		
		20% 以下	I 級
		20% 至 50%	II 級
		50% 至 80%	III 級
		80% 至 100%	IV 級
四：葉片是否不正常掉落			
	1 無		0 級
	2 有其掉落程度		
		20% 以下	I 級
		20% 至 50%	II 級
		50% 至 80%	III 級
		80% 至 100%	IV 級

五：根部棲地之土壤質地

		1 沙壤質排水及通氣性良好	0 級
		2 沙壤黏質土	I 級
		3 黏質土	II 級
		4 廢棄土	III 級
		5 以水泥或柏油封固	IV 級

五、臺灣地區枯病老樹百件案例分析

　　本文係於1999年9月至2001年3月間，每月在臺灣各地進行老樹病蟲害調查，調查案例的來源主要由當事人主動通知本實驗室及來自林業試驗所疫情中心聯合會勘兩大部分，故案例的來源雖非逢機抽樣取得，但也可排除主觀的認知。將調查次數以月份別加以區分，發現在18個月來共累計104個案例，每個月平均調查6件，而在2000年3月、7月以及8月間各有12件，是平均值的1倍。

　　所調查的老樹所在區域若以臺北市、高雄市以及各縣市的行政區域進行劃分，調查的老樹案件發生區域以臺中縣最多，為21件，其次為臺北縣及臺北市，分別為20、17件。臺灣地區以行政區域進行劃分，有老樹病害的案件地區有14個。

　　受危害樹木種類計有38種，以榕樹、樟樹、鳳凰木、菩提樹、楓香、黑松所占比例最高，分別占28.8%、8.6%、5.7%、4.8%、3.8%及3.8%。在害因方面分析的結果，病害有55件、蟲害11件、生理逆境23件、複合害因15件，其比例分別為53%、11%、22%及14%。將病害當中危害根部、莖部以及葉部所占的比例進行分析，發現危害根部者有30件、危害莖幹部者有14件、危害葉部者共11件，所占的比例分別為55%、25%、20%。在病害共55件中，發現褐根病危害共有23件、南方靈芝3件、靈芝2件、韋伯靈芝1件、白紋羽病1件，所占的比例分別為77%、10%、7%、3%、3%。在蟲害方面，發現以白蟻及蘇鐵白輪盾介殼蟲所占比例最多。

　　在老樹的生理傷害方面，發現不當覆土共7件，不當設施共15件。不當覆土

會使老樹根部土壤含氧率大量降低，對根部的生長造成逆境，影響健康至鉅。

六、結　論

　　樹木發生疫病蟲害，如人和動物會生病一樣，是一件極為普遍的事情。一般樹木具一定抗逆能力，唯老樹相對較弱。同時樹木疫病蟲害的診斷鑑定一直未受重視，導致許多老樹受到誤診或延誤救治而死亡。在防治上也常有不必要或錯誤的措施，常使老樹受害或斷送性命，讓這些不可多得的老樹珍寶從地球上消失。

　　樹木發生傷病，其病因應可歸納為：(1) 環境及生理逆境，(2) 病菌因子，(3) 害蟲因子 。因此呼籲今後有關巨木與老樹之保護，應有更多的科學家參與診斷與治療，方可正確有效地診斷病因，適時加以治療。

　　而在平時，即應經常評估珍貴老樹之健康指數，執行健康檢查注意其是否有不良環境因子、病菌因子、害蟲因子等之危害，如此自可預防病蟲害於機先，有謂預防重於治療，是老樹保護的重要方針。

CHAPTER 24

颱風造成樹木倒伏原因之分析及其預防

一、摘　要

二、緒　論

三、研究方法

四、結果及討論

五、檢討及展望

摘錄自：

梁臻穎、孫岩章（2015）。颱風造成都市樹木倒塌原因之分析及其預防。樹木疫病蟲害之醫療及健檢研討會論文集。臺灣植物及樹木醫學學會。2018.01 修訂。

一、摘　要

2015 年 8 月 8 日颱風蘇迪勒肆虐臺北，在臺北市造成超過 20,000 株公園或行道樹木的倒伏、傾斜或斷莖、斷枝。本研究係依據其傷害分成：A 級全倒、B 級莖斷、C 級枝斷及 D 級傾斜，再逐一進行現場害因診斷，將害因分成 8 大類，分別為：(1) 樹木淺根，(2) 處於風場，(3) 患有褐根病，(4) 樹木受腐朽影響，(5) 有白蟻蛀食，(6) 生長逆境，(7) 樹冠太大，(8) 外傷感染。在本次調查中，共診斷、判定了 210 株公園或行道樹木之風倒害因，同時調查引起樹木的風倒是由於單一害因或複合害因導致。

再將全數 210 個樣本，取「單一害因」與「複合害因」共列加總成 286 母數，供各別計算 8 類害因之占比。結果占比最高者，即被樹醫判定最大的風倒害因為：(7) 樹冠太大或「頭太重」，占 32%。其次是 (4) 腐朽，占 22%；再次是 (6) 逆境、(1) 淺根及 (2) 風場，此 3 者的重要性在伯仲之間，分別占 15%、14% 及 13%。其他較少者為 (3) 褐根，占 4%，(8) 外傷，占 2%，(5) 白蟻 < 1%。

由此調查結果指出樹冠太大、腐朽、逆境、淺根、風場，是本次蘇迪勒颱風造成樹木倒伏的五大害因。其中樹冠太大、逆境、淺根、風場四者屬於非傳染性害因，其占比共達 74%，腐朽及褐根則屬於「傳染性害因」，其占比合計為 25%，表示有 1/4 的受害是與樹木病害有關。針對非傳染性害因，建議應加強預防，如適度修剪等，以減少災害之發生。而腐朽及褐根等疫病蟲害也會造成倒伏，多屬平常潛伏問題，建議加強樹醫之早期健檢、診斷、防治等工作，讓每年颱風來臨時都可以達到人樹平安的情境。

二、緒　論

臺灣為亞熱帶季風氣候，每年 6 至 9 月多受到西南季風之影響，在颱風季節平均會有四至五個颱風吹襲，常見以西北的方向肆虐北部。颱風會導致樹木風倒、傾斜、斷枝，其殘枝除了清理費時，對路人、交通安全帶來威脅，同時也嚴重減少多年來政府及人民辛苦經營、維持的都市綠化面積。根據「臺北市政府工務局公園路

燈管理處」提供的資料，受 2015 年 8 月 8 日蘇迪勒颱風所吹倒的樹木就超過兩萬株，讓人對這些都市綠蔭的損失感到痛惜之餘，以經濟的角度來看，復植、護理的開支之大實無法估計。對「人醫」，我們早已了解「預防勝於治療」，在「植醫」方面也有針對各種農業經濟作物的颱風災前預防災損措施，是以本研究是希望調查了解臺灣颱風造成樹木風倒的原因，以爲日後颱風發生前預防及應變之參考。

遠觀國外，以美國的佛羅里達州爲例，同樣是每年會遭受颶風的吹襲，卻早在 1997 年，即有佛羅里達大學研究單位，針對颶風的災後樹木風倒狀況展開調查（Duryea, 2014）。該研究是統計風倒及抗風樹種之存活，以及風倒原因之調查結果，得到的資訊可應用於日後社區樹種的選擇及維護。而國外不少受颱風、颶風威脅的城市，有些早在上一個世紀即已開始進行此類研究，反觀臺灣，卻一直缺少科學性之「樹木風倒原因調查」。又由於臺灣屬於亞熱帶氣候，樹木極易遭受病蟲害或腐朽的影響，加上臺北市人車密集、建築物與樹木之間的距離通常極短，樹穴通常不足，構成嚴重的逆境問題，其因颱風造成風倒的原因必定更爲複雜、多元，故更加需要有科學研究，而不宜再放任不管，徒呼負負。

有鑒於此，臺灣大學植醫研究室及「臺灣植物及樹木醫學學會」，率先於 2014 年颱風季節之前，即先行文給管理公園及行道樹之「臺北市政府工務局公園路燈管理處」，請該單位同意由「臺灣植物及樹木醫學學會」進行颱風過後「風倒原因之調查及研究」，隨即於 2014 年 7 月 23 日，首次進行麥德姆颱風造成風倒樹木研究，目的在收集樹木風倒的原因，並測試「風倒原因調查表」之可用性。至 2015 年之颱風季，作者等即順利於颱風過後的 1 至 7 日內，爭取在樹木被清理移除之前，逐一對風倒樹木進行「樹醫等級之診斷」，其地點係以國立臺灣大學爲中心並向外伸展到校外，共得到校外 210 個及校內 162 個樹木風倒案例資料，即據以分析其風倒原因，希望將來可以利用所得結果，加強颱風前對樹木健檢、診斷、防治等工作，以求減少樹木風倒的損害及人車傷亡之憾事。

三、研究方法

本計畫在 2014 年夏天，即開始初步進行，其過程係先聯絡「臺北市政府工務

局公園路燈管理處」，函請該局同意進行本計畫。進行方法係等颱風侵襲時，即密切注意其路徑，並由中央氣象局收集颱風風向及最大暴風級數。之後即於颱風過境或減弱評估環境安全後，由具經驗之樹醫前往受害地區，調查每株受害倒伏者之「風倒害因」。在 2014 年時，首先於 7 月麥德姆颱風侵襲時執行第一次「風倒害因」調查。因該次颱風風力較小，故倒伏者不多，但已讓樹醫團隊取得成熟之經驗。

第二次調查主要爲針對颱風蘇迪勒進行之調查。該「蘇迪勒」於 2015 年 8 月 7 日傍晚開始登陸，在臺北盆地時主要爲東風，最大暴風達 14 級，約爲每秒 40 公尺。該颱風至 8 日傍晚開始減弱，但至 8 日晚上仍持續強烈陣風，總肆虐臺北之期間超過 36 小時。依據事後「臺北市政府工務局公園路燈管理處」之統計，全臺北市共造成超過 20000 株公園或行道樹木的倒伏、傾斜或斷莖、斷枝。

本研究方法，係由「具經驗之樹醫」，針對每一倒伏者，依據其傷害程度分成：A 級全倒、B 級莖斷、C 級枝斷及 D 級傾斜。而其「風倒害因」則更需要「具經驗之樹醫」之診斷。即參考樹倒之方向、樹幹斷裂位置、樹幹斷裂面有無腐朽徵狀、樹幹斷裂面有無白蟻蛀痕、四周有無高樓或街道形成之「風口」風場、是否有褐根病、樹穴是否過小或土質是否惡劣或不良立地環境等。即依據表 1 之「風倒原因診斷記錄表」，對其「風倒害因」加以判定及記錄。

而本次調查在經過 2014 年 7 月之嘗試操作後，最大的創新是進行「複合性風倒害因」之判定及記錄。即針對每一風倒樹木，將害因分成 8 大類，分別爲：(1) 樹木淺根，(2) 處於風場，(3) 患有褐根病，(4) 樹木受腐朽影響，(5) 有白蟻蛀蝕，(6) 生長逆境，(7) 樹冠太大，(8) 外傷感染。並可判定爲複合害因，但最多以記錄 3 個害因爲限。

是次災害爲臺北市近 20 年來最嚴重的一次，故本次調查維持 7 日，共診斷了 373 株風倒樹木，其中 210 株屬於臺大校外，162 株屬於校內。鑑於樹木之所以風倒，並不一定只有單一害因，故對於每一個樣本都記錄其是單一害因或複合害因，並列於害因欄內。故校外 210 株調查對象共有超過 210 個計列害因。

表 1 臺北市行道樹風倒原因診斷記錄表　　# 序號＿＿＿＿＿＿

編號 （wA×××）		日期	
樹名		北市編號	
分區		地點	
胸徑（cm）		概估樹齡（年）	
風倒級別	□ (A) 全倒／□ (B) 莖斷	□ (C) 枝斷	□ (D) 傾斜
風倒害因診斷（　　　　　）			
□ (1) 淺根	可查裸露水平根系	□ (2) 風場	可查局部方位、相關風向
□ (3) 褐根	可查菌絲面或網紋	□ (4) 腐朽	可查腐朽占比、靈芝或子實體
□ (5) 白蟻	可查蟻痕、蛀洞占比	□ (6) 逆境	可查土球、異物、根系
□ (7) 頭重	可查樹冠過大、莖細	□ (8) 外傷	可查外傷斷面占比
□ (9) 其他			
風倒圖片		斷口圖片	
褐根或腐朽圖片		逆境或其他圖片	
診斷人員簽章			

註：　　　　　 H = 健康、W = 有外傷或傷口、S = 有逆境、D = 生病（1～4 為病情分級級數）

四、結果及討論

於 2015 年 8 月 9 日起開始進行「複合性風倒害因」之判定及記錄，本研究最大的創新是進行「複合性風倒害因」之判定及記錄。即將風倒樹木的害因分成 8 大類，分別為：(1) 樹木淺根、(2) 處於風場、(3) 患有褐根病、(4) 樹木受腐朽影響、(5) 有白蟻蛀蝕、(6) 生長逆境、(7) 樹冠太大、(8) 外傷感染。每一樣本皆為單一害因或複合害因。如判定為複合害因，其最多記錄 3 個害因。因本次災害為臺北市近 20 年來最嚴重的一次，故經過約 7 日之持續進行，共診斷判定了 210 株風倒樹木之害因。

此 210 株風倒樹木之 8 種害因判定及記錄，經擷取其中 15 株者，列如表 2。

表 2　20150810 臺北市行道及公園樹木風倒害因判定記錄總表範例

編號	樹名	地點	胸徑（cm）	風倒級別	風倒原因診斷	備註
1	盾柱木	辛亥路臺大校門口	26	A（全倒）	A4（腐朽）	
2	鐵刀木	辛亥路臺大校門口	11	A（全倒）	A4（腐朽）	
3	鐵刀木	辛亥路臺大校門口	8	A（全倒）	A4（腐朽）	
4	盾柱木	辛亥路二段 225 號	13	A（全倒）	A6（逆境）	樹穴太小
6	盾柱木	辛亥路二段 213 號	10	A（全倒）	A4（腐朽）、A1（淺根）	
7	小葉欖仁	辛亥路二段 185 號	34.2	B（莖斷）	B2（風場）、B7（頭重）	
8	艷紫荊	和平東路二段 76 巷	18.2	B（莖斷）	B2（風場）、B8（頭重）	
9	艷紫荊	和平東路二段 76 巷 31 弄	28	B（莖斷）	B2（風場）、B7（頭重）	
10	盾柱木	建國南路龍門國中游泳池門口	29	A（全倒）	A4（腐朽）、A5（白蟻）	
11	鐵刀木	龍門國中校門口	11	A（全倒）	A6（逆境）	土球太小
12	白千層	和平東路與瑞安街停車場	70	B（莖斷）	B4（腐朽）、B9（寄生雀榕）	
13	白千層	和平東路與瑞安街停車場	56	B（莖斷）	B4（腐朽）	樹瘤
17	黑板樹	大安森林公園	32	A（全倒）	A1（淺根）	
18	垂葉榕	大安森林公園	50	C（枝斷）	C7（頭重）	
19	垂葉榕	大安森林公園	35	B（莖斷）	B7（頭重）	

　　有關風倒各害因的統計上，首先是把全部 210 株之風倒害因，分成「單一害因」及「複合害因」，並依其受害 4 級別（A 級全倒、B 級莖斷、C 級枝斷及 D 級傾斜），探討其 8 類害因之占比，其結果列如表 3。

表 3　臺北市颱風造成樹木倒伏或斷枝與 8 種害因分成單一害因與複合害因之分析及其占比

風倒級別	數量		(1) 淺根	(2) 風場	(3) 褐根	(4) 腐朽	(5) 白蟻	(6) 逆境	(7) 頭重	(8) 外傷
A（全倒）	83	單一害因	9	0	10	13	0	9	3	0
		複合害因	26	4	1	8	1	30	7	2
B（莖斷）	80	單一害因	0	0	0	22	0	0	31	0
		複合害因	0	22	0	13	0	1	12	2
C（枝斷）	43	單一害因	0	2	0	3	0	0	8	0
		複合害因	0	8	0	3	0	0	28	1
D（傾斜）	4	單一害因	0	0	0	0	0	0	1	0
		複合害因	3	0	0	0	0	2	1	0
數量	210	>210 = 286	38	36	11	62	1	42	91	5
加總百分比（%）			13.2	12.5	3.8	21.6	0.4	14.6	31.8	1.7
單一害因占比（%）			23.7	5.6	90.9	61.3	0	21.4	47.3	0
複合害因占比（%）			76.3	94.4	9.1	38.7	100	78.6	52.7	100

　　由上述表 3 將「單一害因」與「複合害因」之各害因複計加總，再計算 8 類害因之占比，結果害因複計加總為 286 母數，而 8 害因中占比最高者為 (7) 頭重，即樹冠太大，占 32%，其次是 (4) 腐朽，占 22%；再次是 (6) 逆境、(1) 淺根及 (2) 風場，此三者的重要性在伯仲之間，分別占 15%、14% 及 13%。其他較少者為 (3) 褐根，占 4%，(8) 外傷，占 2%，(5) 白蟻 < 1%。結果與國外多個不同研究，指出樹冠體積較大的樹木在風災來襲時所受的傷害及帶來的危險性，會比同齡但樹冠體積較小的樹木為大的結果十分吻合。相反地，假如樹幹、樹冠等地上部，與地下部能均衡發展，則在對抗強風時，將較不容易風倒（Peltola et al. 1999）。換言之，如在颱風前參考行道樹樹穴之大小或評估樹木根系的生長情況，適當修剪，應可減少此類害因造成之風倒。進一步之分析，可知在樹冠太大，占比 32% 中，有 47% 屬於單一害因，約占全數之一半。此表示單因樹冠太大，即主控樹木在颱風下的風倒。

　　樹木之腐朽一般可分成心材腐朽及根部腐朽兩種，兩者皆是都市樹木及森林樹木風倒的一大元兇（Whitney, et al., 2002）。本次調查所指的腐朽也包括心材腐朽及根部腐朽兩種。由上述表 3 之統計，被樹醫判定第二大的風倒害因是 (4) 腐朽。

其「單一害因」與「複合害因」共列加總之占比為 21.6%。進一步分析發現其中有 61.3% 是「單一害因」，且絕大部分的倒伏為 A 級全倒或 B 級莖斷級別。由此可說明害因 (4) 腐朽中，單一之「腐朽」已足以在強風吹襲之下造成 A 級全倒或 B 級莖斷。這些害因 (4) 腐朽，可在樹幹斷裂面觀察到出現變色、變形、腐敗等腐朽徵狀，但在平時並不容易被發現，所以是一潛伏的重大風倒害因。有鑒於此，建議應該在平時進行「非破壞性之腐朽檢測」，以及適當之防治，以防範於未然。

接下來第三類的風倒害因是 (6) 逆境、(1) 淺根及 (2) 風場，這 3 者「單一害因」與「複合害因」共列加總之占比，分別為 14.6%、13.2%、及 12.5%。顯示此 3 者的重要性在伯仲之間。較特別的是，此 3 類害因中「複合害因」都比「單一害因」的占比高出甚多。例如 210 株樹木中共有「淺根」害因者 38 株，當中有 27 株是「複合害因」，占 76.3%。很類似的是 (6) 逆境，其在 42 株中有 30 株是「複合害因」，占 78.6%。至於 (2) 風場的狀況，其在 36 株中有 34 株是「複合害因」，占 94.4%。表示單以「逆境」、「淺根」、「風場」等害因施加於樹木時，不一定造成風倒問題，必須同時配合其他狀況，才致樹木抗風能力減弱。

上述「(6) 逆境、(1) 淺根及 (2) 風場」三者間應有密切的關聯性。其中 (1) 淺根是指植物之根系先天偏向水平生長，例如榕樹、垂榕、印度橡膠等，其淺根特性自然容易因為抓地力之不足而造成 A 級全倒。此由表 3 可以看出端倪。至於 (6) 逆境是指人為栽種時樹穴過小或土質惡劣或其他不良立地環境等。這些皆會阻礙根系之拓展，一樣會造成抓地力之不足，或造成 A 級全倒。唯在 (2) 風場方面，其主要係因四周有高樓或街道形成風力較強之「風口」效應。經分析 210 株中共有 36 株有此害因，而其加害級別以 B 級（莖斷）居多，共為 22 株，次為 C 級（枝斷），占 10 株，兩者合占 89%。因為，淺根、風場、逆境等 3 害因同樣是栽培管理問題，及與立地位置相關，故在預防風害方面，應共同列入管理，或言「整合性管理」，包括應同時採取：選擇深根樹種、增大樹穴、風前適當之修剪，以避免風口效應之加害等。

對於樹木褐根病，本次調查 210 株中，發現有 11 株為 (3) 褐根害因所危害，現場都可診斷出遭受褐根病感染之病徵或病兆，此 11 株全部屬於 A 級全倒。雖然只占全數 3.8%，但其中 91% 為「單一害因」，這說明樹木一旦患有褐根病，對於

對抗颱風的能力即會大大弱化。值得一提的是，因為樹木褐根病平常即具風險且會傳染，故在平常一旦被發現，業主或管理者常會即時處理，故此次只調查到 4%。

至於在 (8) 外傷的害因中，在 210 株中，只占 1.7%，共是 5 株。且這 5 株皆有「複合害因」，並多發現有腐朽情況，相信腐朽是由外傷引起，並弱化樹木的抗風能力。最後在 (5) 白蟻害因方面，本次調查 210 株中只發現 1 株染患白蟻，在整體中僅占 0.4%，似乎並非重要害因。

以上總結，樹冠太大、腐朽、逆境、淺根、風場，是本次蘇迪勒颱風造成樹木倒伏的五大害因。其中樹冠太大、逆境、淺根、風場四者屬於非傳染性害因，總占比達 74.2%。(4) 腐朽及 (3) 褐根則屬於「傳染性害因」，其占比合計為 25%，表示有 1/4 的受害是與樹木病蟲害相關。

基於上述，建議對樹冠太大、逆境、淺根、風場四個非傳染性害因，應加強研究及改善，即解決此些生理問題當可大幅度減少因為颱風造成的樹木倒伏。唯樹木病蟲害一般也會造成嚴重的倒伏，且多屬平常潛伏問題，其相對的風險自然更高，故建議加強樹醫之健檢、診斷、防治等工作，期望可以因此減少憾事的發生。

另外，本次研究亦研究風倒樹種的影響因子，選取 210 個結果中，被記錄有多達或超過 10 個個案的樹共有 8 種代表性樹種，分析其風倒害因。由於研究當中並沒有限定其區域，故所列的樹種是隨機的，也頗能符合臺北市樹木種類的實況。經選取後所得的樹種分別為榕樹、臺灣欒樹、黑板樹、白千層、垂榕、盾柱木、茄苳及美人樹，所得害因分析結果則如表 4。

以上述 8 種樹種進行比較，可知黑板樹、垂榕、茄苳及美人樹的風倒情況當中，超過或接近 50% 的個案都是由 (7) 頭重，即樹冠太大所致。另外，白千層及盾柱木等似乎較易受到 (4) 腐朽或病蟲害的威脅，例如，白千層的個案當中有 43% 是腐朽引起的問題，而盾柱木也有 33%，相反地盾柱木因頭重而引起的風倒情況會比較低，只占 6%，相信這與盾柱木的樹冠形狀有關。

表 4　臺北市主要 8 種樹種因颱風受害共 8 種害因之占比分析

| 樹木種類 | 數量 | 木材密度比 * | 8 種害因之占比（%） | | | | | | | |
			(1) 淺根	(2) 風場	(3) 褐根	(4) 腐朽	(5) 白蟻	(6) 逆境	(7) 頭重	(8) 外傷
榕樹	32	0.39	26	5	16	5	0	20	28	0
臺灣欒樹	30	0.6	4	35	2	35	0	12	12	0
黑板樹	14	0.36	7	7	0	33	0	0	53	0
白千層	13	0.63	5	21	0	43	0	5	21	0
垂榕	11	0.65	8	0	15	8	0	8	53	8
盾柱木	12	0.62	22	0	0	33	6	27	6	6
茄苳	10	0.63	0	0	0	8	0	17	58	17
美人樹	10	0.39	12	41	0	0	0	0	47	0

* 木材密度比，係引用自文獻 World Agroforestry Centre (2015)。

　　由表 4 可知，臺灣欒樹是木材密度較高的樹種，在臺北市本次調查風倒的數量僅次於榕樹，是相對個案較多的品種。部分原因是臺北市種植臺灣欒樹的數量本就較多，故其風倒與總數量相比後其風倒率並不算高。在本次調查臺灣欒樹主要的風倒原因中，腐朽及風場問題各占 35%。其中有關如何避免造成「風口效應」問題，相信是十分難以解答的問題，因為無法事先確定颱風來襲時主要路逕及主要風向，唯一可預防的是應避免在一再發生「風場傷害」的路口，再種同一種易受害的樹種。

　　上述 8 種樹種中，最值得關注的是榕樹風倒原因的多樣性，計有 (7) 頭重、(1) 淺根、(6) 逆境、(3) 褐根等，各有 28%、26%、20%、16% 的占比，至於 (2) 風場及 (4) 腐朽的個案則各占 5%，表示榕樹的生長及維護需要較多方面的考量。例如，榕樹及垂榕是常被發現會因褐根病而倒伏的樹種，即表示這兩品種對褐根病是較感病的樹種。

　　本次研究亦嘗試探討樹木的木材密度與風倒發生率間的關係，例如表 4 共 8 種樹木中木材密度比較低者有黑板樹、榕樹及美人樹，分別是 0.36、0.39、0.39，而較高者有其他之垂榕、茄苳、白千層、盾柱木、臺灣欒樹等，木材密度比為 0.65 至 0.6。由上述表 4 似無法看出木材密度比與 8 種害因間之關聯性。

　　我們另將此 8 樹種與 4 級風倒級別進行分析，其結果如表 5。

表 5　臺北市主要 8 種樹種與颱風風倒級別間的關係分析

樹木種類	數量	木材密度比 *	4 種風倒級別之占比（%）			
			（A）全倒	（B）莖斷	（C）枝斷	（D）傾斜
榕樹	32	0.39	66	3	31	0
臺灣欒樹	30	0.6	33	54	13	0
黑板樹	14	0.36	14	72	14	0
白千層	13	0.63	15	85	0	0
垂榕	11	0.65	27	18	55	0
盾柱木	12	0.62	67	25	0	8
茄苳	10	0.63	30	10	60	0
美人樹	10	0.39	20	20	60	0

* 木材密度比，係引用自文獻 World Agroforestry Centre (2015)。

　　由表 5 可知，在本次調查的 8 種樹種中，木材密度比較低之黑板樹、美人樹，有較高比例的「莖斷＋枝斷」，兩者各為 86% 及 80%。至於榕樹部分，我們對其木材密度比 0.39 感覺似乎不太正確，因為它應與垂榕較接近才對。又榕樹因最大問題在於 (7) 頭重，加上易染褐根病，故出現 66% 之 (A) 全倒占比。

　　在同一體積的木材下，密度比愈大表示其硬度愈高，木質細胞愈緊密，相反，木材密度比較低者表示其枝條較脆弱，容易折斷。因此可以合理推斷木材密度比愈小，樹木的抗風能力愈低，在對抗颱風中，發生 (B) 莖斷及 (C) 枝斷的機會較大。

　　由於本次調查研究的樹木數量並不多，加上沒有在颱風吹襲之前即收集樹木之健康狀況等相關資料，故尚無法利用「木材密度比」作為抗風能力篩選或評估之唯一依據。而有研究指出樹木在對抗颱風的實際情況下，可以存活的最高風速會比使用科學方法測得之數據為低，說明目前之科學技術仍力有未逮，即尚無法以簡單的模式，模擬評估樹木在颱風下的實際抗風能力。也期望未來應有更多的研究，以求解答各類的問題。

五、檢討及展望

　　本次研究目前進行為第二年，由於臺灣目前並沒有有系統及研究背景的團隊進

行過類似的研究，經參考國外的研究報告，發現其方法或內容皆甚簡略，多只量測其樹高、樹木胸高直徑、生長狀況等資料，對於臺灣亞熱帶氣候所面臨樹木生長環境問題之探討相對極少。有鑒於此，臺大植醫團隊在計畫進行的第一年主要目的是在觀察樹木的風倒情況，並測試相關診斷記錄表之可用性，旨在汲取經驗，累積觀察及診斷樹木風倒原因之準確性，故實得的數據量十分有限。

本研究設計並使用的表1診斷記錄表，係因應臺灣之實況，加入腐朽、白蟻、褐根病、淺根、風場等內容，相對於國外的調查項目，應更加完整及科學，並能符合臺灣的實際情況。

是次發布研究結果主要是第二年，即2015年颱風季的主要颱風「蘇迪勒」所造成的風倒樹木210個個案調查。颱風乃天然災害，可遇而不可求，加上颱風後的天氣及路面情況並不理想，會減慢調查的進度，研究團隊同時要與修復路面環境的路燈管理處工人爭分奪秒是研究的一大限制。另外，原訂的風倒診斷記錄表中，風倒原因診斷的部分有些可以進行更詳細的調查內容，例如在表1中，未來建議應加入調查各樹木腐朽面積之占比，期望可以以此作為評估各類樹木品種對抗腐朽及強風的有用資訊，但此一樣是因時間之緊迫性而暫予擱置。期望來年在颱風季節來臨前，即應準備更多的樹醫人才，並在風季前做好適度的培訓，將可好好把握颱風後及修復前的黃金72小時，以調查收集更多有用的數據及資料。

經參考國外的相關研究，其對於森林以至行道樹的個別樹木抗風能力之測試已經十分成熟，在近十幾年間，不少國外的研究團隊甚至已建立了一些針對風倒問題的模型理論，例如HWIND、ForestGALES等，用以預估樹木受颱風或颶風影響的風險。然而研究隊伍必須收集大量的個案紀錄及數據，或長達10年至15年之經營，方能歸納出各種樹木的個別特性及建立完整的模型理論。目前，臺灣對於風倒樹木的研究仍然極其不足，尚有賴各個專業單位未來能投入更多的人力及資源，務求建立一個適合臺灣的颱風樹木風險模型或評估方法，以保障樹木和人車在颱風季中的安全與福祉。

參考文獻

1. Ancelin, P., Courbaud, B., Fourcaud, T. (2004). Development of an individual tree-based mechanical model to predict wind damage within forest stands. For. Ecol. Manag. 203: 101-121.

2. Christy, M. F., Kelsie, M. B., Michael, J. N., Igor, L. (2015). Susceptibility assessment of urban tree species in Cambridge, MA, from future climatic extremes Envir. Syst. Decis. 35: 389-400.

3. Cucchi, V., Meredieu, C., Stokes, A., de Coligny, F., Sua'rez, J., and Gardiner, B. (2005). Modelling the windthrow risk for simulated forest stands of maritime pine (Pinus pinaster Ait.). For. Ecol. Manag. 213: 184-196.

4. Duryea, M. L. (2014). Wind and Trees: Surveys of Tree Damage in the Florida Panhandle after Hurricanes Erin and Opal. University of Florida, IFAS Extension.

5. Francis, J. K., and Gillespie, A. (1993). Relating gust speed to tree damage in hurricane Hugo, 1989. Journal of Arboriculture 19: 368-373.

6. Gardiner, B. A., Suarez, J., Achim, A., Hale, S. E., and Nicoll, B. C. (2004). ForestGALES 2: A PC-based wind risk model for British forests -User guide. Forestry Commission, Edinburgh, UK.

7. Gardiner, B. A., and Quine, C. P. (2000). Management of forests to reduce the risk of abiotic damage- A review with particular reference to the effects of strong winds. For. Ecol. Manag. 135: 261-277.

8. Lopes, A., Oliveira, S., Fragoso, M., Andrade, J.A., and Pedro, P. (2009). Wind risk assessment in urban environments: The case of falling trees during windstorm events in Lisbon. In K. Strelcova et al. (eds.), Bioclimatology and Natural Hazards. Springer Science. Business Media.

9. Mitchell, S. J. (2012). Wind as a natural disturbance agent in forest: A synthesis. Forestry 86: 147-157.

10. Peltola, H., Kellomaki, S., Vaisanen, H., and Ikonen, V. P. (1999). A mechanistic

model for assessing the risk of wind and snow damage to single trees and stands of Scots pine, Norway spruce and birch. Can. J. For. Res. 29: 647-661.

11. Schindler, D., Bauhus, J., and Mayer, H. (2012). Wind effects on trees. Europe Journal Forest Research 131: 159-163.

12. Sophie. E. Hale, Barry. A. Gardiner, Axel Wellpott, Bruce C. Nicoll, Alexis Achim. (2012). Wind loading of trees: influence of tree size and competition. Europe Forest Research. 131: 203-217

13. Shibata, E., and Torazawa, Y. (2008). Effects of bark stripping by sika deer, Cervus Nippon, on wind damage to coniferous trees in subalpine forest of central Japan. Journal of Forestry Research 13: 296-301.

14. Whitney, R. D., Fleming, R. L., Zhou, K., and Mossa, D. S. (2002). Relationship of root rot to black spruce windfall and mortality following strip clear-cutting. Canadian Journal of Forest Research 32: 283-295.

15. World Agroforestry Centre. (2015). Wood density. Tree Functional Attributes and Ecological Database. http://www.worldagroforestry.org/

16. Zhu, J. J., Liu, Z. G., Li, X. F., Takeshi, M., and Yutaka, G. (2004) Review: effects of wind on tree. Journal of Forestry Research 15: 153-160.

CHAPTER 25

樹木褐根病預防及治療注射新技術及專業施作之必要性

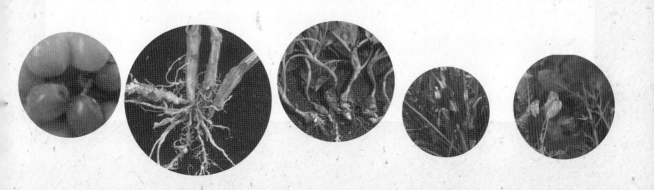

一、樹木褐根病的重要性

近年來國內發生嚴重之「樹木褐根病」，該病是由眞菌 *Phellinus noxius* 所引起，主要危害低海拔之樹木及果樹等，常迅速造成染病植株根部腐敗而落葉萎凋。死亡之植株若未即時移除，可能發生無風自倒，而造成居民生命之威脅或財產之巨大損失。褐根病菌所造成的樹木褐根病，亦爲亞洲、非洲、大洋洲及澳洲，包括熱帶及亞熱帶地區常見之林木根部病害，故在香港、澳門、廣州、福建等地區，褐根病也常常造成樹木的枯死及災害。

樹木褐根病的傳播，主要是藉由病根與鄰株健康根之接觸，但潛伏病株的移植、園藝業者對病樹砍伐後帶菌木材的運送，相信是人爲造成長途傳播的重要途徑。該褐根病菌雖然偶而會產生擔孢子，但直接以擔孢子對相鄰樹木的傷口接種，一般都無法造成感染，所以靠擔孢子長途傳播的可能性雖然存在，但機率甚低。而一般在發病疫區經常可見褐根病都自一發病中心點逐漸向四周健株傳染，平均速度約每年感染相鄰樹木一株。此乃證明該病主要是靠病根與健根的接觸而傳播。

褐根病在臺灣及世界已知的寄主極廣，估計已超過 200 種樹木皆可被感染。其病徵一般可分爲急性及慢性兩種，急性者發病後可在 1 至 2 月內死亡，枯死之樹葉並不立即脫落，稱爲急性立枯。慢性者罹病時，病株會慢慢出現生長衰弱、葉片稀疏、小葉化、黃萎、落葉等，可能經過數月至數年後才枯死，稱爲慢性立枯。因該褐根病菌會腐朽木材，造成白腐（White rot），尤其都是首先自根系感染，造成根系死亡、腐朽、缺乏支撐力，故極易因風而傾倒，甚至在風力不大時，也因樹幹重量加上根系腐朽而「無風自倒」。

筆者所屬之「臺灣植物及樹木醫學學會」，自 2014 年起徵得臺北市公園路燈管理處之同意，調查近年颱風風倒之主因，在 210 株風倒的害因當中，發現即有 11 株爲褐根病害因所引起，即現場都可診斷樹木遭受褐根病感染之病徵或病兆，此 11 株全部屬於 A 級全倒。雖然只占 3.8%，但都屬於全倒，這說明樹木一旦患有褐根病，對於對抗颱風的能力即會大大弱化。

目前樹木褐根病並無已公告之有效治療法，僅有推薦罹病株移除後土壤的消毒方法，包括藥劑燻蒸或蒸汽消毒等方式，以避免後續種植之植株再度發病。亦有極

少數報告說，若在發病早期加以診斷、嘗試使用藥劑或生物製劑加以注射或灌注，則仍有成功救治之案例。另在學術報告中，甚多學者在實驗室進行藥劑對褐根病菌之抑菌能力測試，例如，在國內外曾報導三得芬、平克座、三泰隆、普克利、4-4 式波爾多液、三泰芬、撲克拉、滅普寧等，皆可有效抑制菌絲生長之作用，但田間實際防治成功之案例報告則近乎闕如。

目前以臺灣為例，處理每一株褐根病發病病株平均需花費新臺幣 3～5 萬元，估計每年全臺灣用以處理褐根病病株之經費超過 5000 萬元以上。因此，為求有效預防及治療此一被稱為「黑死病」或「樹木癌症」之樹木褐根病，實有研發及創新更可行技術之必要。

二、樹木藥劑注射方法之介紹

國內外有關樹木病蟲害利用「注射」方法加以防治的歷史，大約是在美國荷蘭榆樹病盛行，即 1970 年代。荷蘭榆樹病是一種小蠹虫昆蟲傳播長喙子囊殼菌造成的嚴重枯萎疾病，美國之榆樹每年有數十萬株受害，橫跨都市與鄉村地區，因此樹木注射防治之觀念也隨之興起。而在亞洲，松材線蟲造成之松樹萎凋病，嚴重度也是不遑多讓。為了對付松材線蟲及松斑天牛，科學家也研發了「藥劑注射」的技術。

近年來在臺灣，因為刺桐釉小蜂嚴重危害各地之刺桐及同屬之樹木，學者也引進類似「藥劑注射」的技術，並選擇適當的藥劑，研究出「刺桐釉小蜂益達胺注射防治法」。依據行政院農委會農業藥物毒物試驗所公告於「植物保護手冊」之注射防治法，該法係針對每一株刺桐，於胸高位置之莖部，每隔 20 公分，以電鑽鑽出直徑 10 mm 之孔洞，孔洞與樹幹之角度約為 45 度角，每洞口注入 9.6% 益達胺溶液 5 mL，完成後再以矽膠封口即可。

所以上述將殺蟲劑、殺菌劑、營養成分等注入樹木體內的相關技術發展已久，其工具也甚多元，包括套組化的商品等。此些「樹木藥劑注射」的優點主要有：(1) 環境友善，因為一般噴灑化學藥劑常可能帶來環境的汙染與人畜的健康風險。(2) 經濟及便利，因為對付高大的喬木，只需於接近地面之莖基部，即可注入藥劑，讓藥劑運送至全株或全身。(3) 更具藥效，因為注射到導管及篩管之藥劑，有機會直

接接觸到致病的病原真菌、細菌或昆蟲等,而其他之藥劑噴灑、土壤灌注則可能無法進入樹木體內,自然也無法達到藥效。

為此,筆者所屬之「臺灣植物及樹木醫學學會」,即自約 10 年前,開始針對肆虐於臺港澳粵之「樹木褐根病」,研究「藥劑注射防治」之技術,至 2013 年,終於在田間試驗出「預防性褐根病藥劑注射防治成功」之實例,主要是在嚴重發病之疫區,對病樹四周之健康株進行樹基部之藥劑預防試驗,終於試出「BR2」複合藥劑配方注射後,可以免於被病株之傳染。隨後又基於此「BR2」,再增加成分以進行「早期發病病株」之「治療性褐根病藥劑注射防治」,所配成之藥劑稱為「BR3」複合藥劑配方。在 2014 年以此「BR3」複合藥劑配方對發病初期、出現「生長中菌絲面」之榕樹及鳳凰木進行多點注射,發現約 2 週內即可發現該「生長中菌絲面」之萎縮或「結痂」,證明這「BR3」複合藥劑配方確實具有「田間治療」之實際效果。上述之「預防性褐根病藥劑注射防治」及「治療性褐根病藥劑注射防治」皆已初步成功之後,學會即於 2015 年 11 月,發表「談樹木褐根病之預防性及治療性藥劑注射防治策略」,於臺大溪頭舉辦之兩岸四地「樹木疫病蟲害之醫療及健檢研討會」。自此,「預防及治療樹木褐根病之藥劑注射防治方法」,已算正式起跑及推廣,而累計自 2014 年至 2017 年三年來,已有 8 個田間預防成功的實際案例,樹木約 110 株。亦有 8 個以上田間早期治療成功的實際案例,樹木共 12 株以上。

在 3 年之施作經驗中,也逐漸建立「藥劑注射防治」施作之要領及應注意事項。故於 2017 年筆者所屬之「臺灣植物及樹木醫學學會」,再度發表「樹木褐根病成功預防及治療之藥劑注射及專業施作之必要性」,於「2017 植栽及樹木之健檢與醫療研討會論文集」。其中「專業施作之必要性」詳論如下節。

三、藥劑注射專業施作之必要性

為何經過 3 年之施作經驗,「臺灣植物及樹木醫學學會」提出「藥劑注射應有專業樹醫親自執行之必要性」,其理由如下:

1. 多重疫病蟲害之現場診斷:在亞熱帶幾乎各類樹木發生疫病蟲害的時候,多非只有單一病蟲問題,相反常有多重問題,包括營養障礙。例如樹木之腐朽常是

「菌朽」加「蟲蛀」，介殼蟲也多合併煤煙病，葉部病害多常見蟲害之伴隨或營養問題。基於最佳化之整合診斷，實需專業樹醫之親自到場執行。

2. 多重疫病蟲害之防治處方：基於亞熱帶多重疫病蟲害之盛行，在藥劑注射防治上，自然也需多重處方之一次到位。但如何調劑俾能一次防治多種病蟲加營養障礙，且不生藥害或副作用，當需專業樹醫之親自執行，包括事先之藥害測試與預防等。

3. 藥劑注射防治時之注射點選擇：蓋因每一樹木之樹型、粗細、潰瘍狀況、表面消毒、內部腐朽、注射位置、避免藥害、傷口感染等等，實在都需要專業樹醫之親自執行。樹木褐根病藥劑注射之藥物動力學方面，初步結果顯示注射之藥劑可向下及向上移動，且可維持 3 個月仍具相當之濃度。但如何讓注射之藥劑可向下運行，或到達病健部，需專業樹醫之親自執行較為妥適。

4. 藥劑注射防治時之注射工具選擇及消毒程序：因樹木之藥劑注射，需考慮藥劑注射後如何擴散以達最佳之藥效，故注射工具之選擇即極重要，注射時防止傷口雜菌之汙染或感染也極重要，而這些都需有經過微生物學訓練之專業樹醫，方能確保工作之品質及成效。其中之消毒程序，常常每株樹木皆不相同。而若消毒不當，則恐有增加雜菌感染之副作用，實不可不慎。

5. 藥劑注射防治後之藥效追蹤：因為原有疫病蟲害注射防治後，如何判斷藥效之有無、是否應追加藥劑注射、多久追加藥劑注射一次等等，皆涉及專業之診斷及豐富之經驗。

6. 多重藥劑及營養劑之混合注射使用：蓋因營養劑的添加常是必要的，就如人醫常在治療疾病時也注射營養劑一樣。而多重藥劑及營養劑之混合注射使用，自然需要專業樹醫之經驗與親自執行。

7. 最佳處方問題：例如，多重藥劑之混合使用、藥劑種類之選擇、藥劑之取得、操作記錄及報告之準備、能否與營養劑混合注射等，目前建議由專業樹醫親自執行較精準。

8. 以最少成本達到最高之成效：其中常涉及多重藥劑及營養劑之濃度、用量、最佳處方選擇、低毒高效藥劑之選擇、追加施藥次數之設定、藥害之事先測試及預防等，皆需專業樹醫之親自執行。

四、樹木褐根病預防性及治療性藥劑注射成功案例

在樹木褐根病以預防性藥劑(PTMS #BR2)注射防治之成功案例，計有：

1. 臺北市徐州路臺大公衛學院院區，疫區之四周共 10 株之樟樹、臺灣欒樹、榕樹等，經預防 2 年已未再出現新病株。

2. 臺大黑森林 1 株長在四周皆已發病之榕樹，即密植之疫區，經預防注射 3 年，皆保健康。

3. 臺中市 7 株發病受保護榕樹之四周，於 104 年共有 15 株樹木，經授權預防性藥劑注射，迄今皆保持健康。

4. 臺大公館校區共 6 疫區 60 株樹木，經預防 2 年，除極少數密植之疫區仍有零星潛伏感染發病外，95% 之植株皆保健康。而該少數潛伏感染出現病徵之樹木，則皆以（PTMS #BR3）藥劑立即治療，並已獲得控制。

5. 臺北市北投文物館疫區之四周，共 10 株樹木經授權之廠商進行預防注射後，除 1 株潛伏感染出現病徵之外，其餘皆保健康。而該潛伏感染出現病徵之榕樹則已以（PTMS #BR3）藥劑立即治療，並已獲得控制。

6. 臺北市北投區奇岩一號公園疫區，四周 4 株樹木，經預防注射皆保健康。

7. 臺北市孔廟疫區，四周 6 株樹木，樹木經預防注射皆保健康。針對臺北市孔廟 2 株老榕樹，感染褐根病，已自 2015 年 10 月，對其四周 10 公尺相鄰樹木共 6 株，進行預防性藥劑（PTMS #BR2）注射，結果迄今皆保持健康。

8. 臺北市孫運璿科技人文紀念館疫區，四周 2 株樹木，經授權預防注射 2 年皆保健康。

在樹木褐根病治療性藥劑注射方面，至少 8 件之成功案例計有：

1. 臺中市 7 株發病受保護樹木，經由授權之廠商治療 2 年，皆已獲得控制並逐漸康復。該等臺中市 7 株老樹，係自 2015 年 7 月開始進行治療性藥劑（PTMS #BR3）注射，至 2016 年其中有一株之業主決定採用其他之生物製劑醫療，結果發現曾經變得枝葉較茂密之後，卻又提早枯死，其他 6 株只用（PTMS #BR3）注射者，迄 2017 年皆保持其樹勢，不再惡化或轉為較為健康。

2. 臺大發揚樓一株楓香，經以（PTMS #BR3）注射，治療 3 年已完全康復。

3. 臺北市北投區奇岩一號公園 2 株榕屬樹木，經治療 2 年已獲控制並逐漸康復。但其中之一株，因未加支撐在 2017 年之颱風中不幸風倒。

4. 臺北市孔廟一株發病末期老榕樹，經加強型治療 1 年，原病情已獲控制，但遺憾因爲業主顧及安全而提早加以移除。

5. 臺北市孫運璿科技人文紀念館一株發病末期老榕樹，經授權治療 2 年，病情已獲控制，並逐漸康復中。

6. 臺大發揚樓一株新發病臺灣欒樹，經治療 1 個月，即發現菌絲面消退不再惡化，病情也獲得控制。

7. 臺北市榮光公園一株鳳凰木，發病初期經治療 1 個月，即發現菌絲面消退不再惡化。

8. 臺大校園一株小葉欖仁，經治療 3 年已完全康復。

9. 臺北市北投文物館疫區之一株早期發病榕樹，發病初期經治療 1 個月，即發現菌絲面消退不再惡化。

五、結論及建議

筆者所屬之「臺灣植物及樹木醫學學會」，自 2013 年起，已針對肆虐於臺港澳粵之「樹木褐根病」，研發成功「藥劑注射防治」之技術，主要是在田間先實際試驗出「預防性褐根病藥劑注射防治方法」，然後亦進行「早期發病病株」之「治療性褐根病藥劑注射防治方法」。在兩者皆有成功案例之後，於 2015 年首度發表樹木褐根病之預防性及治療性藥劑注射技術。自此，「預防及治療樹木褐根病之藥劑注射防治方法」，已算正式起跑及推廣，累計自 2014 年至 2017 年三年來，已有 8 個田間預防成功的實際案例，樹木約 110 株。亦有 9 個田間早期治療成功的實際案例，樹木共 12 株以上。

有關「藥劑注射應有專業施作之必要性」，概因疫病蟲害之現場診斷、防治處方、藥劑注射點選擇、注射工具選擇及消毒、注射防治後藥效追蹤、多重藥劑及營養劑之混合、如何符合法規及提高時效等，皆需專業樹醫親自執行爲妥。

在未來有關藥劑注射技術擴大推廣之建議，主要有：

1. 藥劑注射技術應符合法規：所用之注射藥劑皆非劇毒藥劑，是在臺灣已登記及販售之藥劑，故在臺灣可立即推廣及使用。

2. 希望技轉國內有意願之專家及園藝廠商以加快推廣：因時間具急迫性，應加快技轉及推廣。

3. 希望合作者之雙贏：當求研發者與授權者雙方皆贏。

4. 希望保護樹木「免於褐根病之威脅」：此為最終之目的，希望有朝一日，可消滅此一兩岸四地之樹木癌症。

CHAPTER 26

植物醫學研究中心收集重要防治方法報告

各報告排列順序爲：題目、（單位 // 作者，年度，出處：頁數）、重要防治要點方法、藥劑藥效、對照比較、季節限制性等。

1. 松斑天牛誘引劑之研發（農藥所 // 黃振聲、劉嘉慧、蕭祺暉，2000，植保會刊42：115-123）

   松斑天牛成蟲每年主要發生期爲4～9月，松材誘引劑主含monoterpene（單帖）及ethanol。知H8及H9較日製爲佳。

2. 溫水處理對臺農一號芒果採收後炭疽病之防治效果（農試所 // 楊宏仁、林瑩達，1997，植保會刊39：241-249）

   以溫水53℃處理臺農一號芒果果實5分鐘，約95%之果實防治成功剩3病斑。

3. 利用木黴菌防治草皮病害（農試所 // 羅朝村，2000，植保會刊42：115-123）

   木黴菌（*Trichoderma harzianuma*）防治三種草皮病害（腐霉病、立枯絲核病菌、菌核病菌），主要需三大步驟：(1) 以粒劑撒布土壤。(2) 每月噴施孢子懸浮液。(3) 適病期每週噴施孢子懸浮液一次。

4. 立枯絲核菌對賓克隆殺菌劑的感受性與其影響分子（興大植病所 // 陳怡仁、黃振文、陳隆鐘，1996，植保會刊38：313-328）

   對本省蔬菜與花卉立枯絲核菌（第四菌絲融合群），殺菌劑賓克隆爲常用藥。

5. 東方果實蠅族群變動與寄主水果產量之關係（農委會植保科等 // 陳秋男、鄭允、黃毓斌、高靜華、蘇文瀛，1996，植保會刊38：149-166）

   東方果實蠅爲本省之重要果樹害蟲，我國曾於1975年至1984年間採用不孕性滅雄技術，但無法達到滅絕之目的。自1985年以後，改用含毒甲基丁香油誘殺劑進行大量滅雄，藉以降低族群密度，使重要果品所受之危害維持在2%受害水平以下。

6. 濾除紫外線塑膠布被覆對洋香瓜害蟲及瓜果產量之影響評估（嘉義農試所 // 鄭清煥、何淑貞，1997，植保會刊39：289-304）

   臺灣洋香瓜以畦面條狀隧道式設施栽培，由1995年冬作至1997年春作，在臺南縣東山鄉洋香瓜栽培區試驗結果顯示，以UVAF被覆之栽植洋香瓜可極顯著的降低番茄斑潛蠅、南黃薊馬之族群密度，但對銀葉粉蝨之發生卻無抑制作用，UVAF對洋香瓜成長具促進作用，瓜果之產量較CF被覆區增加16%至

342.6%，可上市一級果及二級果明顯地高於 CF 被覆區。

7. 殺菌劑造成蝴蝶蘭異常生長及開花之探討（省藥試所 // 徐玲明、蔣慕琰，1997，植保會刊 39：355-364）

本省蝴蝶蘭病害防治藥劑，僅有甲基多保淨（Thiophanate methyl）70% WP 登記於灰黴病的防治，試驗藥劑均以正常稀釋量（X），與其二倍量（2X）或五倍（5X）劑量噴施。四環黴素（achromycin）、鏈黴素（streptomycin）、氫氧化銅（copper hydroxide）、快得寧（quinolate）、依得利（etridiazole）、依普同（iprodione）、撲滅寧（procymidone）、普拔克（propamocarb）及免賴得（benomyl）等九種藥劑對蝴蝶蘭實生苗不會產生藥害及抑制生長情形，免克寧（vinclozolin）與免得克寧（metiram-vinclozolin）施用後，蝴蝶蘭受害達 70% 以上，亦可使蝴蝶蘭之開花株花期與花梗縮短，花數減少，花序混亂且出現唇瓣畸形之花朵。高濃度噴施多保鏈黴素（thiophanate methyl-streptomycin）、銅快得寧（oxine copper-copper hydroxide）、銅鋅錳乃浦（mancozeb-copper oxychloride）及益發靈（dichlofluanid）後，引起葉片黃化、紅化或藥斑之藥害徵狀，葉片之相對生長速率明顯下降。

8. 柿角斑病之發生與化學防治（嘉義技術學院 // 曾素玲、童伯開，1997，植保會刊 39：365-375）

柿角斑病是由 *Pseudocercospora kaki* 感染所引起，田間病徵於六至七月間出現。病斑受葉脈限制而形成多角形，發生嚴重時常導致提早落葉，影響柿果產量及品質，田間防治試驗以 13.4% 邁克尼可溼性粉劑 4000 倍達 1% 顯著差異，防治效果約 60%-90%。

9. 作物病害綜合管制實例（中興大學等 // 黃振文、蔡東纂、高清文、孫守恭，1995，植保會刊 37：15-27）

化學防治所使用的水銀劑、砷劑與有機氯劑之公害殘毒也衍生嚴重環境汙染與人類安全的顧慮，基於考量自然生態的平衡與其整體之經濟利益，顯然，完全控制植物病害是一件不可能的事實且不合乎經濟原則，因此在農業生態體系中，植物病原菌與農作物的「共存」應有「作物病害綜合管制」的觀念，病害防治隱含滅絕另一群生物或完全控制的終極目標，「病害管制」是以「共存」

爲執行策略之準則，是故作物病害的管制模式必須有經濟損失門檻的設定，「綜合防治」一詞是由昆蟲學者首先提出，其目的在針對一種特定的害蟲，考量生態環境與經濟利益後，以多元化的防治法，達成協力或加成的防蟲效果。病害綜合管制策略的兩個主要目的，就是降低病原的最初接種源與降低病原的傳播與感染速率，其中應適時、適地且合乎經濟與生態法則的應用輪作、田間衛生管理、種子處理、健康種苗、抗病品種、拮抗微生物、有機添加物、種植時間與地點選擇，在行政院農委會之「農業綜合調整方案」指引下，本省植物保護工作是以非農藥防治技術爲主，合理安全使用農藥爲輔，進行推動病蟲害綜合管制策略藉以協助永續性農業與重點產業的發展，植物保護的工作者已研發出多種病害綜合管制之非農業防治技術，如：木黴菌多屬拮抗菌防治紅豆根腐病，應用交叉保護病毒防治木瓜輪點病，以組織培養變異苗選育出抗香蕉黃葉病之品系，利用土壤有機添加物防治土媒病原，利用有機添加物可以補充地力，因此，結合有機與無機添加物藉以發展出「合成土壤添加物」是綜合管制作物根部病害的一種策略，目前 S-H、SF-21、LT、AR-3、CH-1、GS、CF-5 等七種混合物或溶液已研發成功並有良好效果，S-H 混合物組成分包括：甘蔗渣 4.40%、稻殼 8.40%、蚵殼粉 4.25%、尿素 8.25%、硝酸鉀 1.04%、過磷酸鈣 13.16% 及礦灰（矽酸爐渣）60.5%；SF-21 混合物是由松樹皮 7.5 公斤，硫酸銨 0.35 公斤、過磷酸鈣 0.1 公斤、氯化鈣 0.3 公斤、氯化鉀 0.25 公斤、硫酸鋁 1.5 公斤與甘油（10%）7.5 公升組合而成，可防治松苗猝倒病。LT 混合物是由蝦蟹殼粉 40%、糖蜜 5%、篦麻粕 40%、海草粉 10% 與黃豆粉 5% 組合而成，可以有效降低柑橘線蟲與根腐線蟲及葡萄根瘤線蟲的密度，初期土壤有 604 隻線蟲，施用 LT 混合物後，蟲口密度已顯著下降爲 38 隻左右。

10. 殺草劑促進豌豆立枯病發生機制（興大植物系 // 黃振文、黃錦河，1995，植保會刊 37：107-116）

拉草與丁基拉草噴布土壤可顯著促進立枯絲核菌危害豌豆主根與側根的發育，機制是三因子交互作用的結果，即：(1) 拉草與丁基拉草可抑制並傷害豌豆植株的根系。(2) 低濃度的拉草與丁基拉草可促進 *R. solani* AG-4 的腐生能力。(3) 拉草與丁基拉草誘使豌豆植株對於 *R. solani* AG-4 較爲感病。本省中南部豌豆

栽培在水稻採收後，播植幼苗常遭 *R. solani* 危害。

11. 臺灣桃流膠病之流行動態（興大植物系 // 柯勇、孫守恭，1993，植保會刊 35：329-339）

   本省中部桃栽培區，桃流膠病頗為嚴重，在枝條上 *B. dothidea* 出現高峰期在 9 ～ 12 月間，子囊孢子 5 ～ 6 月為其釋放之高峰期，而 1 月上旬至 3 月下旬其釋放量最少。

12. 微生物防治作物病害之一般作用機制（臺灣省農業試驗所 // 羅朝村，1998，植病會刊 7：155-166）

   生物防治是目前一極具吸引力的作物病害防治替代策略；亦是執行永續農業體系目標發展的重要步驟之一。由於作物病害生物防治主要是在利用一或多種有益微生物來減少病害，因此了解病害生物防治的機制，特別是拮抗微生物與病原菌間的相互作用，將有助於我們去管理或創造一個適合環境，以利生物防治的成功或改進生物防治策略。近年來，由於生物技術被引入病害生物防治機制的探討，使得人們對於拮抗微生物如何抑制病原菌的複雜過程；特別是不同的遺傳基因特性等，有了更深一層的了解。根據目前研究所知，病害生物防治的主要機制過程，大略可被區分為 (1) 抗生作用，(2) 競生作用，(3) 微寄生作用，(4) 分解酵素作用，(5) 誘引作物產生抗性等。至於每一種拮抗微生物對病原菌的有效作用，則可能含著上述一種以上的作用過程。

13. 梅黑星病之防治研究（興大植病系等 // 黃振文、楊秀珠、呂理燊，1993，植病會刊 2：7-11）

   田間試驗證明在梅樹開花前一星期，噴布 25% 比多農可溼性粉劑 5000 倍液乙次，及梅果樹開花前一星期，噴布 25% 比農可溼性粉劑兩次（其中約每 15 天至 20 天噴藥 1 次）可有效防治。

14. 甜玉米葉斑病病勢進展、發病氣象及其產量損失估計（臺中農試所 // 蔡武雄、蔡志濃、盧煌勝，1993，植病會刊 2：26-32）

   分析春、秋兩作不同地區、發病及氣象因子之關係，得知發病與溫度 16-32℃、相對溼度 80-100% 及降雨量有密切關係，經迴歸分析求得病斑面積率與產量損失之關係方程式，神農 1 號為 $Y= -12.32+1.46X$（$r^2 = 0.97$），興農 2 號

為 $Y= -6.51 + 0.78X$（$r^2 = 0.99$），Y 為產量損失率，X 為葉片病斑面積率。

15. 水耕蔬菜根腐病接種源來源、傳播與防治（興大植病系 // 黃淑華、林益昇、郭孟祥，1994，植保會刊 36：41-52）

    在新建溫室水耕六個月後，水耕蔬菜即罹患嚴重根腐病，藥劑試驗顯示依得利、銅滅達樂和鋅錳滅達樂等，在養液中，分別使用 50、1 和 0.5ppm 時，即可抑制供試腐霉菌產生游走孢子及其游動能力，實際在水耕床實施之防治試驗指出銅滅達樂和鋅錳滅達樂皆能有效防治水耕蔬菜根腐病，但前者於 5.8ppm 時，對小白菜產生藥害，後者於 0.58ppm 時，不但可預防水蔬菜根腐病，而且施藥 5～7 天後，罹病植株會長出新根；12 天後即恢復生長。

16. 臺灣葡萄露菌病之防治（藥試所等 / 郭克忠、高清文、呂理燊，1992，植病會刊 1：49-56）

    田間試驗，以 10%Metalaxyl+48% Mancozeb W.P. 400 倍、80% Mancozeb W.P. 600 倍、8%Cymoxanil+64%Mancozeb W.P. 750 倍三種藥劑輪用之防治效果較佳，間隔 10 天約可維持一個月的保護效果。

17. 抗蒸散劑防治植物病害之應用（農試所植病系等 / 謝廷芳、黃振文，1997，植病會刊 6：89-94）

    角質層主要由臘質（wax）與角質（cutin）所構成。臘質為植物內分泌物經由角質層孔隙泌出達角質層外表；可形成薄膜的物質如水臘、矽膠、高分子醇類、塑膠聚合物及樹脂類；抗蒸散劑可降低高梁、玉米及小麥之炭疽病、葉斑病、露菌病及白粉病。中國大陸 Han 氏（1990）以「高脂膜」5000ppm 每 10 天噴一次，連續二次，可有效降低番茄早疫病、葉斑病及葡萄黑腐病，若分別配合藥劑如巴斯丁或甲基多保淨（Topsin M）使用，其效果更佳。

18. 植物病害的非農藥防治品 - 亞磷酸（農試所植病系 // 安寶貞，2001，植病會刊 10：147-154）

    一種簡單配製亞磷酸的方法已被研發出來，是將工業級的亞磷酸（95-99%）與氫氧化鉀（95%）以一比一等重使用，pH 值約 6.0-6.2 可直接使用；植物有特殊的構造與生化防禦系統來對抗入侵的病原菌，當機械傷害、蟲咬傷、病菌侵入時，植物大都會啟動生化防禦系統，合成抗菌物質，酚化合物等，其

中又以「植物抗禦素」最受矚目，有些特殊的化學物質或微生物，也能增強寄主植物的抗病性，降低病害的發生，這種稱為「誘導系統性抗病（Induced Systemic Resistance, ISR）」，一些促進植物生長的根圈細菌（Plant Growth Promoting Rhizobacteria, PGPR）如（*Pseudomonas* spp.）與拮抗真菌（如木黴菌）（*Trichoderma*）就有此種功能；在化學物質方面，如水楊酸（Salicylic Acid）、撲殺熱（probenazole）均能降低某些病原菌的危害，1980 年代一種防治卵菌類病害的系統性殺菌劑「福賽得」研發成功，發現其代謝產物中的亞磷酸離子為主要的抑病物質，因此亞磷酸亦被開發成農藥，用於多種病害（尤其是疫病與露菌病）的田間防治，且成效卓越。更勝福賽得，亞磷酸對人畜無毒，亞磷酸鹽的防禦機制已被証實的至少有兩種以上，一是活化植物之 phenylpropanoid pathway，合成酚化合物殺菌，另一是活化植株之 phenylalanine ammonia-lyase pathway，合成植物抗禦素（phytoalexins），農試所試驗結果顯示，亞磷酸 1000ppm 對番茄與馬鈴薯晚疫病、柳橙與木瓜果實疫病、金柑幼苗與果實疫病、酪梨幼苗根腐病、番椒與番茄疫病、非洲菊、蘭花、百合疫病均有很好的防治效果，對於卵菌綱其他菌類引起的病害亦同樣有良好的防治效果，包括金線蓮猝倒病、荔枝露疫病、玫瑰露菌病、葡萄露菌病，欲防治葉部或果實病害時以全株噴施亞磷酸，連續施用 3 次（每星期一次）以後，防治百合疫病的效果可達 90 ～ 95% 以上。近年常發生馬鈴薯與番茄晚疫病、宜蘭地區的金柑枯死、中南部地區的酪梨根腐病及木瓜果實疫病、園藝作物疫病等，均造成農民嚴重的損失。疫病的防治首重預防，田間一旦發生後，病勢進展十分迅速，往往一發不可收拾。亞磷酸防治法是一種廣義的生物防治方法。

19. 菱角白絹病及其防治（臺中藥試所 // 呂理燊、李昱輝、鄭安秀、陳紹崇，1991，植保會刊 33：180-187）

    50% Flutolanil WP 3000 倍及 75% Mepronil WP1000 倍兩種藥劑防病效果極佳。

20. 臺灣生果番茄之青枯病調查（亞蔬中心 //G・L・Hartman、康慧鳳、王添成，1991，植保會刊 33：197 ～ 203）

    番茄青枯病是高溫多溼的亞熱帶和熱帶地區番茄生產的最重要病害。抗病育種為主要的防治方法。番茄青枯病造成之每公頃損失高達 496,000。

21. 臺灣十字花科蔬菜田土壤腐霉菌之調查及其病原性測定（興大植病系 // 郭章信，1991，植保會刊 33：210-217）

臺灣十字花科蔬菜田土壤普遍存在之腐霉菌有 7 種，*P. spinosum* 及 *P. aphanidermatum* 分布最廣，終年均可分離得到。

22. 玉米銹病之生物學及抗病育種（臺南農改場 // 葉忠川，1992，植保會刊 34：75 ～ 79）

玉米有三種銹病，本省有普通型（*Puccinia sorghi*）及南方型（*P. polysora*）兩種，普通型銹病夏孢子時期之病斑爲咖啡色，南方型銹病夏孢子堆時期之病斑爲小圓形，金黃色。本省目前栽培之品種臺農 351 及臺農 1 號對普通型具有垂直抗性。普通型銹病可出現在葉片上下兩面，南方型銹病病徵多出現在葉片上表面，比較均勻密集，普通型多發生於秋天到次年春天較涼爽的季節，南方型銹病發生在比較高溫之季節，大約在 27℃左右最適合。由於目前之栽培品種不抗病，所以它是目前玉米主要葉部病害。

23. 落花生銹病之生態及抗病育種（臺南農改場 // 方新政、徐進生、黃杉氏，1992，植保會刊 34：101 ～ 108）

落花生銹病春、秋兩季均可發生，葉面上的水分對於夏孢子的發芽及感染是必要的，落花生在栽培期間常見的病害有黑斑病、褐斑病、葉燒病、簇葉病（Mycoplasma）。

24. 大豆銹病流行病學及抗病育種（臺南農改場 // 王添成、Hartman, G. L.，1992，植保會刊 34：109 ～ 124）

由 *Phakopsora pachyrhizi* 所引起的大豆銹病是限制大豆生產之主要病害，當溫度在 20-25℃時，病原菌侵入感染所需之最短露期爲 6 小時。

25. 菊花白色銹病之生態及防治（藥試所等 // 楊秀珠、高清文、呂理燊，1992，植保會刊 34：125 ～ 138）

菊花白色銹病（white rust of chrysanthemum）寄主範圍僅限於菊科植物，主要危害葉片，於植株上產生冬孢子，冬孢子發芽所產生之小生子（Sporidia）直接危害菊花葉片，生活史中無夏孢子之產生，由田間藥劑防治試驗中證實，嘉保信（Oxycarboxin）、比多農（Bitertanol）、三泰芬（Triadimefon）、賽福寧

（Triforine）及普克利（Propiconazole）均可有效控制本病之發生。

26. 瓜類白粉病生態及防治策略（嘉義大學植保系 // 蔡竹固、童伯開，1992，植保會刊 34：139～148）

在臺灣南部瓜類白粉病菌的有性世代迄未發現，孢子發芽需有 95% 以上的相對溼度，本菌在水瓊脂上有 2% 發芽率，瓜類上曾經報告有 3 個屬 6 個種的白粉病菌，但最重要的二種是 *E. cicoracearum* 及 *S. fuliginea*，露地栽培 10 月～次年 5 月皆持續發生，6～9 月未見發病。本病之防治以抗病育種及化學藥劑為主。中國大陸以 MMFS（Monomolecular Film-forming Substance）噴布哈密瓜植株表面，可以和殺菌劑處理組一樣有 80% 的預防效果。

27. 瓜類露菌病生態及防治（省農試所 // 蔡武雄、杜金池、羅朝村，1992，植保會刊 34：149～161）

瓜類露菌病係由 *Pseudoperonospora cubensis* 所引起，在本省胡瓜、洋香瓜、哈蜜瓜及絲瓜等瓜類發生普遍而且嚴重。在藥劑篩選方面，以 58% 鋅錳滅達樂可溼性粉劑及 75% 四氯異苯腈可溼性粉劑 500 倍效果最佳，由 85% 分降為 19% 及 22%。

28. 臺灣甘蔗品種對露菌病之抗感性測定（臺糖植保系 // 李敬修，1992，植保會刊 34：162～170）

臺灣甘蔗露菌病於 1909 年首先發現迄今已歷 80 年，其間曾數次大發生，多與抗性之強弱有密切關係，但玉米亦可助長本病猖獗。參試新品系之淘汰標準亦由 10% 發病率改為 5%，總計 36 年間測定露菌病抗感性之甘蔗新品系逾一萬種，唯 1961 年以後玉米新品種臺南 5 號問世，經相互傳染結果，甘蔗露菌病之發病情形至 1965 年已達不堪收拾之局面。

29. 黃條葉蚤之物理防治方法探討（臺中農改場 // 陳慶忠、柯有華，1994，植保會刊 36：167～176）

盆栽及田間試驗發現蔬菜播種前浸水 48 小時可完全溺斃黃條葉蚤之幼蟲及蛹，配合清園、浸水以及黃色黏蟲板，可使設施栽培不必施用任何殺蟲藥劑。

30. 影響碗豆種子傳播葉枯病菌的因子（興大植病系 // 陳美杏、黃振文，1994，植保會刊 36：189～200）

碗豆葉枯病菌（*Mycosphaerella pinodes*）可經由碗豆種子傳播至幼苗，並引起幼苗胚軸表皮出現褐變壞疽的病徵。

31. 臺灣根莖薯類作物線蟲病害之發生（興大植病系等 // 蔡東纂、程永雄，1994，植保會刊 36：225～238）

    本省根莖菜類及薯類作物主要病原線蟲爲南方根瘤線蟲（*Meloidogyne incognita*）、爪哇根瘤線蟲（*M. javanica*），水稻輪作有助於降低根瘤線蟲族群。

32. 溫度影響 *Pythium aphanidermatum* 及 *P. spinosum* 對胡瓜根部的感染（// 羅朝村、林益昇，1990，植保會刊 32：1～9）

    在夏季（日平均溫度高於 27.2℃以上）以 Pa 之出現頻率最高，而在冬季（日平均溫度低於 18.2℃）則以 Ps 出現率較高。

33. 臺灣草莓白粉病及其防治（藥試所等 // 呂理榮、許永華、李昱輝，1990，植保會刊 32：24～32）

    苗栗平地在 1 月間發病轉輕微，2～3 月又轉烈，進入 5 月間就不見病徵。5 種藥劑對本病之防治效果皆良好，但因殘留量皆超過一星期，而無法在採果期噴藥。臺灣草莓病害目前以灰黴病、果腐病及白粉病最爲嚴重，另有線蟲危害，果腐病由 *Phytophthora cactorum* 及 *P. citrophthora* 引起。民國 77 年臺大春陽農場約 100 萬苗，於 9 月下旬供苗前噴 25% BayletonWP5000 倍二次，因此攜回種植之苗皆未發現白粉病，因此吾等建議育苗期加以採用 25% BayletonWP5000 倍、25% Nimrod EC3000 倍或 50% Sporgon WP6000 倍，此等藥劑經觀察對夏季高溫易發生之葉斑病（Mycosphaerella）及炭疽病亦具防治效果。

34. 菊花莖腐病之綜合防治（臺大植病系 // 吳文希、郭美慧、陳昇明、劉顯達，1990，植保會刊 32：77～90）

    立枯絲核菌 AG4 所引起的菊花莖腐病，是本省菊花苗圃中最常見，也是最嚴重的一種病害，當沙土的溫度提升至 65℃，並維持 30 分鐘，可使立枯絲核菌的族群數由每克沙中之 67 個繁殖體降爲 10 個。

35. 草莓灰黴病之拮抗菌篩選與室內生物防治效果（屏東技術學院植保系 // 劉顯達，1993，植保會刊 35：105-115）

草莓於開花結果期及儲運期易感染灰黴病，灰黴病菌對化學藥劑如：benomyl、iprodione、vinclozolin 易產生抗藥菌系，國外研究報告指出，利用 *Trichoderma* spp. 可防治草莓灰黴病。

36. 栽培介質對番茄萎凋病發生的影響（種改場 //1993，植保會刊 35：157～162）

設施園藝採用的介質主要是由眞珠石、砂、蛭石、泡棉、泥炭土、松樹皮與闊葉樹皮等，充氣孔隙度（Air-filled porosity）總體密度（Bulk density），粒子穩定度（Particle stability），沾溼度（Wetability），陽離子的交換能力，緩衝能力（Buffer capacity），酸鹼值，電導度與可溶性鹽類等。

37. 臺灣韭菜銹病發生生態之研究（興大植病系 // 何勇、孫守恭，1993，植保會刊 35：1～13）

由病原菌 *Puccini allii* 所引起的韭菜銹病，於 9 月下旬及 10 月中旬開始發病，至翌年 4 月下旬及 5 月上旬猶見夏孢子堆零星存在，在水瓊脂上 2 小時後即可發芽，12 小時後發芽率則達 72%。

38. 臺灣草莓葉芽線蟲病之發生及其生態研究（臺中農試所等 // 王貴美、蔡東纂、林奕耀，1993，植保會刊 35：14～29）

本省草莓的葉芽線蟲是 *Aphelenchoides besseyi* christie，1987 年至 1989 年之田間調查結果顯示，平均葉芽線蟲感染率爲 62.3～76.4%，損失率除春季種之 11.5% 外，其餘都在 10% 以下，蟲口數自 3 月起逐漸升高，8 月爲高峰期，本省作物計有 6 種蔬菜、13 種花卉、4 種雜草、牧草 1 種及水稻爲本葉芽線蟲之常見寄主。病徵爲赤芽或縮芽。

39. 十字花科蔬菜黑斑病菌的存活研究（興大植病系 // 鍾文全、黃振文，1993，植保會刊 35：39～50）

在芥藍罹病田的病株殘體、表土和雜草上，可偵測到十字花科蔬菜黑斑病菌的存活，利用 *Alternaria* 半選擇性培養基偵測本省各地採收的 36 批十字花科蔬菜種子，其中有 18 批攜帶 *A. brassicicola*。

40. 腐霉菌（*Pythium* spp.）引起水耕蔬菜根腐病（興大植病系 // 林益昇、黃淑華，1993，植保會刊 35：51～61）

臺灣商業化水耕蔬菜罹患嚴重的根腐病，從罹病根部組織都可分離得到數種腐霉菌（*Pythium* spp.），經鑑定主要病原菌包括 *P. coloratum* (Pc)、*P. group F* (PF)、*P. group G* (PG)、*P. myriotylum* (Pm)、*P. aphanidermatum* (Pa) 等。田間調查和接種試驗顯示 Pc、PF 和 Pa 在冬天引起輕微根腐和矮化病徵，而 PG、Pm 和 Pa 在夏天卻引起嚴重的根腐、矮化和萎凋病徵。

41. 水田雜草概觀：種類、生態及防治（臺中農試所 // 蔣慕琰，1995，植保會刊 37：339～355）

水稻為全球最主要作物，每年栽培面積超過 1.4 億公頃，總生產量不少於 3.5 億公噸。雜草所引起稻作產量及品質之損失，全球性之估算約為 10%。臺灣田間試驗顯示：全期不除草所導致移植稻之減產平均為 16%。稻之相剋作用（Allelopathic effects）亦屬非競爭性危害。雜草中對禾本科植物之相剋潛力較高者為野莧、小葉灰翟，土壤重量 2.4% 之野莧對萌芽水稻可造成 60% 之抑制。美國南部，野生之紅稻（red rice）在 1～3 pls/m^2 之低密度下即需防治，而競爭能力相當之稗草，其防治經濟界限 e（econocal thresholds）為 5-10 pls/m^2。丁基拉草（butachlor）是典型之萌前（pre-emergence）殺草劑，其單劑及混合劑之施用面積約占全部稻作之 80%。一般田區，每期稻作僅需在移植後數日內施藥一次。萌前藥劑施用後，少數未被殺死之雜草可用人工清除，如有高密度之闊葉雜草殘存時，則需補施百速隆、免速隆或本達隆等。田間稗草如已發育至 3-4 葉以上，目前僅除草寧（propanil）可防治大於苗期之稗草。巴拉刈、嘉磷塞、甲基合氯氟及三氯比可造成稻株嚴重之藥害，其使用限制於農路、田埂、畦畔、整地前田面雜草之防治。最早採用之藥劑為二、四 - 地（2-4，D），但易造成水稻藥害，50-70 年代開發之藥劑如 MCPA、除草靈（propanil）及稻得壯（molinate），仍廣被用於稻作較粗放（歐、美）或經濟發展較晚（南亞、東南亞、大陸）之地區。

42. 卵形捕植蟎在 4 種溫度下飼以玉米花粉和芒果單爪葉蟎時之生物特性（農糧處植保科 // 張弘毅、陳吉同，1995，植保會刊 37：413～421）

每雌蟎的平均總產卵量以 25℃時最高，以芒果單爪葉蟎為餌時，總產卵量 42.7±9.7 個，以玉米花粉為餌時為 37.5±4.5 個。捕植蟎為植食蟎類的天敵、

生活史短、增殖力強，本省以卵形捕植蟎為較常見的種類。

43. 象牙樹木蝨之生活史及殺蟲劑試驗（屏科大森林系等 // 張焜標、李忠信、蕭文鳳，1995，植保會刊 37：423～432）

象牙樹木蝨於本省南部終年發生，一年有 9-11 代，其棲群以冬、春兩季較高。象牙樹頂梢被木蝨危害後，葉片呈凹陷之現象，在藥劑篩選測試，結果顯示，44% 大滅松 1000X 及 75% 加保扶 1000X 及 2000X，皆可提供有效的防治功效。

44. 臺灣農藥毒性管理及殘留評估之研究（藥試所 // 李國欽、翁素慎、李宏萍、吳麗菊，1995，植保會刊 37：227～248）

致基因突變之測試，常用之快速測定法包括：沙門氏桿菌測定法、染色體變異測定法、細胞核變異測定法、姊妹染色體交換及基因修護等方法。本所在全省各重要農業區設有 15 處工作站。工作站採用多重農藥殘留檢驗方法，可一次檢驗 76 種農藥。農民接觸農藥比非農民高，農藥對非目標作物之藥害應包括：(1) 直接接觸之傷害，(2) 間接汙染灌溉水所產生之藥害，(3) 間接汙染土壤所產生之傷害，(4) 以及影響土壤微生物而間接使作物生長不良等。

45. 無病毒豇豆種子之生產與應用（臺中農試所等 // 張清安、楊佐琦、詹竹明、陳金枝，1994，植保會刊 36：313～325）

黑眼豇豆嵌紋病毒（Blackeye cowpea mosaic virus，簡稱 BlCMV）及胡瓜嵌紋病毒（Cucumber mosaic virus，簡稱 CMV）是危害本省豇豆之最主要病毒，栽植無病毒豇豆種子試區之發病率僅為 30～72%，產量不僅較對照試區提高 11～74%，農民之收益比栽植帶病毒種子之試區提高 32-74%。

46. 蘭花園蛞蝓之發生與防治（臺中農改場 // 劉達修、王文哲、賴秀芳，1997，植保會刊 39：165～172）

蘭花園蛞蝓發現之蛞蝓經鑑定者有寬足蛞蝓、馬丁氏鱉甲蛞蝓、褐蛞蝓、雙線嗜黏液蛞蝓、繡花嗜黏液蛞蝓等 5 種。測試發現石灰、氰氮化鈣、食鹽、過磷酸鈣等對蛞蝓具有忌避或致死之效果，前二者碰觸後可致死。

47. 殺卵劑對柑桔葉蟎卵毒效之比較（省農試所 應用動物系 // 吳子淦、羅幹成，1988，植保會刊 30：202～209）

比較 5 種殺卵劑：Amitraz, Clofentezine、Fenothiocarb, Hexythiazox 及 Tetradifon

對柑枯葉蟎（*Panonychus citri*）的殺卵效果，以 Hexythiazox 最好，在 0.01mg/mL 的濃度之下殺卵效力可達 95%，其次是 Fenothiocarb 可達 67%。柑桔嫩芽期主要的害蟲有：柑桔葉蟎、蚜蟲、介殼蟲、木蝨、潛葉蛾等。而安平草蛉、臺灣草蛉爲此等害蟲的主要捕食性天敵，具有相當好的生物防治效果。Hexythiazox 是殺卵劑，只對卵期、幼蟎期的葉蟎有毒效，對成蟎及捕植蟎沒有毒害，具有很好的選擇性，可以有效的調整害蟎，捕植蟎的比例。

48. 使用套袋方法防治瓜實蠅危害苦瓜及絲瓜之效益評估（臺中農改場 // 方敏男、章加寶、黃蘇，1988，植保會刊 30：210 ～ 221）

在苦瓜園及絲瓜園設置誘蟲器對瓜實蠅並無明顯的防治效果。使用套袋或藥劑方法防治瓜實蠅效果顯著，尤以每 3 天巡視瓜園 1 次，當發現苦瓜之瓜果達 3 ～ 4 公分，絲瓜達 4.5 ～ 6 公分即予套袋效果最佳，可增加苦瓜之產量及收益分別達 45% 及 58%，絲瓜分別達 40% 及 34%，且無農藥殘留之虞。

49. 滅達樂防治蘭花疫病（藥試所 // 呂理燊，1994，植保會刊 36：107 ～ 115）

蘭花疫病可用滅達樂有效防治，瓶苗於種後，立即噴 58% 鋅錳滅達樂混合可溼性粉劑 600 倍及介質表面再施用 5% 滅達樂粒劑，每平方公尺用 25 公克。其藥效約可維持八週，即每八週施藥 1 次應可達完全防病之目的。發病較少之旱冷季 3 至 4 個月 1 次，1 年使用 15 次即可達防病之目的。

50. 應用微生物防治白花芥藍黑斑病（興大植病系等 // 鍾文全、黃振文，1994，植保會刊 36：117 ～ 130）

在網室試驗，發現 BR-11 與 BS-25 兩 *Bacillus* 拮抗菌須在黑斑病菌危害白花芥藍之前施用，才具有抑制黑斑病發生的效果。

51. 葡萄枝枯病之病徵、病原菌及藥劑篩選（藥試所等 // 郭克忠、高清文、呂理燊，1998，植保會刊 40：189 ～ 197）

葡萄枝枯病主要危害葡萄枝條，造成枝枯或腫瘤，嚴重者全株枯死。病原菌在果粒及葉片上僅造成細小黑點（flecks）而無法形成大型病斑。人工接種盆栽巨峰、金香、黑后、義大利等葡萄栽培品種之當年生枝條，約需三至四個月才產生典型的枝枯病徵，本菌經由鑑定爲一新種，訂名爲 *Phomopsis vitimegaspora* Kuo and Leu。藥劑篩選，以克熱淨、護矽得、撲克拉錳及免賴得抑菌效果較佳；

而比芬諾、鋅錳乃浦、快得寧則效果不佳。臺灣葡萄栽培方式一年可有兩穫，一期作在每年 1 ～ 8 月間，稱爲夏果葡萄；另一則在 7 月至翌年 2 月間，稱冬果葡萄。

52. 百合苗枯病的化學與生物防治（生物技術開發中心等 // 吳瑞香、黃振文、鍾文全、蕭芳蘭、吳瑞鈺，1998 植保會刊 40：209 ～ 226）

篩選百合苗枯病菌（*Fusarium poliferatum*）的防治藥劑，發現撲克拉乳劑 400ug/mL，具有防治百合苗枯病與種球腐敗的優良效果。

53. 蒸汽消毒土壤對根蟎之防治效果（臺中農改場等 // 劉達修、黃玉瓊、涂振鑫、謝正雄，1998，植保會刊 40：241 ～ 249）

應用「土壤消毒機」產生之高壓蒸汽消毒土壤，以 60℃維持 30 分鐘及 80℃維持 20 分鐘，對於唐昌蒲及青蔥球莖上的根蟎，均有近 100% 之殺蟎效果。唯應用「土壤消毒機」進行土壤蒸汽消毒之工作效率偏低，處理 1 公畝之土壤需費 11 ～ 16 小時。

54. 土壤蒸汽消毒防治百合黃化型病害（藥試所 // 李敏郎、呂理燊，1998，植保會刊 40：251 ～ 264）

以葵百合連作田進行三次 60℃維持 30 分鐘及 80℃維持 20 分鐘之土壤蒸汽消毒試驗，防治由 *Fusarium oxysporum* f. sp. *lilii* 或 *Rhizoctoia solani* 所引起之百合黃化型病害。兩種溫度中，以 80℃較爲理想，可持續每年連續兩次百合之生產，解決百合無法連作之問題。

55. 番石榴線蟲病害之調查與防治（興大植病系 // 李明達、陳珠惜、蔡東纂、林英耀，1998，植保會刊 40：265 ～ 276）

本省中南部番石榴以根瘤線蟲（*Meloidogyne* spp.）所造成之危害最爲嚴重，以蝦蟹殼粉、放射線菌及滅線蟲藥劑同時使用的處理根瘤線蟲二齡幼蟲數最低，蝦蟹殼粉的添加會提高腐生性線蟲 10 倍以上之數量。

56. 評估莖頂組織培養、熱處理及 Ribavirin 對甘藷捲葉病之影響（亞蔬中心 // 葛琳、羅志英、吳秀芳，1992，植保會刊 34：1 ～ 7）

以感染甘藷捲葉病的植株，切取莖頂 0.3mm 長的頂芽進行組織培養。可獲得 75-85% 無病毒苗，將 1cm 長的頂芽培養於添加抗病毒藥劑 Ribavirin 20、30 及

50mg/L 的培養基中，可分別得到 29%、57%、86% 無捲葉病植株。

57. 玉米莖腐病菌在土壤中之分布與存活（省農試所植保系 // 段中漢、蔡武雄、杜金池，1992，植保會刊 34：17 ～ 25）

玉米莖腐病菌（*Pythium aphanidermatum* Edson（Fitzp.））危害玉米植株造成倒伏、死亡，為臺灣地區常見的玉米病害之一。本菌因性喜高溫、潮溼且寄主範圍又廣，是本省最常見的腐霉菌。

58. 利用合成植物營養液綜合管理蔬菜種苗病蟲害（興大植病系 // 黃振文，1992，植保會刊 34：54 ～ 63）

將 44 公斤甘藍下位葉殘體、10 公斤菸葉渣、5 公斤氯化鈣、1 公斤牛肉煎汁與 30 公斤 S-H 混合物均勻混合後，經 45 天的發酵作用後，以海綿過濾所獲得之濾液，再和 0.5（V/V）酒精（95%）混合，即合成植物營養液，稱之謂中興一百（CH100）。

59. 桃樹銹病防治藥劑之室內篩選法（臺中農試所 // 段中漢、蔡武雄、杜金池，1992，植保會刊 34：70 ～ 73）

桃樹銹病為世界性之桃樹病害，經藥劑處理後之葉片 12 小時後，以移植環刮取葉片上的銹病菌夏孢子，塗布於直徑 9 公分之水瓊脂平板上。置於 16℃ 之定溫箱中，經 12 小時後取出，計數孢子發芽率。結果顯示，在供試的 13 種銹病防治藥劑中，以四氯異苯腈（Chlorothalonil 75%WP）1000 倍的抑制效果最佳。

60. 球根花卉根蟎之發生與防治（臺中農改場 // 劉達修、曾阿貴，1993，植保會刊 35：177 ～ 190）

根蟎為球根花卉之重要地下害蟎，三種根蟎中以羅賓根蟎最為普遍，約占根蟎類總數之 95% 以上。以唐菖蒲、百合被害最為普遍，另用 40℃ 溫水浸種 2 小時，或 45℃ 溫水浸種 0.5 及 1 小時，可獲得近 100% 之殺蟎效果。

61. 臺灣花卉害蟎及其防治研究（省農試所動物系 // 羅幹成、王文哲、劉達修，1993，植保會刊 35：191 ～ 204）

危害臺灣花卉之害蟎種類甚多，危害葉部者有葉蟎類（Tetranychids），偽葉蟎類（Tenuipalpids）和細蟎類（Tarsonemids）；危害花卉球莖及根部者有粉蟎類（Acarids）。在葉蟎中，以神澤葉蟎（*T. Kanzawai* Kishida）和二點葉蟎（*T.*

urticae Koch）最為普遍而嚴重，尤對玫瑰、菊花和唐菖蒲之危害極其慘烈。植物營養劑，白蘭洗潔精，奶粉 100 倍加酒精 50 倍等非農藥物質對葉蟎皆有防治效果，正光展著劑（液臘）1,000 倍亦佳。

62. 殺菌劑處理對箱育水稻秧苗立枯病之效應（桃園農改場 // 黃益田、楊相國、游俊明，1993，植保會刊 35：245～253）

水稻苗立枯病主要者可分別為三型。第一型屬萌前立枯，此類症狀多由於種苗腐敗病菌（*Achlya* spp., *Pythium* spp.）所引起。第二型稱為萌後立枯，即秧苗根部與靠地之鞘葉褐變，多係赤黴枯病菌（*Fusarium* spp.）所引起。第三型多見於秧苗長成二葉至二葉半之生育後期，係由白絹病菌 *Sclerotium rolfii* 所致。試驗用殺菌劑包括稻種消毒劑 25% 撲克拉乳劑（25%Prochloraz EC），土壤消毒劑包括 30% 殺紋寧溶液、5% 滅達樂粒劑、35% 滅達樂可溼性粉劑。防治之最佳處理組合為：浸種前使用 25% 撲克拉乳劑 2000 倍浸漬消毒 24 小時，播種後灌注 30% 殺紋寧可溼性粉劑 1,000 倍溶液每箱 0.5 公升，而覆蓋土用 5% 滅達樂粒劑混合攪拌處理。

①冬瓜常見嚴重的炭疽病。

②影響產量及食品安全甚鉅的甘藷基腐病。

③造成歉收的十字花科根瘤病。

④影響產量及良果率甚重的草莓白粉病。

⑤為常造成大量枯死之蝴蝶蘭軟腐病。

彩圖 3-13-1
植物疫病蟲害的八大防治策略，主要
有法規防治、避病防治、抗病育種、
物理防治、化學防治、生物防治、耕
作防治、整合性預測預警防治等。極
需累積更充足的流行病學及最佳處方
等科學及專業技術相互配合。

①水稻稻熱病，堪稱水稻最具威脅之病
　害。

②甘藍菜黑腐病則是由細菌引起的普遍性
　病害。

③青椒青枯病，常造成嚴重枯萎。

④十字花科幼苗猝倒病，一樣會造成嚴重
　缺株。

⑤豇豆毒素病常見造成嵌紋病及作物減
　產。

⑥為害全球香蕉產業之香蕉黃
　葉病。

⑦香蕉採收後發生的軸腐病，常造成褐化
　及落指。

⑧桃子果實最常見的褐腐病，一般可在 2
　到 3 天造成大面積的腐爛。

⑨柑桔黑點病主要感染葉部及果實表層，
　造成品質低落。

⑩茶葉赤葉枯病，多危害幼葉及嫩枝，可
　造成 8 成的減產。

⑪好發於春天之茶餅病。

⑫草坪重要病害之一的幣斑病。

彩圖 3-13-2
臺灣地區作物百大病害中的一部分。

①柑桔蚜蟲為重要害蟲，並會傳播毒素病。

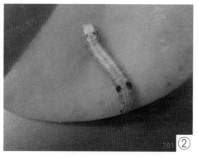

②斜紋夜蛾堪稱國家級大害蟲，常會釀成全面災情。

③捲葉蛾常危害多種植物之幼葉。

④柑桔潛葉蛾，會鑽入葉肉危害，俗稱畫圖蟲。

⑤茶小綠葉蟬，可為害幼葉造成黃化上捲。

⑥常加害多種樹苗的角盲椿象。

⑦金龜子幼蟲啃咬甘藷地下塊根造成之傷痕。

⑧國家級害蟲東方果實蠅，可危害150種植物之果實。

⑨東方果實蠅幼蟲蛀食梨果實之危害狀。

彩圖 3-13-3
臺灣地區作物百大蟲害的一部分。

①落花生缺鐵造成新葉嚴重黃化，能導致減產。

②高麗菜缺鈣導致葉緣焦枯之病徵。

③木瓜缺硼導致果實畸形之病變。

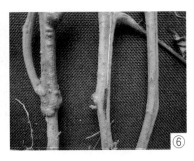

④田間淹水導致香瓜幾乎全部枯萎之慘重災情。

⑤臺灣姑婆芋突然接受強日照造成之日灼病徵。

⑥番茄施藥不當造成之莖部縱裂病徵。

⑦番茄施藥不當造成之葉部壞疽病徵。

⑧草莓果實因授粉不全導致成長不均，變成畸形果。

彩圖 3-13-4
臺灣地區的百大非傳染性病害的一部分。

①薰衣草不能越夏,多數是疫病或腐黴菌所造成。

②臺灣可見多年生之薰衣草,說明健康之薰衣草可以越夏。

③茶葉赤葉枯的病菌,在潮溼氣候下也會感染嫩芽。

④茶葉網餅病病徵。

⑤茶葉施藥不當造成之藥害病徵。

⑥桑椹在潮溼地區發生嚴重之腫果病。

⑦藥用植物白鶴靈芝常見之葉斑病病徵。

彩圖 3-13-5
特用作物常見病害的一部分。

①對蘭花威脅最大之蝸牛危害。

②常見於蘭花花朵之灰黴病病徵。

③山茶花花朵之灰黴病病徵。

④山茶花花朵之灰黴病。

⑤聖誕紅苞葉之灰黴病病徵。

⑥對玫瑰威脅最大之玫瑰黑斑病。

彩圖 3-13-6
花卉常見病害的一部分。

①目前樹木第一大害之樹木褐根病。

②常見慢性造成樹木枯死之南方靈芝。

③常見慢性造成樹木腐朽及枯死之靈芝。

④多種木材腐朽菌腐朽心材之情況。

⑤癌腫病菌侵害多種樹木之病徵。

⑥多犯性之赤衣病,常見危害樹木枝條。

⑦傳染松材線蟲之松斑天牛。

⑧普遍危害樟樹,可造成枝條枯死之樟白介殼蟲。

彩圖 3-14
臺灣綠化樹種百大疫病蟲害的一部分。

①樹木第一大害之樹木褐根病。

②常見慢性造成樹木枯死之普通
　靈芝。

③常見慢性造成樹木腐朽及枯
　死之熱帶靈芝。

④多犯性在水黃皮上之癌腫病。

⑤櫻花常見傷口造成嚴重之腐朽
　及枯死。

⑥多犯性角盲椿象危害茶樹之
　情形。

⑦金露花棉絮粉蚧。

⑧黃花風鈴木上的棉絮粉蚧。

彩圖 3-15
臺灣景觀及果樹樹種百
大疫病蟲害的一部分。

彩圖 3-16
環境汙染造成之病害，其因果關係之診斷常較困難，但仍可依修正版柯霍氏準則加以驗證。圖①、②及③，分別為空氣汙染氟化物對香蕉、相思樹及黃槿造成之緣枯及尖枯病徵。

①光照過量對甘藍造成之日灼病徵。

②低溫對番茄葉片造成之寒害病徵。

③肥料施用後觸及葉片造成之肥傷病徵。

④濱海地區鹽沫對木麻黃小枝造成之膨
　大、尖枯及黃化病徵。

彩圖 3-17
非傳染性病害害因之診斷普遍困難，但可依修正版柯霍氏法則加以驗證。

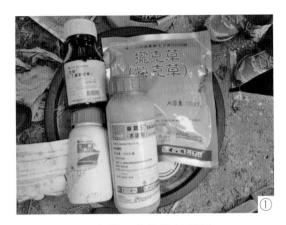

①水稻田選出之常用萌後殺草藥劑。

②松樹注射被選出之藥劑。

彩圖 3-20

慣行農業最佳用藥之選擇，是由臺灣大學植醫團隊所首倡，目的是要選出最為有效、安全、生態友善、符合成本效益、增加農民及農企業收益之最佳處方用藥。

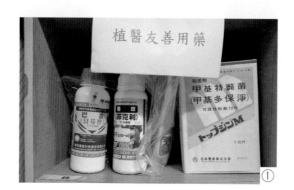

①一些植醫友善用藥。

②一些樹醫友善用藥。

彩圖 3-21

植醫及樹醫友善用藥及優良用藥之選擇,是由臺灣大學植醫團隊所首倡,目的是要選出最為有效、安全、生態友善、符合成本效益、增加農民、農企業、業主收益之植醫用藥及樹醫用藥。

①基地排水不良之逆境，加上淺根樹種造　　②因樹幹腐朽，增加風倒的風險。
　成之風倒。

③及④是桉樹之根腐及腐朽，增加風倒的風險。

⑤、⑥及⑦是因樹木褐根病，會大大增加
風倒之可能性。

彩圖 3-24
颱風造成樹木倒伏原因之分析，是由
臺灣大學植醫樹醫團隊在臺北市所進
行之即時診斷調查，共列有八大風倒
害因。

①團隊對一楓香執行藥劑注射之情形。

②褐根病預防性藥劑注射後封口之情形。

③初期感染褐根病之鳳凰木經治療性藥劑
　注射後產生結痂反應之情形。

④感染褐根病之楓香經治療 3 年已無明顯
　病徵。

⑤對臺中大榕樹病株注射 30 多點之治療
　情況。

彩圖 3-25
樹木褐根病預防與治療最新技術，是
由臺灣大學植醫樹醫團隊及臺灣植物
及樹木醫學學會所研發成功之技術。
主要在針對病株四周之樹木進行複合
藥劑之注射，以求預防因病根接觸之
傳染。在成功後亦增加濃度及複方，
用以對發病初期者進行注射治療。

①臺灣植醫樹醫學會於 2014 年 5 月成立。

②臺灣大學於 2006 年成立植物醫學研究中心。

③美國佛羅里達州於 1999 年設立植物醫學研究所。

④臺灣植醫樹醫學會利用樹檢生長錐進行腐朽程度及風倒風險之評估。

⑤學會對百年五葉松之樹洞進行抗風之修補及樹皮之成功重建。

⑥學會已研發流膠病之防治藥劑。

⑦學會已研發褐根病之預防及治療注射技術，並已獲得成功。

彩圖 4-02
森林法樹木保護專章立法之後，樹木疫病蟲害之預防及治療技術也是臺灣植物及樹木醫學學會研究發展的首要目標。

PART 4

法規篇

01 植物醫師法草案

第一章　總則

第一條　為提升植物保護水準，並強化植物防疫檢疫目的，建立植物醫師專業服務體系，特制定本法。

【說明】本法之立法目的。

第二條　本法所稱主管機關：在中央為行政院農業委員會；在直轄市為直轄市政府；在縣（市）為縣（市）政府。

【說明】本法之主管機關。

第三條　中華民國國民經植物醫師考試及格領有植物醫師證書者，得充任植物醫師。

非領有植物醫師證書者，不得使用植物醫師名稱。

【說明】

一、參照醫師法第一條、藥師法第一條與第四條及獸醫師法第一條第一項，規定植物醫師資格之取得要件，爰為第一項規定。

二、為健全專業人員證照制度，爰參照醫師法第七之二條第一項及藥師法第五條第二項，規定未具植物醫師資格者，不得使用其名稱，以利管理，並確保植物醫師服務品質及維護合法植物醫師之權益，爰為第二項規定。

第四條　請領植物醫師證書，應具申請書及資格證明文件，送請中央主管機關核發之。

【說明】

參照醫師法第七條、藥師法第五條第一項及獸醫師法第四條規定，規定請領植物醫師證書之要件及發證機關。

第五條　依本法受撤銷或廢止植物醫師證書者，二年內不得充任植物醫師。

【說明】

證書被廢止或撤銷，原考試及格證書之效力並不因此消滅，為避免證書被撤銷或廢止後，立即以原考試及格證書再申請核發證書之不合理情形，爰規範一定期間內不得充任之規定。

第六條　未取得植物醫師證書者，不得執行第七條所定植物醫師業務。但有下列情形之一者，不在此限：

一、行政機關或其委任（託）機關（構）依相關法律執行業務者。

二、具植物病蟲害技師資格者。

三、植物醫學系或植物保護相關科系學生或畢業生，在植物醫師指導下，協助執行植物醫師業務。

【說明】

一、考量行政機關（如防檢局、縣市政府、試驗改良場所）依相關法規執行公務（簽證業務），會涉及本法第七條植物醫師業務；另防疫機關執行公務（簽證業務）亦會將其權限之一部分委請學校或其他機關（構）辦理之業務或由具備植物病蟲害技師資格者出具證明文件及簽名；另植物檢疫機關因檢疫實務需要，而須將檢

疫物或有害生物送予專門研究單位（公私立學校等）協助診斷或鑑定並簽證，爰為第一款及第二款之規定。

二、為規範未取得植物醫師證書者執行植物醫師業務之禁止義務及例外情形，規範學生或畢業生可在植物醫師指導下，協助執行植物醫師業務，爰為第三款規定。

第二章　執業

第七條　植物醫師得執行下列業務：

一、開設植物醫師診所。

二、執行簽證事項。

三、植物疫病害蟲之綜合管理及輔導。

四、特定有害生物之監測及調查。

五、其他由中央主管機關指定與植物防疫、檢疫有關事項。

前項第二款所稱簽證，指植物醫師執行植物防疫與檢疫之診斷、鑑定、推薦防治方法及藥劑，並填發診斷書、開具處方、證明文件，且簽名或蓋章。

【說明】參酌會計師法第四條及第三十九條體例規範植物醫師之執業內容。

第八條　植物醫師應向中央主管機關申請執業登記，領有執業執照，始得執行業務。

前項登記及執照核發業務，中央主管機關得委任所屬機關、委託或委辦其他機關或民間團體辦理。

植物醫師執業，應接受繼續教育，並每六年完成繼續教育。

第一項申請執業登記之資格、條件、程序、應檢附文件、執業執照發給、換發、補發與前項繼續教育之課程內容、積分、實施方式、完成繼續教育之認定、取得證明文件及其他應遵行事項之辦法，由中央主管機關定之。

【說明】

一、為管理需要及規範業務範圍，爰參照獸醫師法第五條，規定植物醫師應申請執業登記，領有執業執照，始得執行業務。

二、隨著國際間植物及其產品貿易與移動頻繁，植物疫病蟲害易隨之入侵，且科技日新月異，須繼續教育吸收新知跟上時代腳步，以提升植物醫療水準，爰參酌醫師法第八條第一項、第二項及藥師法第八條第一項、第二項、獸醫師法第五條，規定植物醫師執業應接受繼續教育，並授權中央主管機關另以辦法訂定執業登記及繼續教育等應遵行事項。

第九條　植物醫師有下列情形之一者，不得發給執業執照；已領者，撤銷或廢止之：

一、依五條規定不得充任植物醫師。

二、經廢止植物醫師執業執照，未滿一年，但依第十條第一項第一款或第二項廢止執業執照者，不在此限。

三、受監護或輔助宣告尚未撤銷。

四、罹患精神疾病或身心狀況違常，經中央主管機關委請二位以上相關專科醫師諮詢，並經中央主管機關認定不能執行業務。

前項第四款原因消失後，仍得依第八條第一項規定申請執業執照。

【說明】

參照醫師法第八之一條、藥師法第八條及獸醫師法第六條，規定植物醫師執業之消極資格，及配合身心障礙者權益保障法第十六條第一項及民法第十四條規定，並參考會

計師法第六條有關精神疾病或身心狀況違常之評估機制及回復規定，以維護身心障礙者原因消失後之執業權益。

第十條　植物醫師歇業、停業、復業或原申請執業登記事項有變更者，應於事實發生之日起三十日內依下列規定辦理：

一、歇業，報原發執業執照機關廢止執業執照。

二、停業或復業，報原發執業執照機關備查。

三、原申請執業登記事項有變更，報原發執業執照機關許可。

植物醫師停業超過一年者，視為歇業，由主管機關廢止其執業執照。

【說明】

為健全植物醫師執業管理，確實掌握該專業人員執業動態，爰參照獸醫師法第八條，規定植物醫師歇業、停業或原申請執業登記所登記事項有變更時之報告義務；另為管理需要，亦規定植物醫師停業之期限。

第十一條　植物醫師執業，應加入所在地植物醫師公會。

植物醫師公會不得拒絕具有會員資格者入會。

【說明】

參照醫師法第九條、藥師法第九條規定植物醫師執業應加入公會，並規定公會不得拒絕具有會員資格者入會，以保障植物醫師加入公會及執業之權益。

第十二條　植物醫師執行業務，應製作植物醫師診療紀錄。

前項紀錄應以中文為之，其內容由中央主管機關定之。

【說明】

參照獸醫師法第十二條，規定植物醫師執行業務，有製作及保存紀錄之義務，紀錄並應以中文為之，以確保民眾權益，並利查察。另授權中央主管機關訂定植物醫師工作紀錄之內容。

第十三條　植物醫師於執行業務發現在中華民國未有發生紀錄之有害生物，除指示防治及隔離方法外，並應將植物種類、有害生物名稱、植物所有人或管理人之姓名及住址，於二十四小時內通報主管機關。

【說明】

因植物醫師於執行相關業務，發現在中華民國未有發生紀錄之有害生物時，為使主管機關確實掌握疫情狀況，爰參照獸醫師法第十三條，規定植物醫師須及時處理，並通報主管機關之規定。前揭有害生物則指直接或間接加害植物或植物產品之生物。

第十四條　植物醫師受政府有關機關詢問或委託鑑定時，不得為虛偽之陳述或報告。

【說明】

參照獸醫師法第十四條，規定植物醫師受政府有關機關詢問或委託鑑定時之真實義務。

第十五條　植物醫師對於天災事變致生植物疫病蟲害防治等事項，有遵從主管機關指揮之義務。

【說明】

天災事變致生植物疫病蟲害防治事項，須當地或鄰近之植物醫師配合主管機關指揮撲滅、控制災情，爰參照獸醫師法第十五條規定訂定本條。

第三章　植物診療機構管理

第十六條　植物診療機構之開業，應依下列規定，向所在地直轄市或縣（市）主管機關申請核准登記，發給開業執照。其申請人之資格如下：

一、私立植物診療機構，為核准執業登記之植物醫師。

二、公立植物診療機構，為其代表人。

三、法人植物診療機構，為法人。

公立及法人植物診療機構應置負責植物醫師一人，私立植物診療機構以其申請人為負責植物醫師，對其診療業務負督導之責。

植物診療機構之設置標準由所在地直轄市、縣（市）主管機關訂定之。

【說明】

參照獸醫師法第十七條，規定植物診療機構之開業，應向所在地直轄市或縣（市）主管機關申請及申請人資格，並規定植物診療機構應以負責植物醫師對其診療業務負督導責任及植物診療機構之設置標準授權所在地主管機關訂定之。

第十七條　前條申請人或植物診療機構有下列情形之一者，不得發給開業執照；已領者，撤銷或廢止之：

一、經撤銷或廢止負責植物醫師執業執照。

二、經廢止開業執照未滿一年，但依第二十條第二項廢止開業執照者，不在此限。

三、領有開業執照。

【說明】參照獸醫師法第十八條，規定植物診療機構之消極資格。

第十八條　植物診療機構使用之名稱以中央主管機關指定之範圍為限。

非植物診療機構不得使用植物診療機構或類似之名稱。

【說明】

參照獸醫師法第十九條，規定植物診療機構名稱之使用，以中央主管機關指定之範圍為限，以利管理。規定非植物診療機構，不得使用植物診療機構之名稱，以確保服務品質及維護權益。

第十九條　植物診療機構不得使用下列名稱：

一、在同一直轄市或縣（市）區域內，他人已登記使用之植物診療機構名稱。但經原使用該名稱之機構授權使用者，不在此限。

二、在同一直轄市或縣（市）區域內，與被廢止開業執照未滿一年或受停業處分之植物診療機構相同或類似之名稱。

三、易使人誤認其與政府機關、公益團體有關或有妨害公共秩序或善良風俗之名稱。

【說明】

參照物理治療師法第二十一條之一，明定植物診療機構使用名稱之限制規定。

第二十條　植物診療機構歇業、停業、復業或其登記事項變更者，應於事實發生之日起三十日內，依下列規定辦理：

一、歇業，報原發開業執照機關廢止開業執照。

二、停業或復業，報原發開業執照機關備查。

三、原申請開業登記事項有變更，報原發開業執照機關許可。但遷移至其他直轄市、縣（市）開業者，應依第十六條規定辦理。

植物診療機構停業超過一年者，視為歇業，由原發開業執照機關廢止其開業執照。

【說明】

參照獸醫師法第二十條，規定植物診療機構歇業、停業、復業或其登記事項變更時之報備義務。另植物診療機構停業超過一年者，視為歇業，由主管機關逕予歇業，以利管理。

第二十一條　植物診療機構應將其開業執照、植物醫師執業執照、診療時間及其他診療規則懸掛於明顯處所；開業執照毀損或滅失時，應即向主管機關申請換發或補發。

植物醫師之執業執照毀損或滅失時，應即向主管機關申請換發或補發。

【說明】

參照獸醫師法第二十一條，規定診療機構應將開業執照、植物醫師執業執照懸掛於明顯處所，以利求診者辨識，另亦規範毀損或滅失時之補換發事宜。

第二十二條　植物診療機構應備置植物醫師診療紀錄，必要時主管機關得派員查驗之，植物診療機構不得拒絕、妨害或逃避查驗。

查驗人員於執行職務時應出示身分證明文件。

第一項診療紀錄內容及保存年限，由中央主管機關定之。

【說明】

參照獸醫師法第二十二條，規定植物診療機構應備置及保存植物醫師診療紀錄。

第二十三條　非植物診療機構，不得為診療廣告。

植物診療機構對其業務，不得登載散布虛偽之廣告。

【說明】

參照獸醫師法第二十三條，規定非植物診療機構，不得為植物診療廣告且植物診療機構不得登載散布虛偽之廣告。

第二十四條　植物診療機構應提供收費明細表及收據。

【說明】

參照獸醫師法第二十四條，規定植物診療機構收取費用應提供收費明細表及收據，以維護民眾權益。

第二十五條　主管機關依本法核發植物醫師證書、執業執照及開業執照等應收取費用；其收費費額，由中央主管機關定之。

【說明】

參照獸醫師法第二十四條之一，規定授權中央主管機關統一訂定相關規費之收費費額。

第四章　獎懲

第二十六條　植物醫師對植物防疫檢疫或其他植物保護業務有重大貢獻者，主管機關應予獎勵。

【說明】

參照獸醫師法第二十五條，規定植物醫師於執行植物防檢疫或其他植物保護業務有重大貢獻，應給予獎勵，以資鼓勵。

第二十七條　以虛偽或其他不法手段取得植物醫師證書者，除撤銷其植物醫師證書外，觸犯刑法者，移送司法機關依法辦理。

【說明】

參照獸醫師法第二十七條，規定以虛偽或其他不法手段取得植物醫師證書者，除撤銷證書外，觸犯刑法者，移送司法機關依法辦理。

第二十八條　植物醫師受停業處分仍執行業務者，廢止其執業執照；受廢止執業執照處分仍執行業務者，廢止其植物醫師證書。

【說明】

參照獸醫師法第二十九條，規定對受停業處分或受廢止執業執照處分仍執行業務之植物醫師予以處罰，以加強管理。

第二十九條　違反第七條第二款規定，未取得植物醫師證書，擅自執行植物醫師簽證業務者，處新臺幣三萬元以上十五萬元以下罰鍰。

【說明】

參照會計師法第六十九條，規定未取得植物醫師證書，擅自執行第七條第一項第二款簽證業務之處罰。

第三十條　植物醫師將其證書或執業執照租、借他人使用，處新臺幣三萬元以上十五萬元以下罰鍰，並令限期改善；屆期未改善者，按次處罰。

【說明】

參照獸醫師法第二十八條，規定植物醫師將其證照租借他人使用之處罰。

第三十一條　植物醫師有下列各款情事之一者，處新臺幣三萬元以上十五萬元以下罰鍰，或併處一個月以上一年以下之停業處分或廢止其執業執照：

一、違反第十四條規定，受政府有關機關詢問或委託鑑定時，為虛偽之陳述或報告者。

二、違反第十五條規定，對於天災事變致生植物疫病蟲害防治等事項，未遵從主管機關之指揮。

三、出具與診療事實不符之診斷書、檢驗證明書、影像紀錄或其他診療相關證明文件。

【說明】

參照獸醫師法第二十六條，規定植物醫師違反第十四條及第十五條規定，受主管機關或司法警察機關詢問或委託鑑定時，為虛偽之陳述或報告及遇天災事變致生植物疫病蟲害防治等事項時，不遵從主管機關指揮及出具與診療事實不符相關證明文件之處罰。

第三十二條　植物診療機構有下列情形之一者，處新臺幣三萬元以上十五萬元以下罰鍰或併處一個月以上一年以下之停業處分：

一、聘用或容留依第二十八條、第三十一條受一定期間停業處分或廢止執業執照之植物醫師從事植物醫師業務。

二、管理上有明顯疏失，致他人冒用執業植物醫師簽章或變造其簽署之診斷書、鑑定報告或其他診療相關證明文件。

植物診療機構有下列情形之一者，處新臺幣三萬元以上十五萬元以下罰鍰，並得廢止其開業執照：

一、聘用或容留未取得植物醫師證書者，擅自執行植物醫師業務。

二、受停業處分而不停業。

植物診療機構受撤銷或廢止開業執照處分，仍繼續開業者，除依前項規定處罰

外，並得廢止其負責植物醫師之植物醫師證書。

【說明】

參照獸醫師法第三十四條，規定植物診療機構聘用或容留受停業處分或廢止執業執照之植物醫師從事植物醫師業務之處罰；另規定因診療機構明顯疏失致他人冒用執業植物醫師簽章或變造證明文件等之處罰。

第三十三條　違反第三條第二項規定，非領有植物醫師證書使用植物醫師名稱或類似之名稱者，處新臺幣五千元以上二萬五千元以下罰鍰。

【說明】

參照獸醫師法第三十一條，規對非領有植物醫師證書使用植物醫師名稱或類似名稱者之處罰。

第三十四條　植物醫師有下列情形之一者，處新臺幣五千元以上二萬五千元以下罰鍰，並令限期改善；屆期未改善者，按次處罰：

一、違反第八條第一項規定，未向中央主管機關申請執業執照而執業者。

二、違反第八條第三項規定，未每六年完成繼續教育者。

三、違反第十條第一項規定，歇業、停業、復業或原申請執業登記事項變更，未於事實發生日起三十日內，依第十條第一項各款規定辦理者。

四、違反第十二條第一項規定，植物醫師執行業務，未製作植物醫師診療紀錄，或未依第十二條第二項規定以中文記載紀錄者。

【說明】

參照獸醫師法第三十二條，明定植物醫師違反第八條第一項、第三項、第十條第一項、第十二條第一項、第二項，未依規定申請執業執照而執業；每六年未完成繼續教育；歇業、停業、復業或原申請執業登記事項變更，未依規定辦理；執行業務未製作診療紀錄或未以中文紀錄者之處罰。

第三十五條　植物醫師違反第十三條規定，未指示防治及隔離方法，或未於二十四小時以內通報主管機關者，處新臺幣三千元以上一萬五千元以下罰鍰。

【說明】

參照獸醫師法第三十三條，規定植物醫師未依規定指示防治及隔離方法或未於規定時間內通報者之處罰。

第三十六條　有下列情形之一者，處新臺幣三千元以上一萬五千元以下之罰鍰，並令限期改善；屆期未改善者，按次處罰：

一、植物醫師違反第十一條第一項規定，未加入植物醫師公會而執業。

二、植物醫師公會違反第十一條第二項規定，拒絕具有會員資格者入會者，由人民團體主管機關處罰之。

三、違反第十六條第一項規定，未申請核准登記，或經撤銷或廢止核准登記，仍開業經營植物診療機構，或植物診療機構未符合所在地直轄市或縣（市）主管機關依第十六條第三項所定標準。

四、違反第十八條第一項規定，使用中央主管機關指定範圍以外之名稱。

五、違反第十八條第二項規定，非植物診療機構使用植物診療機構或類似之名稱。

六、違反第二十條第一項規定，植物診療機構歇業、停業、復業或其登記事項變更，未於事實發生之日起三十日內，依第二十條第一項各款規定辦理。

七、違反第二十一條第一項規定,未將開業執照、植物醫師執業執照、診療時間及其他診療規則懸掛於明顯處所,或違反第二十一條第二項規定,執業之植物醫師,其執業執照或開業執照有遺失時,未向主管機關申請補發。

八、違反第二十二條第一項規定,植物診療機構拒絕、妨害或逃避主管機關之查驗,或未備置或未依中央主管機關依第二十二條第三項所定紀錄內容及保存年限。

九、違反第二十三條第一項規定,非植物診療機構,為診療廣告。

十、違反第二十三條第二項規定,植物診療機構對其業務登載、散布虛偽、登載或宣傳未經中央主管機關公告容許事項之廣告。

十一、違反第二十四條規定,未提供收費明細表及收據。

【說明】

明定植物醫師違反第十一條第一項,未依規定加入植物醫師公會而執業;植物醫師公會違反第十一條第二項,拒絕具有會員資格者入會者之處罰。另,明定植物診療機構違反第十六條第一項、第三項、第十八條第一項、第二項、第二十條第一項、第二十一條第一項、第二項、第二十二條第一項、第三項、第二十三條第一項、第二項、第二十四條,未申請核准登記,或經撤銷或廢止核准登記,仍開業經營植物診療機構,或植物診療機構未符合所在地直轄市或縣(市)主管機關依第十六條第三項所定標準;植物診療機構名稱之使用規定、歇業、停業、復業或其登記事項變更,未依規定辦理;植物診療機構對其業務登載、散布虛偽、登載或宣傳未經中央主管機關公告容許事項之廣告、未提供收費明細表及收據之處罰。

第三十七條　本法所定與植物醫師證書與執業相關之罰鍰、停業、撤銷或廢止執業執照,由中央主管機關為之;本法所定與植物診療機構相關之罰鍰、停業、撤銷或廢止開業執照,由直轄市或縣(市)主管機關為之。

【說明】

考量我國農業生產環境及植物醫師執業形態及目前地方行政機關多無設置專責植物保護機關或人員,對於植物醫師執業違規情形宜由中央主管機關進行調查與專業判斷,爰規定與植物醫師證照及執業相關之裁罰由中央主管機關為之。植物診療機構係向直轄市或縣(市)主管機關申請並由其進行管理,爰規定相關裁罰由直轄市或縣(市)主管機關為之。

第五章　公會

第三十八條　植物醫師公會分為下列二級:

一、直轄市及縣(市)公會。

二、全國植物醫師公會。

【說明】參照獸醫師法第四十二條,規定植物醫師公會之分級制度。

第三十九條　各級植物醫師公會以行政區域為其組織區域,在同一區域內同級之公會以一個為限。

【說明】

爰參照獸醫師法第四十三條,規定植物醫師公會在同一區域內,同級之公會以一個為限。

第四十條　直轄市、縣（市）植物醫師公會以在該區域工作之植物醫師九人以上發起組織之；其不滿九人者，得加入鄰近區域之公會或共同組織之。

【說明】

參照獸醫師法第四十四條，規定直轄市及縣（市）植物醫師公會發起組織之要件。

第四十一條　各級植物醫師公會之主管機關為社會行政主管機關。但其目的事業應受第二條主管機關之指導、監督。

【說明】

參照獸醫師法第四十七條，植物醫師公會性質上係屬人民團體，應由社會行政主管機關主管；至其目的事業，則明定應受本法主管機關之指導、監督。

第四十二條　各級植物醫師公會置理事、監事，均於召開會員（代表）大會時，由會員（代表）選舉之，並分別成立理事會、監事會，其名額如下：

一、直轄市、縣（市）植物醫師公會之理事不得超過十五人。

二、全國植物醫師公會之理事不得超過三十五人。

三、各級植物醫師公會之監事名額，不得超過各該公會理事名額三分之一。

四、各級植物醫師公會均置候補理事、候補監事，其名額不得超過各該理事、監事名額三分之一。前項各款理事、監事名額在三人以上時，應分別互選常務理事及常務監事；其名額不得超過理事或監事總額三分之一。並依章程規定選舉一人為理事長。

理事、監事之任期均為三年，其連選連任者不得超過二分之一，理事長之連任以一次為限。

【說明】

爰參照獸醫師法第四十八條，規定各級植物醫師公會理事、監事、候補理事、候補監事、常務理事、常務監事及理事長之名額、選舉程序、連選連任及任期規範。

第四十三條　植物醫師公會應訂立章程，造具會員名冊及職員簡歷冊，申請所在地社會行政主管機關立案，並應分報目的事業主管機關備查。

【說明】

參照獸醫師法第四十九條，規定植物醫師公會申請立案之程序。

第四十四條　各級植物醫師公會章程應載明下列事項：

一、名稱。

二、宗旨。

三、區域。

四、會址。

五、任務或事業。

六、組織。

七、會員之入會、退會及除名。

八、會員之權利及義務。

九、理事、監事及會員代表之名額、權限、任期、選任及解任。

十、會議。

十一、會員應遵守之公約。

十二、會員經費及會計。

十三、章程之修改。

十四、其他依法令規定應載明之事項。

【說明】

參照獸醫師法第五十條，規定植物醫師公會章程應載明之事項。

第四十五條　各級植物醫師公會會員（代表）大會或理監事會議之決議有違反法令者，由社會
　　　　　　行政主管機關撤銷之。

【說明】

參照獸醫師法第五十一條，規定植物醫師公會會員（代表）大會或理監事會議之
決議有違反法令之處理原則。

第四十六條　植物醫師公會會員有違反法令或章程之行為者，公會得依理、監事會議或會員
　　　　　　（代表）大會之決議處分之；其違反法令應受除名處分者，須經會員（代表）大
　　　　　　會通過，將其事實證據報請社會行政主管機關轉請目的事業主管機關核准予以除
　　　　　　名。

【說明】

參照獸醫師法第五十二條，規定植物醫師公會處分會員之事由及其依據。

第六章　附則

第四十七條　外國人得依中華民國法律，應植物醫師考試。

前項考試及格，領有植物醫師證書之外國人，適用本法及其他有關植物醫師之法
令。

【說明】

參照獸醫師法第五十四條，規定外國人得應植物醫師考試，並規定應依就業服務
法規定申請許可後，始得執行業務。

第四十八條　本法施行細則，由中央主管機關定之。

【說明】

參照各類專門技術人員法規立法體例，規定本法施行細則之訂定機關。

第四十九條　本法自公布日施行。

【說明】本法之施行日期。

02 森林法樹木保護專章

中華民國 104 年 6 月 12 日立法院第 8 屆第 7 會期第 16 次會議通過（公報初稿資料，正確條文以總統公布之條文爲準）

增訂森林法第三條之一、第五章之一章名、第三十八條之二至第三十八條之六及第四十七條之一條文；修正第一條及第五十六條條文

第一條　　爲保育森林資源，發揮森林公益及經濟效用，並爲保護具有保存價值之樹木及其生長環境，制定本法。

第三條之一　森林以外之樹木保護事項，依第五章之一規定辦理。

第五章之一　　樹木保護

第三十八條之二　地方主管機關應對轄區內樹木進行普查，具有生態、生物、地理、景觀、文化、歷史、教育、研究、社區及其他重要意義之群生竹木、行道樹或單株樹木，經地方主管機關認定爲受保護樹木，應予造冊並公告之。

前項經公告之受保護樹木，地方主管機關應優先加強保護，維持樹冠之自然生長及樹木品質，定期健檢養護並保護樹木生長環境，於機關專屬網頁定期公布其現況。

第一項普查方法及受保護樹木之認定標準，由中央主管機關定之。

第三十八條之三　土地開發利用範圍內，有經公告之受保護樹木，應以原地保留爲原則；非經地方主管機關許可，不得任意砍伐、移植、修剪或以其他方式破壞，並應維護其良好生長環境。

前項開發利用者須移植經公告之受保護樹木，應檢附移植及復育計畫，提送地方主管機關審查許可後，始得施工。

前項之計畫內容、申請、審核程序等事項之辦法，及樹冠面積計算方式、樹木修剪與移植、移植樹穴、病蟲害防治用藥、健檢養護或其他生長環境管理等施工規則，由中央主管機關定之。地方政府得依當地環境，訂定執行規範。

第三十八條之四　地方主管機關受理受保護樹木移植之申請案件後，開發利用者應舉行公開說明會，徵詢各界意見，有關機關（構）或當地居民，得於公開說明會後十五日內以書面向開發利用單位提出意見，並副知主管機關。

地方主管機關於開發利用者之公開說明會後應舉行公聽會，並將公聽會之日期及地點，登載於新聞紙及專屬網頁，或以其他適當方法廣泛周知，任何民眾得提供意見供地方主管機關參採；其經地方主管機關許可並移植之受保護樹木，地方主管機關應列冊追蹤管理，並於專屬網頁定期更新公告其現況。

第三十八條之五　受保護樹木經地方主管機關審議許可移植者，地方主管機關應命開發利用者

提供土地或資金供主管機關補植，以為生態環境之補償。

前項生態補償之土地區位選擇、樹木種類品質、生態功能評定、生長環境管理或補償資金等相關辦法，由地方主管機關定之。

第三十八條之六　樹木保護與管理在中央主管機關指定規模以上者，應由依法登記執業之林業、園藝及相關專業技師或聘有上列專業技師之技術顧問機關規劃、設計及監造。但各級政府機關、公營事業機關及公法人自行興辦者，得由該機關、機構或法人內依法取得相當類科技師證書者為之。

中央主管機關應建立樹木保護專業人員之培訓、考選及分級認證制度；其相關辦法由中央主管機關會商考試院及勞動部等相關單位定之。

第四十七條之一　凡保護或認養樹木著有特殊成績者，準用前條第二項之獎勵。

第五十六條　違反第九條、第三十四條、第三十六條、第三十八條之三及第四十五條第一項之規定者，處新臺幣十二萬元以上六十萬元以下罰鍰。

03 農藥管理法

第一章　總則

第一條　為保護農業生產，消除病蟲害，防止農藥危害，加強農藥管理，促進農藥工業發展，特制定本法。

第二條　本法所稱主管機關：在中央為行政院農業委員會；在直轄市為直轄市政府；在縣（市）為縣（市）政府。

第三條　本法所稱農藥，係指成品農藥、農藥原體及增強成品農藥藥效之製品。

第四條　本法所稱成品農藥，係指左列各款之藥品或生物製劑：

一、用於防除農林作物或其產物之病蟲鼠害、雜草者。

二、用於調節農林作物生長或影響其生理作用者。

三、用於調節有益昆蟲生長者。

四、其他經主管機關核定，列為保護農林作物之用者。

農藥原體，可直接供前項各款使用，經主管機關核定公告者，視為成品農藥。

第五條　本法所稱農藥原體，係指用以製造前條第一項各款成品農藥所需之有效成分原料。

第五條之一　本法所稱增強成品農藥藥效之製品，係指添加於成品農藥以改進其物理性質之化學製品。

第六條　本法所稱偽農藥，係指農藥經檢查或檢驗有左列各款情形之一者：

一、未經核准擅自製造、加工或輸入者。

二、摻雜或抽換國內外產品者。

三、塗改或變更有效期間之標示者。

四、所含有效成分之名稱，與核准不符者。

第七條　本法所稱劣農藥，係指經核准登記之農藥經檢查或檢驗有左列各款情形之一者：

一、有效成分之含量與規定標準規格不符者。

二、超過有效期間者。

三、品質發生變化與規定標準規格不符者。

第八條　本法所稱標示，係指標籤及仿單。

第九條　本法所稱農藥製造業者，係指經營農藥之製造、加工、分裝與其產品批發、輸出及自用製造原料輸入之業者。

前項農藥製造業者，得兼營自製產品之零售業務。

第十條　本法所稱農藥販賣業者，係指經營農藥之批發、零售、輸入及輸出業者。

第二章　登記

第十一條　農藥非經申請中央主管機關檢驗合格，核准登記發給許可證，不得製造、加工或輸入。申請農藥登記，應繳納檢驗費；收費標準，由中央主管機關定之。

第十一條之一　農藥製造業者或販賣業者，於申請核准登記成品農藥前，應辦理委託田間試驗及毒理試驗。但有下列情形之一者，得准予免辦委託田間試驗及毒理試驗：

一、該成品農藥經核准登記屆滿八年者。

二、該成品農藥經核准登記未滿八年，經許可證權利人同意授權使用試驗資料者。

已取得農藥許可證之成品農藥，以較安全之新劑型申請許可證，經中央主管機關核准者，得免辦委託田間試驗。

第一項田間試驗及毒理試驗規定，由中央主管機關定之。

申請委託田間試驗應向中央主管機關為之；其收費標準，由中央主管機關定之。

第十一條之二　主管機關得進行農藥新增使用方法及其範圍之田間試驗，並得依實際情形推廣使用；其辦理程序，由中央主管機關公告之。

第十二條　農藥標準規格及農藥檢驗辦法，由中央主管機關定之；如有變更，應於六個月前公告。

第十二條之一　農藥檢驗方法，由中央主管機關公告之；未公告者，得參照其他可行之通用方法為之。

第十三條　農藥許可證應記載左列事項：

一、許可證字號、登記年月日及有效期間。

二、製造業或販賣業者姓名或名稱及住所。

三、農藥種類、名稱、理化性狀、有效成分及其他成分之種類及含量。

四、農藥使用方法及其範圍。

五、其他有關農藥應行登記事項。

前項記載事項，非經主管機關核准，不得變更。

農藥標準規格變更時，有關農藥許可證應於第十二條公告後六個月內，申請變更登記。

第十三條之一　經核准登記許可之農藥，其種類、名稱、有效成分與含量及農藥使用方法及其範圍，由中央主管機關公告之。

第十四條　農藥許可證之有效期間為四年，於期滿前六個月內，得申請中央主管機關核准展延。但每次展延，不得超過四年。

前項許可證，在有效期間內，為維護國民健康，確保農藥安全與有效使用，中央主管機關得撤銷之。

第一項之申請展延，得免檢驗。

第十四條之一　農藥標示之使用或變更，應先經中央主管機關核准。標示變更後，原標示應於六個月內更換之。

第十五條　農藥許可證之申請、核發、補發、換發、展延、登記事項變更、廢止及農藥標示應遵行事項之辦法，由中央主管機關定之。

前項許可證之申請、核發、補發、換發或展延，應繳納證照費；其證照費數額，由中央主管機關定之。

第三章　製造、輸入及輸出

第十六條　農藥製造業者應設農藥工廠，除依有關法令辦理工廠登記外，並應符合農藥工廠設廠標準。

前項設廠標準，由中央主管機關會同經濟部、行政院勞工委員會及行政院環境保護

署定之。

第十七條　經核准設立之農藥工廠，於訂購機器設備後，得申請購買所需之試車原料。

第十八條　農藥原體之輸入，限由農藥製造業者申請。

第十九條　輸入農藥，專供試驗研究、教育示範或緊急防治之用，經中央主管機關核准者，不受第十一條第一項規定之限制。

第二十條　農藥製造業者，製造專供輸出之農藥，得按照國外買方訂購之要求，經中央主管機關核准者，不受第十一條核准登記及第十二條農藥標準規格之限制。

第四章　販賣

第二十一條　農藥製造業者製造之農藥原體，以售予農藥工廠為限。環境衛生用殺蟲劑製造工廠需購農藥原體時，得經中央主管機關核准，不受前項規定之限制。

第二十一之一條　農藥製造業者非經中央主管機關核准，不得委託或接受委託加工成品農藥；有關委託加工委託人與受委託人之資格條件及其他應遵行事項之管理辦法，由中央主管機關定之。

第二十二條　農藥販賣業者，應向當地直轄市或縣（市）主管機關申請，經審查合格，核發農藥販賣業執照後，始得登記營業；其申請審查之相關規定，由該管直轄市或縣（市）主管機關定之。

申領農藥販賣業執照，應繳納證照費；其證照費數額，由中央主管機關定之。

劇毒性成品農藥之批發或零售，主管機關得指定依第一項登記之農藥販賣業者經營之。

農藥販賣業者，應置專任管理人員；管理人員資格條件，由中央主管機關定之。

第二十二之一條　農藥販賣業者應於營業場所內懸掛農藥販賣業執照。

經營成品農藥之販賣業者，不得在營業場所以外販賣。

第二十三條　農藥販賣業者，不得將原包裝成品農藥拆封販賣。

第二十四條　農藥販賣業者，不得販賣未黏貼或未加印標示之農藥。

第二十五條　農藥販賣業者，歇業或登記事項變更時，應於歇業或變更後十五日內，申報當地直轄市或縣（市）主管機關。

農藥販賣業者，停止營業一年以上或歇業者，其農藥販賣業執照應予撤銷。但停業有正當事由經主管機關核准者，不在此限。

第二十六條　劇毒性成品農藥之名稱，由中央主管機關公告之。

第二十七條　劇毒性成品農藥之售賣，應登記購買人姓名、住址、年齡及身分證統一編號。其販賣，應依中央主管機關之規定。

第五章　監督、檢查及取締

第二十八條　農藥製造業或販賣業者，應具備帳冊，就農藥種類分別記載其生產、輸入、購入及銷售數量，以備主管機關查核。帳冊應保存三年。

第二十九條　農藥製造業或販賣業者，對其生產或販賣之農藥，不得超越登記內容範圍，從事虛偽誇張或不正當之宣傳或廣告。

農藥製造業或販賣業者，登載或宣播廣告時，應於事前將所有文字、書面或言詞，申請中央主管機關核准，並向傳播機構繳驗核准之證明文件。

前項之申請審查辦法，由中央主管機關定之。

第二十九條之一　非本法所稱之農藥，不得為具有農藥藥效之標示、宣傳或廣告。

第三十條　農藥製造業或販賣業者，所僱用之推銷人員，應向直轄市或縣（市）主管機關登記，並取得身分證明。

前項登記規定，由該管直轄市或縣（市）主管機關定之。

第三十一條　經核准進口之農藥原體，限於自用，不得轉讓。但經中央主管機關核准者，不在此限。

第三十二條　成品農藥之分裝，限由具備同一劑型設備之農藥工廠為之。

第三十三條　試驗研究中之農藥，不受第十一條第一項規定之限制。

第三十四條　農藥販賣業者，如兼營其他業務，應將農藥隔離陳列貯存。

第三十五條　劇毒性成品農藥應以專櫃加鎖貯存，置於安全地點。

第三十六條　農藥之使用管理辦法，由中央主管機關定之。

第三十七條　農藥之運輸、倉儲管理辦法，由中央主管機關會同交通部定之。

第三十八條　主管機關得派農藥檢查人員，進入農藥製造業或販賣業者之營業所、倉庫及製造、加工、分裝等場所執行檢查，並得令其提出業務報告。

農藥檢查辦法，由中央主管機關定之。

第三十九條　農藥檢查人員執行前條任務時，應出示身分證明；抽取樣品時，應給付價款。

第四十條　查獲涉嫌之偽農藥或劣農藥須經抽樣鑑定者，應先予封存，由廠商出具切結保管。

前項抽取之樣品，應儘速鑑定及處理；其期間自查獲之日起，最多不得超過二個月。

第四十之一條　第十一條、第四十條之檢驗、鑑定，中央主管機關得委託或委任有關機關為之。

第四十一條　檢舉或協助查緝偽、劣農藥者，主管機關，除對檢舉人，協助人之姓名及身分等保守祕密外，並應給予獎勵；其辦法由中央主管機關定之。

第四十二條　農藥製造業或販賣業者，曾依本法處以刑罰或罰鍰，再次違反者，主管機關得撤銷其有關證照。

第六章　罰則

第四十三條　製造、加工或輸入偽農藥者，處三年以下有期徒刑，得併科五萬元以下罰金。

前項之未遂犯罰之。

第四十四條　製造、加工或輸入劣農藥者，處二萬元以上十萬元以下罰鍰。

第四十五條　明知為偽農藥，而販賣或意圖販賣而陳列、儲藏或為之分裝者，處二年以下有期徒刑，得併科五萬元以下罰金。

因過失犯前項之罪者，處拘役或科二萬五千元以下罰金。

第四十六條　販賣、分裝或意圖販賣而陳列、儲藏劣農藥者，處一萬元以上五萬元以下罰鍰。

第四十七條　法人之代表人、法人或自然人之代理人、受雇人或其他從業人員，因執行業務，犯第四十三條或第四十五條之罪者，除依各該條規定處罰其行為人外，對該法人或自然人亦科以各該條之罰金。

第四十八條　有左列情形之一者，處一萬元以上五萬元以下罰鍰：

一、違反第十四條之一或中央主管機關依第十五條第一項所為之規定之一者。

二、違反第十六條第二項所定之農藥工廠設廠標準或依第二十一條之一所定之農藥委託加工管理辦法之一者。

　　　三、違反第二十一條、第二十二條至第二十四條、第二十九條、第二十九條之一
　　　　　或第三十二條規定之一者。

　　　四、違反中央主管機關依第二十七條所為之販賣規定者。

　　　五、無正當理由，拒絕檢查人員依第三十八條第一項規定之檢查者。

　　有前項第二款之情形者，主管機關得通知限期改善；逾期不改善者，並得停止其
　部分或全部製造。

第四十九條　有左列情形之一者，處五千元以上二萬五千元以下罰鍰：

　　　一、將成品農藥批發予未依本法登記或指定之農藥販賣業者。

　　　二、違反第十三條第三項、第二十五條第一項、第二十八條、第三十條、第
　　　　　三十一條、第三十四條或第三十五條規定之一者。

　　　三、擅將第十九條或第三十三條所規定專供試驗研究或教育示範之農藥出售者。

　　　四、違反第二十七條規定，應登記事項而不登記者。

　　　五、違反第三十六條或第三十七條中央主管機關所定之辦法者。

第五十條　（刪除）

第五十一條　依本法所處之罰鍰，拒不繳納者，移送法院強制執行。

第五十二條　本法所定之罰鍰，由各級主管機關處罰之。

第五十三條　依本法查獲之偽農藥及製造、加工、分裝之器械、原料，依刑法第三十八條之規
　　　　　　定沒收之。

　　依本法查獲之劣農藥，沒入之。

　　違反第二十九條之一之規定者，其標示、宣傳或廣告具有農藥藥效之物品，沒入
　之。

　　依第一項沒收之偽農藥、器械、原料，依第二項沒入之劣農藥及依第三項沒入之
　物品；其處理辦法，由中央主管機關會同法務部定之。

第七章　附則

第五十四條　本法施行細則，由中央主管機關定之。

第五十五條　本法自公布日施行。

04 農藥使用管理辦法

第一條　本辦法依農藥管理法（以下簡稱本法）第三十六條訂定之。

第二條　使用農藥者，應遵守左列規定：

一、農田與農作物，使用劇毒農藥後，應有警告標誌。

二、使用燻蒸農藥期間，除燻蒸場所必須封鎖外，仍應有警告標誌。

三、農藥使用後，其包裝容器不得隨意棄置，其處理依廢棄物清理法之規定。

四、不得在魚塭、池塘或河流，傾倒農藥或洗滌施藥器具。

五、農作物應按農藥標示記載之使用方法及使用範圍施藥；施藥後，在規定間隔日數內不得採收。

六、空中施藥安全注意事項，應於三天前通曉施藥區內居民。

七、依本法第十四條第二項撤銷農藥許可證之農藥、未黏貼或未加印標示之農藥或明知為偽、劣農藥，不得使用。

第三條　為測定田間之農作物或集貨場之農產品殘留農藥，以確保使用農藥安全，農業主管機關得隨時派員抽取檢驗樣品，並得就農藥使用種類、使用方法有所查詢，生產者或貨主不得拒絕。

前項農藥殘留量如超過衛生主管機關規定容許量時，農作物不得採收，違反者，農業主管機關應通知果茶批發市場依有關法令拒絕其交易，並通知衛生主管機關依法沒入之。

第四條　依前條抽取之檢驗樣品，生產者或貨主應會同簽封，送檢驗機關檢驗。前項檢驗，中央主管機關得委託有關機關為之。

第五條　觀光果（農）園之農作物，於開放觀光期間，經抽檢農藥殘留量超過規定容許量時，農業主管機關得勒令關閉至改善為止。觀光果（農）園使用農藥後，在規定間隔日數內不得開放採收，並應於開放前委請檢驗機關抽檢樣品，其抽測結果，應張貼於觀光果（農）園明顯處。

第六條　以代噴農藥為業者應向當地直轄市或縣（市）主管機關辦理登記。

第七條　前條之業者應接受農藥使用訓練合格。其訓練辦法由中央及直轄市主管機關定之。

第八條　違反本辦法規定者，除依各該條規定處理外，並依本法第四十九條第五款規定處罰之。

第九條　本辦法自發布日施行。

05 植物防疫檢疫法

第一章　總則

第一條　為防治植物疫病蟲害之發生，並制止其蔓延，特制定本法。本法未規定者，適用其他
　　　　法律之規定。

第二條　本法所稱主管機關：在中央為行政院農業委員會；在直轄市為直轄市政府；在縣（市）
　　　　為縣（市）政府。

第三條　本法用詞定義如下：

1. 植物：指種子植物、蕨類、苔蘚類、有用真菌類等之本體與其可供繁殖或栽培之部
　　分。
2. 植物產品：指來源於植物未加工或經加工後有傳播病蟲害之虞之產品。
3. 有害生物：指直接或間接加害植物之生物。
4. 病蟲害：指有害生物對植物之危害。
5. 感受性植物：指容易感染特定病蟲害之寄主植物。
6. 栽培介質：供植物附著或固定，並維持植物生長發育之物質。

第四條　直轄市、縣（市）主管機關應設或指定植物防疫單位，置植物防疫人員。
　　　　中央主管機關應設植物防疫檢疫機關，置植物防疫、檢疫人員，必要時得設植物保護
　　　　研究機構。

第五條　植物防疫人員及檢疫人員得至必要處所或供水、陸、空公眾運輸之舟、車、航空機檢
　　　　查植物、植物產品與其包裝、容器，查閱相關資料或查詢關係人，所有人或關係人不
　　　　得拒絕。

第六條　植物防疫或檢疫人員施行防治措施時，有關機關人員應予協助配合。

第六條之一　依本法施行防疫、檢疫時，應獎勵檢舉；其獎勵辦法，由中央主管機關定之。

第七條　植物防疫人員及檢疫人員，依本法執行職務，不得逾越職權，侵害他人權益；中央主
　　　　管機關應訂定植物防疫及檢疫執行辦法。

第二章　防疫

第八條　中央主管機關得指定特定疫病蟲害之種類、範圍，並公告之。

第八條之一　植物或植物產品發生疫病蟲害，經實施防治，仍無法遏止蔓延者，其所有人、管
　　　　　理人應即向直轄市、縣（市）主管機關報告。

第九條　中央主管機關得指定繁殖用之植物種類，實施特定疫病蟲害檢查；其檢查辦法及收費
　　　　標準，由中央主管機關定之，並送立法院核備。
　　　　前項繁殖用之植物，非經檢查合格發給證明，不得讓售或遷移。

第十條　中央主管機關得劃定疫區，限制或禁止植物、植物產品、土壤及其包裝、容器、栽培
　　　　介質之遷移。但經中央主管機關核准者，不在此限。
　　　　前項核准辦法，由中央主管機關定之，並送立法院核備。

第十一條　中央主管機關認為防疫上有必要時，得採取下列措施：

第二十六條　本法所定之罰鍰，由直轄市或縣（市）主管機關或植物檢疫機關處罰之；依本法所處之罰鍰，經通知限期繳納，逾期仍未繳納者，移送法院強制執行。

第五章　附則

第二十七條　本法施行細則，由中央主管機關定之。

第二十八條　本法自公布日施行。

06 農產品生產及驗證管理法

民國 96 年 01 月 29 日公布

第一章　總則

第一條　為提升農產品與其加工品之品質及安全，維護國民健康及消費者之權益，特制定本法。

第二條　本法所稱主管機關：在中央為行政院農業委員會；在直轄市為直轄市政府；在縣（市）為縣（市）政府。

第三條　本法用詞，定義如下：

一、農產品：指利用自然資源、農用資材及科技，從事農作、森林、水產、畜牧等產製銷所生產之物。

二、有機農產品：指在國內生產、加工及分裝等過程，符合中央主管機關訂定之有機規範，並經依本法規定驗證或進口經審查合格之農產品。

三、農產品經營業者：指以生產、加工、分裝、進口、流通或販賣農產品、農產加工品為業者。

四、農產品標章：指證明農產品及其加工品經依本法規定驗證所使用之標章。

五、認證機構：指中央主管機關或其審查合格之委託機關、法人，具有執行本法所定認證工作資格者。

六、認證：指認證機構就具有執行本法所定驗證工作資格者予以認可。

七、驗證機構：指經認證並領有認證文件之機構、學校、法人或團體。

八、驗證：指證明特定農產品及其加工品之生產、加工及分裝等過程，符合本法規定之程序。

九、產銷履歷：指農產品自生產、加工、分裝、流通至販賣之公開且可追溯之完整紀錄。

十、標示：指農產品及其加工品於陳列販賣時，於農產品本身、裝置容器、內外包裝所為之文字、圖形或記號。

第二章　生產管理及產銷履歷

第四條　中央主管機關得就國內特定農產品及其加工品之生產、加工、分裝及流通等過程，實施自願性優良農產品驗證制度。

前項特定農產品及其加工品之項目、申請條件與程序、驗證基準、標示方式、有效期間及相關管理之辦法，由中央主管機關定之。

第五條　農產品、農產加工品在國內生產、加工、分裝及流通等過程，符合中央主管機關訂定之有機規範，並經驗證者，始得以有機名義販賣。

前項各類有機農產品、農產加工品之申請條件與程序、驗證基準、標示方式、有效期

間及相關管理之辦法，由中央主管機關定之。

第六條　進口農產品、農產加工品須經中央主管機關公告之國家或國際有機認證機構（組織）認證之驗證機構驗證及中央主管機關之審查，始得以有機名義販賣。

前項進口有機農產品、農產加工品之申請條件、審查程序、標示方式及相關管理之辦法，由中央主管機關會同相關機關定之。

第七條　中央主管機關得就國內特定農產品實施自願性產銷履歷驗證制度。必要時，得公告特定農產品之項目、範圍，強制實施產銷履歷驗證制度。

前項特定農產品之項目、範圍、申請條件與程序、產銷作業基準、操作紀錄之項目、資訊公開與保存、驗證基準、標示方式、有效期間及相關管理之辦法，由中央主管機關定之。

進口經國內公告強制實施產銷履歷之特定農產品，其資訊公開與保存、標示方式及相關管理之辦法，由中央主管機關會同相關機關定之。

第八條　標示產銷履歷之農產品，其經營業者應提供農產品產銷履歷之資訊，並依中央主管機關公告之一定期限，保存農產品產銷履歷資料。

代理輸入進口農產品業者，亦同。

第三章　認證及驗證

第九條　農產品及其加工品之驗證，由認證機構認證之驗證機構辦理。

驗證機構之申請資格與程序、驗證業務與範圍、有效期間、第十一條所定喪失執行驗證業務能力之認定及相關管理之辦法，由中央主管機關定之。

驗證機構辦理驗證，得收取費用；其收費數額，由該驗證機構訂定，報請中央主管機關核定。

第十條　驗證機構提供不實資料或以其他不正當方法取得認證者，中央主管機關應撤銷其認證。

前項經撤銷認證之驗證機構，三年內不得再申請認證。

第十一條　驗證機構喪失執行驗證業務能力，中央主管機關應廢止其認證。

第十二條　農產品及其加工品使用農產品標章，須經驗證合格。

前項農產品標章之規格、圖式、使用規定及相關管理之辦法，由中央主管機關會商相關機關定之。

第四章　安全管理及查驗取締

第十三條　有機農產品、農產加工品不得使用化學農藥、化學肥料、動物用藥品或其他化學品。但經中央主管機關公告許可者，不在此限。

第十四條　主管機關為確保農產品及其加工品符合本法規定，得派員進入農產品經營業者之生產、加工、分裝、貯存及販賣場所，執行檢查或抽樣檢驗，任何人不得拒絕、規避或妨礙。

主管機關為前項檢查或抽樣檢驗，得要求前項場所之經營業者提供相關證明及紀錄。

經檢查或檢驗之結果不符本法規定之農產品及其加工品，主管機關除依本法規定處罰外，得禁止其運出第一項所定場所，並得命其限期改善、回收、銷毀或為其他適當之處置。

主管機關應依特定農產品及其加工品之不同性質，分別訂定最短抽檢時間。

第十五條　依前條規定執行檢查或抽樣檢驗之人員，應向行為人出示有關執行職務之證明文件或顯示足資辨別之標誌；在販賣場所抽取之樣品應給付價款；其檢查及檢驗之辦法，由中央主管機關定之。

前項之檢查，主管機關得委任所屬機關或委託其他機關（構）、法人、團體或個人辦理。

第一項之檢驗，由中央主管機關委任所屬檢驗機構辦理。必要時，得將其一部分或全部委託其他檢驗機關（構）、學校、團體或研究機構辦理。

第十六條　農產品及其加工品安全之檢驗方法，由中央主管機關會商中央目的事業主管機關後公告之；未公告者，得依國際間認可之方法為之。

第十七條　農產品經營業者對於檢驗結果有異議時，得於收到通知後十五日內，繳納檢驗費用，向原抽驗機關申請複驗，並以一次為限。

前項受理複驗機關應於七日內通知執行檢驗者就原檢體複驗之。但檢體已變質者，不予複驗。

第十八條　主管機關對於檢舉查獲違反本法規定者，除對檢舉人身分資料保守祕密外，並應給予獎勵。

前項檢舉獎勵辦法，由中央主管機關定之。

第十九條　依第二十一條第二項或第二十三條第二項規定廢止認證之驗證機構，三年內不得再申請認證。

第五章　罰則

第二十條　未依本法規定取得認證或經撤銷、廢止認證，擅自辦理本法規定之農產品及其加工品驗證業務者，處新臺幣三十萬元以上一百五十萬元以下罰鍰。

第二十一條　有下列行為之一者，處新臺幣二十萬元以上一百萬元以下罰鍰，並得按次處罰：

一、驗證機構執行其認證範圍以外之驗證業務。

二、農產品經營業者，未經驗證合格擅自使用農產品標章或經停止、禁止使用農產品標章，仍繼續使用。

三、農產品經營業者違反主管機關依第十四條第三項規定所為禁止運出之處分、改善、回收、銷毀或為其他適當處置。

有前項第一款情事，中央主管機關認情節重大者，得廢止其認證。

主管機關對於第一項第三款所定不符本法規定之農產品及其加工品，必要時，得予以沒入。

第二十二條　農產品經營業者有下列行為之一者，處新臺幣十萬元以上五十萬元以下罰鍰，並得按次處罰：

一、拒絕、妨礙或規避主管機關依第十四條第一項規定之檢查或抽樣檢驗。

二、未依第十四條第二項規定提供相關證明及紀錄。

第二十三條　有下列行為之一者，處新臺幣六萬元以上三十萬元以下罰鍰，並得按次處罰：

一、農產品經營業者之農產品或其加工品，未經驗證標示優良農產品驗證、產銷履歷驗證等文字或其他足使他人誤認之表示方法。

二、農產品經營業者之有機農產品、農產加工品未依第五條第一項規定驗證，或未依第六條第一項規定審查合格而標示有機等本國或外國文字，或其他足使

他人誤認之表示方法。

　　三、驗證機構之驗證紀錄或相關資料文件有登載不實之情事。

　　有前項第三款情事，中央主管機關認情節重大者，應廢止其認證。

第二十四條　農產品經營業者有下列行為之一者，處新臺幣三萬元以上十五萬元以下罰鍰，並得按次處罰：

　　一、違反第四條第二項、第五條第二項、第六條第二項、第七條第二項或第七條第三項所定辦法中有關標示規定。

　　二、未依第八條規定提供農產品有關產銷履歷之資訊，或未依一定期限保存農產品產銷履歷資料。

　　三、違反依第十二條第二項所定辦法中有關標章規格、圖式、使用規定。

　　四、違反第十三條規定使用化學農藥、化學肥料、動物用藥品或其他化學品。

　　五、擅自使用中央主管機關或其所屬機關之名義為標示。

　　違反前項第三款規定者，主管機關得停止其使用標章三個月以上，一年以下；情節重大者，得禁止其使用標章。

第二十五條　農產品、農產加工品違反第十三條規定，或未依第四條第二項、第五條第二項、第六條第二項、第七條第二項、第七條第三項所定辦法中有關標示規定或為不實標示者，主管機關得公布該農產品經營業者之名稱、地址、農產品、農產加工品之名稱及違規情節。

第六章　附則

第二十六條　本法施行細則，由中央主管機關定之。

第二十七條　農產品經營業者以有機名義販賣之農產品、農產加工品，應自本法施行之日起二年內，依第五條第一項規定驗證或第六條第一項規定驗證及向中央主管機關申請審查；屆期未經驗證或審查或有違反第十三條規定使用化學農藥、化學肥料、動物用藥品或其他化學品者，依第二十一條第一項第二款、第二十三條第一項第二款、第二十四條第一項第一款、第四款或第二十五條規定處罰。

第二十八條　本法自公布日施行。

07 國立臺灣大學生物資源暨農學院植物醫學服務辦法

96 年 7 月 3 日農業試驗場第 77 次場務會議修正通過
97 年 1 月 23 日生農院第 219 次場院務會議修正通過

第一條　國立臺灣大學生物資源暨農學院（以下簡稱本院）為提供有關植物病蟲害之正確診
　　　　斷、有效處方及安全用藥諮詢服務，特訂定本辦法。
　　　　前項「植物醫學服務」工作由本院農業試驗場及本院植物醫學研究中心（以下簡稱植
　　　　醫中心）、植微系、昆蟲系共同主辦。

第二條　本院植物醫學服務工作係由本院農業試驗場負責申請案件之收件、掛號、收費、轉送
　　　　及發文等工作，而由植醫中心及本院相關系所教授群負責實際之診斷，處方、防治、
　　　　諮詢及報告製作等工作。

第三條　凡遇有下列情況皆可提出植物醫學服務之申請：
　　　　一、為預防、減少或避免病蟲害之發生。
　　　　二、欲對已發生之病蟲害進行防治或處理。
　　　　三、欲對於經常發生之植物病蟲害了解原因及綜合防治方法。
　　　　四、欲了解其他病蟲害有關之問題。

第四條　本辦法所謂之植物病蟲害範圍包括各種植物由育苗、開花結果至採收後儲運期間各階
　　　　段所發生之各種異常情形，其主要包括下列各項：
　　　　一、由真菌、細菌、病毒、線蟲及其他植物病原等造成之感染性病害。
　　　　二、由各種昆蟲或其他有害動物造成之危害。
　　　　三、由不良環境因子或環境汙染物造成之非生物性病害。
　　　　四、由其他人為或非人為因子導致之異常狀況。

第五條　依據第三條申請服務時，得以郵寄標本、公文、信函、電子郵件或親自持送之方式進
　　　　行掛號，但樣本或標本必須儲存良好，並須有足夠之數量或正確之部位以供診斷及必
　　　　要之檢驗、測試，若係採郵寄方式者，宜先以電話洽詢相關事宜。
　　　　本辦法所述之服務，一般以一種植物之一項標本、一種疫病蟲害有關之諮詢為一服務
　　　　計量單位，申請人於提出申請時應對每一服務單位各填具「植物醫學服務申請書及背
　　　　景資料表」各一份，以利服務作業。
　　　　申請人所寄送之樣本或標本除經申請人預付回郵郵資外，概不退還。

第六條　植醫中心及本院相關系所負責植物醫學服務之教授若認為無法從第一次掛號繳送之樣
　　　　本完成診斷、檢驗或驗證時，得通知申請人補寄樣本，或由申請人負擔差旅費用，由
　　　　相關人員親赴現場進行服務。

第七條　針對每一申請案件，本院植物醫學服務教授原則上於收件日起十個工作日內會完成診

斷或鑑定報告,但其確屬複雜致無法於短期內完成者,亦在收件十個工作日內以書面或電話通知申請人。

第八條　本項服務工本費,其收費標準係依據第五條第二項之計量單位按每單位新臺幣三佰元計算,但如程序複雜、需到現場進行服務、需較長期之服務或申請人要求進行進一步之檢驗分析者,其費用另計,且須經雙方同意後才能實施。

第九條　依據本辦法所執行之對外服務,僅為本院教授群善意與熱心之對外服務行為,故不論所涉及之疫病蟲害最後是否得到控制,申請人應於申請時簽署切結書,放棄求償之權利。

第十條　依據本辦法製作之診斷或鑑定報告書係僅針對所送之樣品加以診斷或鑑定,故申請人不得將之擴大解釋,或將之用為商品廣告、司法訴訟等之證據。

第十一條　本辦法之作業程序由本院農業試驗場會植醫中心、植微系、昆蟲系制訂。

第十二條　本辦法經本院農業試驗場場務會議及院務會議通過後,自發布日施行。

國立臺灣大學生物資源暨農學院植物醫學服務作業程序

96 年 7 月 3 日農業試驗場第 77 次場務會議修正通過
97 年 1 月 23 日生農院第 219 次場院務會議修正通過

第一條　本作業程序係依據國立臺灣大學生物資源暨農學院植物醫學服務辦法第十一條制訂。

第二條　本院農業試驗場依據本辦法第二條之規定進行收件、掛號、收費、轉送、發文之工作,係由管理組總務股負責,並由技術股協助之。於收件時應注意申請人是否填具「植物醫學服務申請書及背景資料表」,並應對於每一申請案之服務計量單位加以估計,憑以告知申請人應繳之費用。

前項負責收件、掛號之人員應負責向申請人解說本辦法及作業之詳細流程。

第三條　農業試驗場總務股在收件後,應依服務計量單位或樣本依序編號,影印申請書分送申請人、植醫中心或服務教授,及自存以供查考。

第四條　農業試驗場總務股針對申請人繳送之服務工本費,應即開立收據,註明收件內容及金額。

第五條　服務工本費應由申請人於掛號時繳交本院附設農業試驗場,得以匯款轉帳存入華南銀行臺大分行,戶名「國立臺灣大學－生農學院附設農場 412 專戶」,帳號154360000065 號,或以現金繳納。未經繳費之申請案件不予受理,其因計量單位有誤而繳費不足之案件,應由申請人補行繳納。

需由相關人員親赴現場進行服務其交通費用係按距離遠近及工作日數,依據行政院所頒布之國內差旅費標準計收,並應於前往服務前繳交完畢。

第六條　農業試驗場收件人員於發現申請人所送之樣本已腐敗或資料不齊全時,應通知申請人重新取樣、送樣或補全資料,以節省時間,提高服務之效率。

第七條　本院植醫中心及本院相關系所應依服務性質,將案件分送具有服務意願之教授擔任該項服務工作,並稱為該案之「服務教授」。

前項「服務教授」，應按照期限完成診斷、處方、防治、鑑定、檢驗、驗證、諮詢及報告製作等工作。

第八條　各申請案件在各流程單位之最長停留時間為：

1.收件、收費及掛號（農場總務股）：一小時

2.轉送（由農場總務股至植醫中心或服務教授）：半日

3.分案（植醫中心）：半日

4.個別診斷、處方、防治、鑑定、檢驗、驗證、諮詢、製作報告（服務教授）：七日。

5.彙整報告（植醫中心或服務教授）：一日

6.寄送報告（農場總務股）：半日

7.親赴現場進行服務者（服務教授）：得外加等候時日及七個工作日。

第九條　依本辦法製作之服務報告書格式得如附件二。

第十條　對於申請人要求「服務教授」親赴現場服務之案件，應請申請人以電話徵得「服務教授」之同意，並由申請人向農場總務股繳交所需交通費用或承諾負責交通之接送後，再由雙方約定時間前往現場服務，並於服務完成起七工作日內完成服務報告。

對於「服務教授」認有必要親赴現場工作之案件，應由「服務教授」徵求原申請人同意後，比照辦理。

第十一條　對於程序複雜、需較長期之服務或申請人要求進行進一步檢驗分析之服務案件，其服務工本費總額得由植醫中心或負責該案之「服務教授」，開立估價單，徵求原申請人同意並繳款後，方得實施。

第十二條　本項服務工作，總金額在新臺幣壹萬元以下之服務案，百分之六十以內由植物醫學研究中心或負責該案之「服務教授」檢據報支，包括人員津貼、專家出席費、工資、材料費、差旅費、雜支等科目。總金額在新臺幣壹萬元（含）以上之服務案或委託試驗案，百分之八十以內由植物醫學研究中心或負責該案之「服務教授」檢據報支。

第十三條　為使社會大眾普遍熟悉本辦法所列之對外服務工作，應請農業試驗場將相關資訊置入農業試驗場網站，公告周知，並請農業試驗場及本院各相關單位進行適當之宣導或宣傳。

第十四條　本作業程序經植微系、昆蟲系、植醫中心及農場共同議定，並經農場場務會議通過後，自發布日施行。

國立臺灣大學生物資源暨農學院植物醫學服務申請書及背景資料表

（（*）欄位請申請人詳實填寫，雙線部分免填；每種病蟲害請填一張）				掛號：	
*申請人		*申請日期	年　月　日	*聯絡電話	

*申請人（單位）地址：

*栽種地點或地址：

*申請人 e-mail：

*植株/樣品種類			*株數/數量/面積	

*主訴部位 □根 □莖、枝條 □花果 □葉 □全株		*開始時間	年　月

主訴症狀/問題/急迫性		蟲體送檢問題（可勾選）	□蟲的種類 □蟲的生命週期 □分布區域 □生長環境 □對人體是否有害 □如何防治

*受害分布 □不均勻分布　□每株/樣皆有 □＿＿	發生頻率 □已多次 □只一次 □＿＿

*受害環境： 土壤種類　□砂質　□壤質　□黏質 排水狀況　□良好　□正常　□不良	其他環境：□倉庫中 □污染 □潮濕 □＿＿＿＿＿

*種植或發生季節 □春 □夏 □秋 □冬 □全年

施肥紀錄（無則免填）　□施有機基肥 □一月內施高氮肥 □未曾施肥 □其他（請說明）：

用藥紀錄（無則免填），請註明一個月內曾用過之藥劑名稱、倍數及用量
□殺蟲劑：　　　□殺菌劑：　　　□殺草劑：　　　□生長調節劑或其他：

*送件方式：1.□自送　2.□郵寄　3.□e-mail 傳送（含照片檔）
診斷時請檢附申請表及樣本，如有問題請先聯繫再採樣，如植株枯萎，需檢附部分地上莖基部及根部的樣本。e-mail 傳送時請附申請表、樣本或植物枝葉、莖基部、根部及全株的數位檔。
收件單位：國立臺灣大學生物資源暨農學院附設農業試驗場
收件地址：106臺北市大安區基隆路四段 42 巷 5 號
聯絡電話：02-33662552（農試場）　02-33669617（植醫中心）
e-mail： nturcpm@ntu.edu.tw

繳費方式：□現金繳交　　□轉帳（帳號　　　　　　　　　　）
註：依據規定，本項服務之收工本費，並依照每一種植物之一項標本、一種病蟲害或一種有
　　關之諮詢為一單位，每單位收費為新臺幣參佰元。但如需檢驗分析、現場診察或其他特
　　殊處理，費用另計。

申請切結書：申請人在申請時已了解「國立臺灣大學生物資源暨農學院植物醫學服務辦法」，
　　　　　　並了解本項服務為本院植物醫學服務教授之善意服務，故不論送診之病蟲害最後
　　　　　　是否得以防治成功，申請人皆將放棄向植物醫學服務教授或本院求償之權利。

*申請人簽名或蓋章：

08 有關樹醫師與樹藝士及其專業證照之建議

壹、前　言

　　由於植物及樹木醫學，是人醫與獸醫以外之第三類醫學，其中植物醫學與樹木醫學本應合而爲一，因爲廣義的植物當然包括樹木。但因在臺灣之行政系統中，植物疫病蟲害是由「農委會動植物防疫檢疫局」主政，林木及樹木之疫病蟲害，則是由「農委會林務局」主政，加上在產業界，逐漸認爲「植醫」及「樹醫」應該像人醫系統之分科一樣，分別掌理不同的對象，以提高專業服務之品質。所以在 2014 年，吾等臺灣大學植醫及樹醫團隊，即著手成立「臺灣植物及樹木醫學學會」，開始將專業科目分成「植醫」及「樹醫」兩大系統。其中「植醫」將專攻「農業中糧食作物、蔬菜、果樹、花卉」四大類，「樹醫」則專攻「林木及樹木」疫病蟲害，期望在訓練後可對上述六大範疇作出適當的診斷、處方、管理。

　　就如人醫系統之分科越來越細一樣，未來「植醫」及「樹醫」的分科，隨著科學及技術之進步，也將越來越細，如此當可提高診斷、處方以及服務之精準。

　　未來應該是「服務之需求」，在引導「植醫」及「樹醫」分科之走向，例如，在樹醫方面，如也包括「樹木移植、安全評估、新根培育」等分科於專攻病害處方、外科手術等，應該更能爲業主所歡迎及認同，則「樹醫」之分科自然也將逐漸改變，以符合社會實際之需要。故吾等自 1994 年首倡植物醫師制度之後，即念茲在茲，期望有朝一日，第三類醫生也能師法「人醫」及「獸醫」之模式，慢慢設立多元、符合實際、能爲社會或市場所接受之「樹醫分科」。

貳、全方位的樹木醫學

　　依據上述的理念，我們於成立「臺灣植物及樹木醫學學會」之同時，即經過

「臺灣大學植物醫學研究室植醫經濟研究會」之討論，逐步歸納出「樹木保護與樹木醫學實務必學科目」共 18 科目，以及「選修科目」共 8 科。

這些「樹醫及樹藝實務必學 18 科目」及「選修 8 科目」的內容，係於 2014 年 8 月首先發表於新北市啄木鳥樹醫研討會，再於 2014 年 11 月 24 日發表於「臺灣植物及樹木醫學學會」首次舉辦之「植醫及樹醫友善用藥研討會」，乃收集各專業意見後所呈現之結果，務求盡如人意。

茲將此「樹醫及樹藝必學 18 科目」及「選修 8 科目」的內容，分列如下，以求各界之討論及接受社會之公評，或市場之考驗。

一、樹醫及樹藝實務必學科目

1. 樹種選擇及最佳策略
2. 樹木安全評估及技術
3. 樹木例行健康檢查（樹醫專業）
4. 樹木移植及技術
5. 樹病診斷及防治（樹醫專業）
6. 樹幹腐朽程度之檢測及技術（樹醫專業）
7. 樹木分級照護（樹醫專業）
8. 老樹健檢及救治（樹醫專業）
9. 樹木藥劑注射及施藥技術（樹醫專業）
10. 樹木修剪及技術
11. 樹木防風及支撐技術
12. 樹幹修補及重建（樹醫專業）
13. 樹木根系及立地環境診斷及改善
14. 樹基新根培育
15. 樹病預防醫學（樹醫專業）
16. 行道樹之選擇及照護
17. 屋頂造園問題及技術

18.樹苗繁殖、培育及輔育

二、樹醫及樹藝實務選修科目

19.景觀樹木樹型雕塑

20.盆景樹木栽培介質及營養照護

21.保育類樹木保護

22.入侵與歸化樹種的生態管理

23.利用快長樹種造林及節能減碳技術

24.樹木淨化汙染的應用

25.樹木經濟價值之評估及管理

26.進出口裸根樹木之照護（樹醫專業）

參、樹醫師及樹藝士專業證照之建議

　　立法院頃於 2015 年 6 月 12 日第 8 屆第 7 會期第 16 次會議三讀通過「增訂森林法第三條之一、第五章之一章名、第三十八條之二至第三十八條之六及第四十七條之一條文；修正第一條及第五十六條條文」，此一些法規簡稱為「樹保專章」，其中第 38 條之 6 第 2 項為「中央主管機關應建立樹木保護專業人員之培訓、考選及分級認證制度；其相關辦法由中央主管機關會商考試院及勞動部等相關單位定之。」

　　基於此一「樹保專章」第 38 條之 6 第 2 項，已明訂「樹木保護專業人員」應有分級認證，並由中央主管機關即目前之「農委會林務局」，會商「考試院及勞動部等相關單位」定之。則依目前樹醫及樹藝兩大社會需求之「樹木保護專業人員」，我們建議目前政府應該設立下列二種專業證照，並分別由「考試院或勞動部」進行考照。

1. 樹醫師：宜參考人醫及獸醫類科，限定須經大學植醫或植保相關科系或研究所畢業，或修足專業學分科目，經足夠之實習及格，再由考試院或勞動部設立「樹醫

師」類科，進行國家專門職業及技術人員類科之考試，必要時應有檢覈或術科考試之機制。其一般專門職業類科之國考，考試至少皆含 6 門或以上之專業科目。

2. 樹藝技術士：宜參考現有勞動部勞動力發展署技能檢定中心所設之「景觀技術士」、「園藝技術士」等職類，設立「樹藝技術士」之職類。其一般應有「學科」及「術科」兩科之檢定，並應先邀集產官學界，制定「樹藝技術士技能檢定規範」，以決定應納入檢定之「工作項目」，例如從上述 18 科目中篩選應納入為「樹藝技術士」必備且應考之科目。而後依據此一「樹藝技術士技能檢定規範」，著手議定其學科及術科考試內容及範圍，尤其在術科方面更應積極建立「樹藝技術士技能檢定考場」，以求可以實際檢定報檢者之技能，俾使報檢通過者皆有足夠之專業水準。

國家圖書館出版品預行編目資料

植物醫師指南／孫岩章著. ——初版.——臺
北市：五南, 2018.03
　　面；　公分
ISBN 978-957-11-9624-4（平裝）
1.植物學　2.植物病蟲害
370　　　　　　　　　107002799

5N18

植物醫師指南

作　　者 — 孫岩章

發 行 人 — 楊榮川

總 經 理 — 楊士清

主　　編 — 李貴年

責任編輯 — 周淑婷

校　　對 — 沈美蓉

出 版 者 — 五南圖書出版股份有限公司

地　　址：106台北市大安區和平東路二段339號4樓

電　　話：(02)2705-5066　　傳　真：(02)2706-6100

網　　址：http://www.wunan.com.tw

電子郵件：wunan@wunan.com.tw

劃撥帳號：01068953

戶　　名：五南圖書出版股份有限公司

法律顧問　林勝安律師事務所　林勝安律師

出版日期　2018年3月初版一刷

定　　價　新臺幣600元